普通高等教育"十二五"规划教材

实用数据库技术

主 编 王 峰

中国水利水电出版社
www.waterpub.com.cn

内 容 提 要

全书分为 14 章，主要内容包括数据库系统概述、关系数据库、关系数据库标准语言 SQL、数据库设计与规范化理论、SQL Server2005 概述、Transact-SQL 语言、数据库与表、视图与索引、数据查询、存储过程和触发器、数据库的日常维护与管理、数据库的安全性、数据库实验安排、数据库课程设计指导。本书从实用的角度，力求点面兼顾、深入浅出地介绍数据库的基本概念、方法和技术。同时强调了实践的重要性和必要性，部分章节给出了应用案例，可作为案例教学的素材，并在最后一章中编排了课程设计内容。

本书可作为计算机科学与技术及相关专业应用型本科或专科学生的教材，亦可供相关专业的教师或工程技术人员参考。

图书在版编目（ＣＩＰ）数据

实用数据库技术 / 王峰主编. —— 北京 ：中国水利
水电出版社，2012.6
普通高等教育"十二五"规划教材
ISBN 978-7-5084-9791-4

Ⅰ．①实… Ⅱ．①王… Ⅲ．①数据库系统－高等学校
－教材 Ⅳ．①TP311.13

中国版本图书馆CIP数据核字(2012)第101825号

书　　名	普通高等教育"十二五"规划教材 **实用数据库技术**
作　　者	主编　王　峰
出版发行	中国水利水电出版社 （北京市海淀区玉渊潭南路 1 号 D 座　100038） 网址：www.waterpub.com.cn E-mail：sales@waterpub.com.cn 电话：（010）68367658（发行部）
经　　售	北京科水图书销售中心（零售） 电话：（010）88383994、63202643、68545874 全国各地新华书店和相关出版物销售网点
排　　版	中国水利水电出版社微机排版中心
印　　刷	北京纪元彩艺印刷有限公司
规　　格	184mm×260mm　16 开本　19 印张　450 千字
版　　次	2012 年 6 月第 1 版　2012 年 6 月第 1 次印刷
印　　数	0001—3000 册
定　　价	**35.00** 元

前　言

　　数据库技术是计算机科学技术的一个重要分支。从 20 世纪 50 年代中期开始，计算机应用从科学研究部门扩展到企业管理及政府行政部门，人们对数据处理的要求也越来越高。在互联网日益被人们接受的今天，Internet 又使数据库技术、知识、技能的重要性得到了充分的放大。现在数据库已经成为信息管理、办公自动化、计算机辅助设计等应用的主要软件工具之一，帮助人们处理各种各样的信息数据。

　　本书的适用范围主要是作为计算机科学与技术及相关专业应用型本科或专科学生的教材或教学参考书。书中从实用的角度，力求点面兼顾、深入浅出地介绍数据库的基本概念、方法和技术。希望读者通过阅读和学习，能够了解数据库开发过程中的主要活动，初步认识当今主流的数据库开发方法及其关键技术。在深入理解基本概念、基本原理的同时，动手实践是掌握数据库理论和技术的唯一途径。为此，在部分章节中给出了应用案例，可作为案例分析，并在第 14 章中给出了课程设计内容。

　　本书分为 14 章，可以按照 64 学时左右安排理论教学。各章主要内容分别是数据库系统概述、关系数据库、关系数据库标准语言 SQL、数据库设计与规范化理论、SQL Server 2005 概述、Transact-SQL 语言、数据库与表、视图与索引、数据查询、存储过程和触发器、数据库的日常维护与管理、数据库的安全性、数据库实验安排、数据库课程设计指导。

　　全书编写工作分工如下：华北水利水电学院王峰编写第 1 章、第 4 章、第 5 章；华北水利水电学院白娟编写第 2 章、第 3 章、第 14 章；华北水利水电学院张蕊编写第 8 章、第 10 章；华北水利水电学院张瑞霞编写第 9 章、第 13 章；河南广播电视大学蒋宏艳编写第 6 章、第 7 章；郑州城市职业学院周喜平编写第 11 章、第 12 章。全书由王峰、张蕊负责统稿。

　　由于时间仓促及水平所限，书中难免存在一些错误和偏颇，恳请读者批评指正。

作　者

2011 年 12 月

目　录

第1章 数据库系统概述

1.1 数据管理技术的产生和发展

计算机最早被发明出来是为了科学计算，随着计算机技术的发展，它的主要应用变为了数据处理，这是一个划时代的转折。数据库技术作为数据处理的实现技术，已成为计算机应用技术的核心。建立一个行之有效的管理信息系统已成为每个企业或组织生存和发展的重要条件。从某种意义上说，数据库的建设规模、数据库信息量的大小和使用频率，已成为衡量一个国家信息化程度的重要标志。

1.1.1 数据库系统的产生

数据库系统的产生和发展与数据库技术的发展是相辅相成的。数据库技术就是数据管理技术，是对数据的分类、组织、编码、存储、检索和维护的技术。数据库系统的产生和发展是与计算机技术及其应用的发展联系在一起的。主要经历了 3 个基本阶段。

1.1.1.1 人工管理阶段

这一阶段是指 20 世纪 50 年代中期以前，计算机主要用于科学计算。外存只有磁带、卡片、纸带，没有磁盘等直接存取的存储设备，而且计算机没有操作系统，没有管理数据的软件，数据处理方式是批处理。基本特点是：数据不保存、数据无专门软件进行管理、数据不共享（冗余度大）、数据不具有独立性（完全依赖于程序）、数据无结构。

1.1.1.2 文件系统阶段

这一阶段是从 20 世纪 50 年代后期到 20 世纪 60 年代中期，计算机硬件和软件都有了一定的发展。计算机不仅用于科学计算，还大量用于管理。这时，硬件方面已经有了磁盘、磁鼓等直接存取的存储设备。在软件方面，操作系统中已经有了数据管理软件，一般称为文件系统。处理方式上不仅有了文件批处理，而且能够联机实时处理。基本特点是：数据可以长期保存、由文件系统管理数据、程序与数据有一定的独立性、数据共享性差（冗余度大）、数据独立性差、记录内部有结构（但整体无结构）。

1.1.1.3 数据库系统阶段

这一阶段是从 20 世纪 60 年代中期至今。随着计算机硬件和软件技术的飞速发展，计算机用于管理的规模更为庞大，应用越来越广泛，数据量急剧增长，数据的共享要求越来越高，数据库技术应运而生。与文件系统相比，数据库系统有一系列的特点，具体表现在以下几个方面：

1. 数据库系统向用户提供高级接口

在文件系统中，用户要访问数据，必须了解文件的存储格式、记录的结构等。而在数据库系统中，系统为用户处理了这些具体的细节，向用户提供了非过程化的数据库语言（即通常所说的 SQL 语言），用户只要提出需要什么数据，而不必关心如何获得这些数据。对数据的管理完全由数据库管理系统（Database Management System，DBMS）来实现。

2. 查询的处理和优化

查询通常指用户向数据库系统提交的一些对数据操作的请求。由于数据库系统向用户提供了非过程化的数据操纵语言，因此对于用户的查询请求就由 DBMS 来完成，查询的优化处理成为 DBMS 的重要任务。

3. 并发控制

文件系统一般不支持并发操作，大大地限制了系统资源的有效利用。现代的数据库系统都有很强的并发操作机制，多个用户可以同时访问数据库，甚至可以同时访问同一个表中的不同记录。这样极大地提高了计算机系统资源的使用效率。

4. 数据的完整性约束

凡是数据都要遵守一定的约束，最简单的一个例子就是数据类型，例如定义为整型的数据就不能是浮点数。由于数据库中的数据是持久的和共享的，因此对于使用这些数据的单位而言，数据的正确性显得非常重要。

1.1.2　数据库系统的发展

根据数据库技术的发展，又可以将数据库系统划分为 3 个阶段。

1. 层次、网状数据库系统

第一代数据库系统的代表是 1969 年 IBM 公司研制的层次模型的数据库管理系统 IMS（Information Management System，IMS）和 20 世纪 70 年代美国数据库系统语言协会（Conrerence on Data System Language，CODASYL）的下属组织——数据库任务组（Data Base Task Group，DBTG）提出的关于网状模型的数据库系统。

层次数据库的数据模型是有根的定向有序树。IMS 允许多个 COBOL 程序共享数据库，但其设计是面向程序员的，操作难度较大，只能处理数据之间一对一和一对多的关系。网状模型对应的是有向图。网状模型可以描述现实世界中数据之间的一对一、一对多和多对多的关系。但要处理多对多的关系还要进行转换，操作也不方便。

这两种数据库奠定了现代数据库发展的基础。

2. 关系数据库系统（Relational DataBase System，RDBS）

第二代数据库系统的主要特征是支持关系数据模型（数据结构、关系操作、数据完整性）。1970 年 6 月，IBM 公司的 San Jose 研究所的 E.F.Codd 发表了《大型共享数据库的数据关系模型》论文，提出了关系数据库模型的概念，奠定了关系数据库模型的理论基础，使数据库技术成为计算机科学的重要分支，开创了数据库的关系方法和关系规范化的研究。关系方法由于理论上的完美和结构的相对简单，对数据库技术的发展起到了关键性的作用。从此，一些关系数据库系统陆续出现。1974 年，San Jose 研究所成功地研制了关系数据库管理系统 System R，并应用于 IBM 370 系列计算机上。1984 年 David Marer 所著的《关系数据库理论》一书标志着关系数据库理论的成熟。20 世纪 80 年代是关系数据库发展的鼎盛时期，至今关系数据库久盛不衰，其最大优点是：使用非过程化的数据库语言 SQL；具有很好的形式化基础和高度的数据吞吐；使用方便，一维、二维表格可直接处理多对多的关系。目前，我国应用较多的关系数据库系统有 Oracle、SQL server、INFORMIX、DB2、SYBASE 等。

3. 以面向对象为主要特征的数据库系统

第三代数据库系统产生于 20 世纪 80 年代，随着科学技术的不断进步，各个行业领域对数据库技术提出了更多的需求，关系数据库已经不能完全满足需求，于是产生了第三代数据库系统。第三代数据库系统主要有以下特征：支持数据管理、对象管理和知识管理；保持和继承了第二代数据库系统的技术；对其他系统开放，支持数据库语言标准，支持标准网络协议，有良好的可移植性、可连接性、可扩展性和互操作性等。

第三代数据库系统支持多种数据模型，并与诸多新技术相结合（例如分布处理技术、并行计算技术、人工智能技术、多媒体技术、模糊技术、网络技术），广泛应用于多个领域（例如商业管理、地理信息系统 GIS、计划统计、决策支持等），由此也衍生出多种新的数据库。另外，近些年，数据仓库和数据挖掘技术也成为数据库技术的一个发展趋势。目前，第三代数据库主要有以下几种：

（1）分布式数据库。将多个物理分开的、通过网络互联的数据库当作一个完整的数据库。

（2）并行数据库。数据库的处理主要通过 Cluster（簇）技术将一个大的事务分散到 Cluster 中的多个结点去执行，从而提高了数据库的吞吐量和容错性。

（3）多媒体数据库。提供了一系列用于存储图像、音频和视频的对象类型，更好地对多媒体数据进行存储、管理、查询。

（4）模糊数据库。是存储、组织、管理和操纵模糊数据的数据库，可以用于模糊知识处理。

（5）时态数据库和实时数据库。适应查询历史数据或实时响应的要求。

（6）演绎数据库、知识库和主动数据库。主要应用于与人工智能技术的结合解决问题。

（7）空间数据库。主要应用于 GIS 领域。

（8）Web 数据库。主要应用于 Internet。

1.2 数据库的基本概念

1.2.1 数据（Data）

数据是描述现实世界事物的符号记录，是用物理符号记录的可以鉴别的信息。物理符号有多种表现形式，包括数字、文字、图形、图像、声音及其他特殊符号。数据的各种表现形式都可以通过数字化存入计算机。

1.2.2 数据库（DataBase，DB）

数据库是长期存储在计算机内的、有组织的、可共享的数据集合。这种集合具有如下特点：

（1）最小的冗余度。以一定的数据模型来组织数据，数据尽可能不重复。

（2）应用程序对数据资源共享。为某个特定的组织或企业提供多种应用服务。

（3）数据独立性高。数据结构较强地独立于使用它的应用程序。

（4）统一管理和控制。对数据的定义、操纵和控制，由数据库管理系统统一进行。

1.2.3　数据库管理系统（DataBase Management System，DBMS）

数据库管理系统是位于用户与操作系统之间的一个数据管理软件，它的基本功能包括以下几个方面。

1. 数据定义功能

DBMS 提供数据定义语言（Data Definition Lan，DDL），通过它可以方便地对数据库中的数据对象进行定义，如 CREAT DATABASE 是创建数据库命令，CREAT TABLE 是创建数据表命令等。

2. 数据操纵功能

DBMS 还提供数据操纵语言（Data Manipulation Language，DML），可以使用 DML 操纵数据，实现对数据的基本操作，例如查询、插入、删除和修改。

3. 数据库的运行管理功能

数据库在建立、运行和维护时，由数据库管理系统统一管理和控制，以保证数据的安全性、完整性，以及对并发操作的控制以及发生故障后的系统恢复等。

4. 数据库的建立和维护功能

包括数据库初始数据的输入、转换功能，数据库的转存、恢复功能，以及数据库的重组织功能和性能监视、分析功能等。

1.2.4　数据库系统（DataBase System，DBS）

数据库系统是指在计算机系统中引入数据库后构成的系统。一般由数据库、操作系统、数据库管理系统及其开发工具、应用系统、数据库管理员和用户构成。应该指出的是，数据库的建立、使用和维护等工作只有 DBM 远远不够，还要有专门的数据库管理员（Data Base Administrator，DBA）来完成。

1.3　数据库系统的应用模式

从数据库系统的应用结构上来看，常见的有以下 5 种模式。

1.3.1　个人计算机（PC）模式

PC 上的 DBMS 的功能和数据库应用功能是结合在一个应用程序中的，这类 DBMS（如 Visual FoxPro、Access）的功能灵活，系统结构简洁，运行速度快，但这类 DBMS 的数据共享性、安全性、完整性等控制功能比较薄弱。

1.3.2　集中模式

在集中模式中，DBMS 与应用程序以及与用户终端进行通信的软件等都运行在一台宿主计算机上，所有的数据处理都是在宿主计算机中进行的。宿主计算机一般是大型机、中型机或小型机。应用程序和 DBMS 之间通过操作系统管理的共享内存或应用任务区来进行通信，DBMS 利用操作系统提供的服务来访问数据库。终端本身没有处理数据的能力。

集中系统的主要优点是：具有集中的安全控制以及处理大量数据和支持大量并发用户的能力。集中系统的主要缺点是：购买和维护这样的系统一次性投入大，而且不适用于分布处理。例如：Oracle、Informix 等数据库系统的早期版本都支持这一模式。

1.3.3　客户/服务器（Client Server，C/S）模式

在客户/服务器结构的数据库系统中，数据处理任务被划分为两部分：一部分运行在客户端，另一部分运行在服务器端。划分的方案可以有多种，一种常用的方案是：客户端负责应用处理，数据库服务器完成 DBMS 的核心功能。

在 C/S 结构中，客户端软件和服务器端软件分别运行在网络中不同的计算机上，但也可以运行在一台计算机上。客户端软件一般运行在 PC 上，服务器端软件可以运行在从高档微机到大型机等各类计算机上。数据库服务器将数据处理任务分开在客户端和服务器端上运行，因而充分利用了服务器的高性能数据库处理能力以及客户端灵活的数据表示能力。通常从客户端发往数据库服务器的只是查询请求，从数据库服务器传回给客户端的只是查询结果，不需要传送整个文件，从而大大减少了网络上的数据传输量。

这种模式中，客户机上都必须安装应用程序和工具，因而使客户端负担太重，而且系统安装、维护、升级和发布困难，从而会影响效率。

1.3.4　分布式模式

分布式模式的数据库系统由一个逻辑数据库组成，整个逻辑数据库的数据存储在分布于网络中的多个结点上的物理数据库中。在分布式数据库中，由于数据分布于网络中的多个结点上，因此与集中式数据库相比，存在一些特殊的问题。例如，应用程序的透明性、结点自治性、分布式查询和分布式更新处理等，这就增加了系统实现的复杂性。

较早的分布式数据库是由多个宿主系统构成的，数据在各个宿主系统之间共享。在当今的客户/服务器结构的数据库系统中，服务器的数量可以是一个或多个。当系统中存在多个数据库服务器时，就形成了分布系统。

1.3.5　浏览器/服务器（Browser/Server，B/S）模式

随着计算机网络技术的迅速发展，出现了三层客户机/服务器模型，即客户机—应用服务器—数据库服务器。在 B/S 结构中，客户端向应用服务器提出请求，应用服务器从数据库服务器中获得数据，应用服务器将数据进行计算并将结果提交给客户端。客户端只需安装浏览器就可以访问应用程序，这种系统称为浏览器/服务器系统。B/S 结构克服了 C/S 结构的缺点，是 C/S 的继承和发展，也是现在解决实际问题时经常采用的一种结构。

第 2 章 关 系 数 据 库

2.1 关 系 模 型

2.1.1 关系的数据结构
2.1.1.1 关系的通俗表示

在关系模型中，信息被组织成若干张二维表的结构，每一张二维表称为一个关系（Relation）或表（Table），每个表中的信息只用来描述客观世界中的一件事情。例如表 2-1 给出了一个关系"公司职员（姓名，职员 ID，职称，出生日期，性别，工资）"的实例。表的每一行表示一个物理实体——一个职员。表中有 6 行，代表 6 个职员。表的每一列代表一个职员的一个数据项，记录职员的一部分信息。

表 2-1   公 司 职 员 关 系

姓 名	职员 ID	职 称	出 生 日 期	性 别	工 资
杜志超	1001	高级工程师	1962-11-25	男	6000
蒋明	1002	高级工程师	1970-05-23	男	5500
刘大鹏	1003	助理工程师	1978-12-20	男	3000
杨晓佳	1004	工程师	1977-06-14	女	4000
张华清	1005	助理工程师	1979-12-26	男	3000
申芊芊	1006	工程师	1977-03-17	女	4000

2.1.1.2 关系的定义

域是一组具有相同数据类型的值的集合。例如整数，实数，{男，女}，{0，1}等。

笛卡尔积 $D_1 \times D_2 \times \cdots \times D_n$ 的子集称作在域 D_1，D_2，$\cdots$，D_n 上的关系（Relation），表示为：

$$R（D_1，D_2，\cdots，D_n）$$

式中　R——关系的名字；

　　　n——关系的目或度（Degree）。

关系中的每个元素是关系中的元组，通常用 t 表示。

当 n=1 时，即 $R（D_1）$，这样的关系称为单元关系（Unary relation），或一元关系，例如：学生（姓名）。

当 n=2 是，即 $R（D_1，D_2）$，这样的关系称为二元关系（Binary relation），例如：学生（姓名，年龄）。

关系是笛卡尔积的有限子集，所以关系也是一个二维表。表中的每行对应一个元组，表中的每列对应一个域。

例如给出 3 个域：

D_1＝姓名＝{张平，李丽}

D_2＝课程名＝{数据库，英语}

D_3＝成绩＝{86，91}

它们的笛卡尔积 $D_1 \times D_2 \times D_3$，如表 2-2 所示。

表 2-2 D_1、D_2、D_3 的笛卡尔积

姓 名	课程名	成 绩	姓 名	课程名	成 绩
张平	数据库	86	李丽	数据库	86
张平	数据库	91	李丽	数据库	91
张平	英语	86	李丽	英语	86
张平	英语	91	李丽	英语	91

从关系的定义出发，取表 2-2 的一个子集构造一个选课关系。在实际生活中，每个学生选定的每门课程只可能有一个成绩，因此，表 2-2 中的许多元组都是没有实际意义的。取出有意义的元组，构成的关系如表 2-3 所示。

表 2-3   选 课 关 系

学 生	课 程	成 绩
张平	数据库	86
李丽	数据库	86

2.1.1.3 基本术语

1. 元组

关系中每一行称为一个元组（Tuple），组成该元组的每个元素称为分量。数据库中的一个实体或实体间的一个联系均使用一个元组表示。例如，表 2-3 中有 2 个元组，它们分别对应 2 个学生所选的课程的成绩。"张平，数据库，86"就是一个元组，它由 3 个分量构成。

2. 属性

关系中的每一列称为一个属性（Attribute），它用来表示数据库中每个实体的特征。例如表 2-2 中有 3 个属性，他们分别为"学生"、"课程"、"成绩"。同一关系中的属性名不能相同。

3. 候选码和主码

若关系中的某一属性或属性组的值能唯一地标识一个元组，则称该属性或属性组为候选码（Candidate Key）。若一个关系有多个候选码，应从其中选取一个称为主码。在表 2-2 中，不考虑学生重名显现，能够唯一标识一个元组的属性集为"学生"和"课程"的集合，因此，该选课关系的候选码为（学生，课程），除此之外，没有其他属性或属性集能够标识该实体，所以该关系的候选码就是主码。

4. 全码

在最简单的情况下，候选码只包含一个属性。在最极端的情况下，关系中的所有属性的集合才能唯一标识一个实体，这样的候选码称为全码。例如，在学生（姓名，性别，年

龄，身高，体重）关系中，由于实际情况中学生总会出现重名的现象，因此不能单独把姓名作为候选码，当把它和后面 4 个属性项联合起来以后，我们就可以基本地标识一个学生实体了。

5. 主属性和非主属性

关系中，包含在任何候选码中的属性称为主属性（Prime attribute）。不包含在任何候选码中的属性称为非主属性（Non-Key attribute）。

2.1.1.4 关系的基本性质

（1）列同质，即每一列中的数据来自同一个域，是同一类型的数据。

（2）列名不能相同，但可以出自同一个域。例如在表 2-3 选课关系中，"学生"列和"课程"列名字不同，但都可以是字符型数据类型。

（3）列的顺序无所谓，即列的次序是可以交换的。

（4）任意两行不能完全相同，即关系中不能有完全相同的两个元组。这是因为关系中的每个元组都代表着现实世界的一个实体或者一个联系，元组相同则说明在现实世界中有完全相同的两个实体或联系，这显然是违背自然界的基本规律的。

（5）行的顺序无所谓，即关系中元组的顺序可以任意交换。如果实际需要为每个元组排序，我们可以通过数据库管理系统软件来完成这个工作。

（6）分量具有原子性，即关系中的每一个分量都是不可再分的数据项。

例如，表 2-4 中工资一项又分为了基本工资和奖金两项，这样的结构不符合关系的基本性质的，因此是错误的关系结构。该关系正确的结构格式应该如表 2-5 所示。

表 2-4   非 规 范 化 的 关 系

职 工 号	姓 名	工 资	
		基 本 工 资	奖 金
1001	张明	800	1000
1002	王冰	600	1100

表 2-5   规 范 化 的 关 系

职 工 号	姓 名	基 本 工 资	奖 金
1001	张明	800	1000
1002	王冰	600	1100

2.1.1.5 关系模式

对关系的描述称为关系模式（Relation Schema）。它可以形式化地表示为：

$$R（U，D，Dom，F）$$

式中　R——关系名；

　　　U——组成该关系的属性名集合；

　　　D——属性组 U 中属性所来自的域；

　　Dom——属性向域的映象集合；

　　　F——属性间数据的依赖关系集合。

关系模式通常可以简记为

$$R（U）$$

或

$$R（A_1，A_2，\cdots，A_n）$$

式中　　　　R——关系名；

A_1，A_2，$\cdots$，A_n——属性名。

而域名及属性向域的映射常常直接说明为属性的类型、长度。

在关系数据库中，关系模式是型，是从结构方面进行的描述，而关系是值，是结构在某一时刻的状态或内容。关系模式是关系的框架，它是静态的、稳定的；而关系是动态的，随时间不断变化的，这是因为关系的各种操作在不断地更新着数据库中的数据。但在实际当中，我们常常把关系模式和关系统称为关系，读者可以通过上下文进行区别。

例如，在表 2-3 所示选课关系中，其关系模式表示为：选课（学生，课程，成绩），在表 2-3 中有 2 个实例与它相对应，这 2 个实例为该关系模式在某个时候的值。

2.1.1.6　关系数据库与关系数据库模式

在关系数据库中，实体及实体间的联系都是用关系来表示的。例如学生实体、课程实体、学生与课程之间的多对多的联系都可以分别用一个关系来表示。在一个给定的应用领域中，所有的实体与实体之间联系的关系的集合就构成了一个关系数据库。

关系数据库也是有型和值之分的。

关系数据库的型也称为关系数据库模式，是对关系数据库的描述，它包括若干域的定义和在这些域上定义的若干关系模式。因此，关系数据库模式是对关系数据库结构的描述，或者说是对关系数据库框架的描述。

而关系数据库的值也称为关系数据库，是这些关系模式在某一时刻对应关系的集合。也就是，与关系数据库模式相对应的数据库中的当前值就是关系数据库的内容，也称为关系数据库的实例。

2.1.2　关系操作

关系模型与其他数据模型相比，最具特色的就是关系数据操作语言。关系操作语言灵活方便，表达能力和功能都非常强大。

2.1.2.1　基本的关系操作

关系模型中常用的关系操作主要包括查询（Query）操作和插入（Insert）、删除（Delete）、修改（Update）操作两大部分。

查询是关系操作中最主要的部分。它又可以分为选择（Select）、投影（Project）、连接（Join）、除（Divide）、并（Union）、差（Except）、交（Intersection）、笛卡尔积等。前 4 种为专门的关系运算，后 4 种为传统的集合运算。选择、投影、并、差、笛卡尔积是 5 种基本操作。也就是说其他操作是可以用基本操作来定义和推导的。

2.1.2.2　关系操作的特点

关系模型的操作对象是集合（也就是关系），而不是行，也就是说操作的数据和操作的结果都是完整的表（当然，这些结果表有时只有一行，有时不包含任何数据，但它们都是合法的），这种操作方式也称为一次一集合（set-at-a-time）的方式。相应的，非关系数据模型的数据操作方式则为一次一记录或一次一行的方式。因此，集合处理能力是关系系统区别于其他系统的一个重要特征。

2.1.2.3　关系操作语言的分类

关系的操作语言可以分为 3 类。

（1）关系代数语言。关系代数语言是用对关系的代数方式的运算来表达查询要求的语言，例如 ISBL 语言。

（2）关系演算语言。关系演算语言是用谓词来表达查询要求的。关系演算又可以按谓词变元的基本对象是元组变量还是域变量分为元组关系演算和域关系演算。例如元组关系演算语言的代表 APLHA，QUEL；域关系演算语言的代表 QBE 等。

（3）具有关系代数和关系演算双重特点的语言。SQL 是介于上述两者之间的一种语言，它不仅具有丰富的查询功能，而且具有数据定义和数据控制功能，是集查询、定义（DDL）、控制（DCL）和操纵（DML）于一体的结构化查询语言。它充分体现了关系数据语言的特点和优点，是当前关系数据库的标准语言和主流语言。

2.1.3　关系的完整性

关系模型的完整性规则是对关系的某种约束条件。关系模型提供了丰富的完整性控制机制，允许定义 3 类完整性约束：实体完整性、参照完整性和用户自定义完整性。其中实体完整性和参照完整性是关系模型必须满足的完整性约束条件，应该由关系系统自动支持。

2.1.3.1　实体完整性

规则 1　若属性（或属性组）A 是基本关系 R 的主属性，则 A 不能取空值。

例如在学生关系"学生（学号，姓名，性别，年龄）"中，学号的取值能唯一标识所有记录，则学号是主码（或主属性），所以学号的取值不能重复，也不能为空。实体完整性规则规定基本关系的所有主属性都不能取空值，而不仅仅是主码整体不能取空值。例如，选课关系中"选课（学号，课程号，成绩）"中，"学号，课程号"为主码，则"学号"和"课程号"两个属性都不能取空值。对于实体完整性，说明如下。

（1）实体完整性是针对基本关系而言的。一个基本表通常对应现实世界的一个实体集，例如学生关系对应于学生的集合。

（2）现实世界中的实体是可以区分的，即它们具有某种唯一性标识。例如每个学生都是一个独立的个体，是不一样的。空值不是空格值，是跳过或不输入的属性值，用"NULL"表示，空值说明"不知道"或"无意义"。如果主属性取空值，就说明存在某个不可标识的实体，即存在不可区分的实体，这显然与现实世界是相违背的。

2.1.3.2　参照完整性

现实世界中的实体之间不是孤立的，往往存在着某种联系，在关系模型中实体和实体间的联系也是用关系来描述的。这样，就存在着关系与关系之间的相互引用和相互制约。

1. 外码和参照关系

设 F 是基本关系 R 的一个或一组属性，但不是关系 R 的主码（或候选码）。如果 F 与基本关系 S 的主码 K_S 相对应，则称 F 是基本关系 R 的外码（Foreign Key），并称基本关系

R 为参照关系（Referencing Relation），基本关系 S 为被参照关系（Referenced Relation）或目标关系（Target Relation）。需要指出的是，外码不一定要与相应的主码同名。但在实际中，为了便于识别，当存在着外码与主码相对应的时候，我们往往给它们取相同的名字。

例如，在学生关系"学生（学号，姓名，性别，年龄）"中和选课关系"选课（学号，课程号，成绩）"中，他们共用了"学号"属性。在学生关系中"学号"为主码，在选课关系中"学号"不是主码，因此我们可以称"学号"为选课关系的外码，选课关系为参照关系，学生关系为被参照关系。

2. 参照完整性

规则 2　若属性（或属性组）F 是基本关系 R 的外码，它与基本关系 S 的主码 K_S 相对应（基本关系 R 和 S 不一定是不同的关系），则对于 R 中每个元组在 F 上的值必须为：或者取空值（F 中的每个属性值均为空值），或者等于 S 中某个元组的主码值。

例如，对于上述选课表中的"学号"，由于它是外码，因此它的取值只有两种情况：要么取空值，要么取学生关系中的"学号"值。由于"学号"和"课程号"是选修关系中的主属性，按照实体完整性规则，它们均不能取空值。所以选修关系中的"学号"实际只能取相应的被参照关系学生关系中已经存在的值。

再例如，在"学生（学号，姓名，性别，年龄，专业号，班长）"关系中，"学号"属性是主码，"班长"属性表示该学生所在班级的班长的学号。这其中存在着"班长"属性和"学号"属性间的引用关系，即"班长"属性值必须出自"学号"属性值，因此说存在着外码关系的不一定是不同的关系。

2.1.3.3　用户定义的完整性

不同的关系数据库系统根据其应用环境的不同，往往还需要一些特殊的约束条件，而用户定义的完整性就是针对某一具体关系数据库的约束条件。它反映某一具体应用所涉及的数据必须满足的语义要求。

例如，选课关系中的"成绩"属性取值必须在 0～100 之间。学生关系中的"性别"属性取值只能为"男"或"女"等。

2.2 关 系 代 数

关系代数是一种抽象的查询语言，是关系数据操作语言的一种传统表达方式，它是用对关系的运算来表达查询的。

2.2.1　关系代数的运算

关系代数的运算按运算符的性质可以分为两大类。

1. 传统的集合运算

传统的集合运算是二目运算，包括并、差、交、笛卡尔积四种运算。它将关系看成是元组的集合，及运算也是以关系的"水平"方向即行的角度来进行。

2. 专门的关系运算

专门的关系运算包括选择、投影、连接和除。它将关系看成是元组或列的集合。其运算不仅可以从"水平"方向，还可以从"垂直"角度来进行。而比较运算符和逻辑运算符是用来辅助专门的关系运算符进行操作的。

2.2.2 关系代数的运算符

关系代数所使用的运算符包括 4 种：集合运算符、专门的关系运算符、比较运算符和逻辑运算符。

（1）集合运算符：∪（并）、−（差）、∩（交）、×（广义笛卡尔积）。

（2）专门的关系运算符：σ（选择）、∏（投影）、∞（连接）、÷（除）。

（3）比较运算符：＞（大于），≥（大于等于），＜（小于），≤（小于等于），＝（等于），≠（不等于）。

（4）逻辑运算符：¬（非）、∧（与）、∨（或）。

2.2.3 传统的集合运算符

设关系 R 和关系 S 具有相同的目 n（即两个关系都有 n 个属性），且相应的属性取自同一个域，t 是元组变量，t∈R 表示 t 是 R 的一个元组。

则定义并、差、交、笛卡尔积运算如下。

1. 并（Union）

关系 R 和 S 的并记作

$R \cup S = \{t | t \in R \lor t \in S\}$

其结果仍为 n 目关系，由属于 R 或属于 S 的元组组成。

2. 差（Except）

关系 R 和 S 的差记作

$R - S = \{t | t \in R \land t \notin S\}$

其结果仍为 n 目关系，由属于 R 而不属于 S 的所有元组组成。

3. 交（Intersection）

关系 R 和 S 的交记作

$R \cap S = \{t | t \in R \land t \in S\}$

其结果仍为 n 目关系，由即属于 R 又属于 S 的元组组成。

关系的交可以用差来表示：$R \cap S = R - (R - S)$

4. 笛卡尔积（Cartesian Product）

这里的笛卡尔积严格地讲应该是广义的笛卡尔积

若关系 R 为 n 目，S 为 m 目，R 中有 K_1 个元组，S 中有 K_2 个元组，则

关系 R 和 S 的笛卡尔积有 $K_1 \times K_2$ 个元组，记为：

$R \times S = \{\widehat{t_r t_s} | t_r \in R \land t_s \in S\}$

2.2.4 专门的关系运算

2.2.4.1 表示符号

1. R，t∈R，$t[A_i]$

设关系模式为 R（A_1, A_2, …, A_n），它的一个关系设为 R。t∈R 表示 t 是 R 的一个元

组，t[A$_i$]则表示元组 t 中相应于属性 A$_i$ 的一个分量。

2. A，t[A]，$\bar{A}$

若 A＝{A$_{i1}$，A$_{i2}$，···，A$_{ik}$}，其中 A$_{i1}$，A$_{i2}$，···，A$_i$k 是 A$_1$，A$_2$，···，A$_n$ 中的一部分，则 A 称为属性列或域列。t[A]＝（t[Ai$_1$]，t[A$_{i2}$]，···，t[A$_{ik}$]）表示元组 t 在属性列 A 上诸分量的集合。$\bar{A}$ 则表示{A$_1$，A$_2$，···，A$_n$}中去掉{A$_{i1}$，A$_{i2}$，···，A$_{ik}$}后剩余的属性组。

3. $\widehat{t_r t_s}$

R 为 n 目关系，S 为 m 目关系。t$_r$∈R，t$_s$∈S，$\widehat{t_r t_s}$ 称为元组的连接。它是一个 n＋m 列的元组，前 n 个分量为 R 中的一个 n 元组，后 m 个分量为 S 中的一个 m 元组。

4. 象集 Z$_x$

给定一个关系 R（X，Z），X 和 Z 为属性组。当 t[X]＝x 时，x 在 R 中的象集（Images Set）为：

$$Z_x＝\{t[Z]|t∈R，t[X]＝x\}$$

它表示 R 中属性组 X 上值为 x 的诸元组在 Z 上分量的集合。

2.2.4.2 专门的关系运算

1. 选择 σ（Selection）

选择又称为限制（Restriction）。它是在关系 R 中选择满足给定条件的诸元组，记作：

$$σ_F（R）＝\{t|t∈R∧F（t）＝'真'\}$$

式中 F——选择条件，它是一个逻辑表达式，取逻辑值'真'或'假'。

逻辑表达式 F 的基本形式为：

$$X_1θY_1[φX_2θY_2···]$$

式中 θ——比较运算符，它可以是>、≥、<、≤、＝或≠；

X$_1$、Y$_1$——属性名或常量或简单函数，属性名也可以用它的序号来代替（1，2，···）；

φ——逻辑运算符，它可以是¬、∧或∨；

[ ]——任选项，即[ ]中的部分可以要也可以不要；

···——上述格式可以重复下去。

因此选择运算实际上是从关系 R 中选取使逻辑表达式 F 为真的元组。这是从行的角度进行的运算。

用关系代数表示下列操作。

【例 2-1】 设有一个学生—课程关系数据库，包括学生关系 Student、课程关系 Course 和选修关系 SC。下面的许多例子将对这 3 个关系进行运算，见表 2-6～表 2-8。

表 2-6　　　　　　　　　　　　　学 生 关 系 Student

学　号 sno	姓　名 sname	性　别 sex	年　龄 age	所在系 dept
95001	曹伟	男	19	CS
95002	侯佳颖	女	19	IS
95003	王睿	女	18	MA
96004	丁朔	男	19	CS

表 2-7   课 程 关 系 Course

课程号 cno	课程名 cname	先行课 cpno	学 分 credit	课程号 cno	课程名 cname	先行课 cpno	学 分 credit
1	C 语言		4	5	数据库	3	3
2	离散数学		4	6	算法设计与分析	3	2
3	数据结构	1	4	7	信息系统	5	4
4	操作系统	2	3				

表 2-8   选 修 关 系 SC

学 号 sno	课程号 cno	成 绩 grade	学 号 sno	课程号 cno	成 绩 grade
95001	1	95	95003	2	86
95001	2	90	95003	3	85
95003	1	92			

【例 2-2】 查询信息系（IS）全体学生

$$\sigma_{dept='IS'}（Student）或 \sigma_{5='IS'}（Student）$$

【例 2-3】 查询年龄小于 19 岁的元组

$$\sigma_{Sage<19}（Student）或 \sigma_{4<19}（Student）$$

查询结果如表 2-9 和表 2-10 所示。

表 2-9   例 2-2 运算结果表

学 号 sno	姓 名 sname	性 别 sex	年 龄 age	所在系 dept
95002	侯佳颖	女	19	IS

表 2-10   例 2-3 运算结果表

学 号 sno	姓 名 sname	性 别 sex	年 龄 age	所在系 dept
95003	王睿	女	18	MA

2. 投影（Projection）

关系 R 上的投影是从 R 中选择出若干属性列组成新的关系。记作：

$$\Pi_A（R）=\{ t[A] | t\in R \}$$

其中 A 为 R 中的属性列。

投影之后不仅取消了原关系中的某些列，而且还可能取消某些元组，因为取消了某些属性列后，就可能出现重复行，应取消这些完全相同的行。

【例 2-4】 查询学生选修的课程情况，即选修关系 SC 在学号和课程号两个属性上的投影。

$$\Pi_{Sno, Cno}（SC）或 \Pi_{1,2}（SC）$$

【例 2-5】 查询学生关系 student 中都有哪些系，即查询学生关系 student 在所在系属性上的投影。

$$\Pi_{dept}（student）$$

结果如表 2-11 和表 2-12 所示。

表 2-11	例 2-3 结果
学　号 sno	课程号 cno
95001	1
95001	2
95003	1
95003	2
95003	3

表 2-12　　例 2-4 结果
所 在 系 dept
CS
IS
MA

3. 连接（Jion）

也称为 θ 连接。它是从两个关系的笛卡尔积中选取属性间满足一定条件的元组。记作：

$$R\underset{A\theta}{\bowtie}S=\{\widehat{t_rt_s}|t_r\in R\wedge t_s\in S\wedge t_r[A]\theta t_s[B]\}$$

其中 A 和 B 分别为 R 和 S 上度数相等且可比的属性组，θ 是比较运算符。

连接运算从 R 和 S 的笛卡尔积 R×S 中选取（R 关系）在 A 属性组上的值与（S 关系）在 B 属性组上值满足比较关系 θ 的元组。

最为重要也最为常用的连接有两种：一种是等值连接（equi-join）；另一种是自然连接（Natural join）。

θ 为 "＝" 的连接运算称为等值连接。它是从关系 R 与 S 的笛卡尔积中选取 A、B 属性值相等的那些元组。等值连接表示为：

$$R\underset{A}{\bowtie}S=\{\widehat{t_rt_s}|t_r\in R\wedge t_s\in S\wedge t_r[A]=t_s[B]\}$$

自然连接是一种特殊的等值连接，它要求两个关系中进行比较的分量必须是相同的属性组，并且要在结果中把重复的属性去掉。即若 R 和 S 具有相同的属性组 B，则自然连接可记作：

$$R\bowtie S=\{\widehat{t_rt_s}|t_r\in R\wedge t_s\in S\wedge t_r[A]=t_s[B]\}$$

一般的连接操作是从行的角度进行运算。但自然连接还要取消重复列，所以是同时从行和列的角度进行运算。

【例 2-6】 对于学生—课程数据库，求学生与选课之间的笛卡尔积、等值连接和自然连接，结果如表 2-13 所示。

表 2-13　　　　　　　关系间的笛卡尔积、等值连接和自然连接运算结果

学生						选课		
学号 sno	姓名 sname	性别 sex	年龄 age	所在系 dept		学号 sno	课程号 cno	成绩 grade
95001	曹伟	男	19	CS		95001	1	95
95002	侯佳颖	女	19	IS		95001	2	90
						95002	1	92

学生×选课

学生.学号 sno	姓名 sname	性别 sex	年龄 age	所在系 dept	选课.学号 sno	课程号 cno	成绩 grade
95001	曹伟	男	19	CS	95001	1	95
95001	曹伟	男	19	IS	95001	2	90
95001	曹伟	男	19	IS	95002	1	92
95002	侯佳颖	女	19	IS	95001	1	95
95002	侯佳颖	女	19	IS	95001	2	90
95002	侯佳颖	女	19	IS	95002	1	92

学生⋈选课

学生.学号＝选课.学号

学生.学号 sno	姓名 sname	性别 sex	年龄 age	所在系 dept	选课.学号 sno	课程号 cno	成绩 grade
95001	曹伟	男	19	CS	95001	1	95
95001	曹伟	男	19	IS	95001	2	90
95002	侯佳颖	女	19	IS	95002	1	92

学生⋈选课

学生.学号 sno	姓名 sname	性别 sex	年龄 age	所在系 dept	课程号 cno	成绩 grade
95001	曹伟	男	19	CS	1	95
95001	曹伟	男	19	IS	2	90
95002	侯佳颖	女	19	IS	1	92

4. 除

给定关系 R（X，Y）和 S（Y，Z），其中 X，Y，Z 为属性组。R 中的 Y 与 S 中的 Y 可以有不同的属性名，但必须出自相同的域集。R 与 S 的除运算得到一个新的关系 P（X），P 是 R 中满足下列条件的元组在 X 属性列上的投影：元组在 X 上分量值 x 的象集 Y_x 包含 S 在 Y 上投影的集合。记作：

$$R \div S = \{t_r[X] \mid t_r \in R \wedge \Pi_y(S) \subseteq Y_x\}$$

其中 Y_x 为 x 在 R 中的象集，$x = t_r[X]$。

除操作适合包含"对于所有的/全部的"语句的查询操作。

【例 2-7】 设关系 R，S 分别见表 2-14 和表 2-15，R÷S 的结果见表 5-16。

表 2-14　　　关 系 R

A	B	C
a_1	b_1	c_2
a_2	b_3	c_7
a_3	b_4	c_6
a_1	b_2	c_3
a_4	b_6	c_6
a_2	b_2	c_3
a_1	b_2	c_1

表 2-15　　　关 系 S

B	C	D
b_1	c_2	d_1
b_2	c_1	d_1
b_2	c_3	d_2

表 2-16　　　R÷S 结果

A
a_1

在关系 R 中，A 可以取四个值$\{a_1, a_2, a_3, a_4\}$。其中：

a_1 的象集为$\{（b_1，c_2），（b_2，c_3），（b_2，c_1）\}$

a_2 的象集为$\{（b_3，c_7），（b_2，c_3）\}$

a_3 的象集为$\{（b_4，c_6）\}$

a_4 的象集为$\{（b_6，c_6）\}$

S 在（B，C）上的投影为$\{（b_1，c_2），（b_2，c_3），（b_2，c_1）\}$

显然只有 a_1 的象集包含 S 在（B，C）属性组上的投影，所以 $R \div S = \{a_1\}$。

以上学习了关系代数的查询功能，即从数据库中提取信息的功能，介绍了 8 种关系代数运算，其中并、差、笛卡尔积、投影和选择为基本运算，交、连接和除都可以用 5 种基本运算来表达，引进这些运算不增加语言的能力，但可以简化表达。

5. 综合举例（以学生一课程数据库为例）

【例 2-8】 查询至少选修 1 号课程和 3 号课程的学生号码。首先建立一个临时关系 K，见表 2-17。然后求：$\Pi_{Sno.Cno}$（SC）$\div$ K 先对 SC 关系在 Snc 和 Cno 属性上投影，然后对其中每个元组逐一求出每个学生的象集，并一次检查这些象集是否包含 K。

表 2-17 临 时 关 系 K

学号 sno	课程号 cno	学号 sno	课程号 cno
95001	1	95003	2
95001	2	95003	3
95003	1		

$\Pi_{Sno.Cno}$（SC）

95001 象集$\{1，2\}$

95003 象集$\{1，2，3\}$

$$\Pi_{Cno}（K）=\{1，3\}$$

有： $$\Pi_{Sno.Cno}（SC）\div K=\{95003\}$$

【例 2-9】 查询选修了 2 号课程的学生的学号。

$$\Pi_{Sno}（\sigma_{Cno}='2'（SC））$$

结果为：$\{95001，95003\}$

【例 2-10】 查询至少选修了一门其直接先行课为 5 号课程的学生姓名。

$$\Pi_{Sname}（\sigma_{Cpno}='5'（Course）\bowtie SC \bowtie \Pi_{Sno, Sname}（Student））$$

或 $\Pi_{Sname}（\Pi_{Sno}（\sigma_{Cpno}='5'（Course）\bowtie SC）\bowtie \Pi_{Sno, Sname}（Student））$

【例 2-11】 查询选修了全部课程的学生号码和姓名。

$$\Pi_{Sno, Cno}（SC）\div \Pi_{Cno}（Course）\bowtie \Pi_{Sno, Sname}（Student）$$

第 3 章　关系数据库标准语言 SQL

3.1　SQL　概　述

SQL（Structured Query Language），即结构化查询语言，是关系数据库的标准语言，SQL 是一个通用的、功能极强的关系数据库语言。其功能并不仅仅局限在查询上。当前，几乎所有的关系数据库管理系统软件都支持 SQL。当然，许多软件厂商对 SQL 基本命令也进行了不同程度的扩充和修改（例如本书后面将要提到的 T-SQL 语言）。但是，大多数数据库均使用 SQL 作为共同的数据存取语言和标准接口已成为不争的事实，SQL 已成为数据库领域中的主流语言。这个前景是十分诱人和意义重大的。有人把确立 SQL 为关系数据库语言标准及其后的发展称为是"一场革命"。

3.1.1　SQL 的产生和发展

SQL 语言是在 1974 年由 Boyce 和 Chamberlin 联合提出的。1975～1979 年 IBM 公司 San Jose 研究所研制了著名的关系数据库管理系统原型 System R，并实现了这种语言。1986 年 10 月美国国家标准局（American National Standard Institute，ANSI）的数据委员会 X3H2 批准了 SQL 作为关系数据库语言的美国标准，同时公布了 SQL 标准文本（以下简称 SQL —1986）。1987 年国际标准化组织（International Organization for Standardization，ISO）也通过了这一标准。此后 ANSI 不断修改和完善 SQL 标准，并与 1989 年公布了 SQL—1989 标准，1992 年又公布了 SQL—1992 标准。1999 年公布了 ANSI SQL—1999，也称作 SQL3。2003 年公布了 SQL—2003。随着版本的不断增加，从最初的单文档到 SQL—2003 的 3600 多页，SQL 标准的内容越来越多，规则越来越细化。

SQL 标准的影响超出了数据库领域。SQL 在成为国际标准后，它在数据库以外的其他领域中也得到了重视和采用。有不少软件产品将 SQL 语言的数据查询功能与图形工具、软件工程工具、软件开发工具、人工智能程序结合起来。

3.1.2　SQL 的特点

SQL 之所以能够成为用户和业界的国际标准，并被广大用户所接受，是因为它是一个综合的、功能极强同时又简单易学的语言。SQL 集数据查询（Data Query）、数据操纵（Data Manipulation）、数据定义（Data Definition）和数据控制（Data Control）功能于一体，主要特点包括：

1. 综合统一

非关系模型的数据语言一般都分为：

（1）模式数据定义语言（Schema Data Definition Language，模式 DDL）。

（2）外模式数据定义语言（Subschema Data Definition Language，外模式 DDL 或子模

式 DDL）。

（3）数据存储有关的描述语言（Data Storage Description Language，DSDL）。

（4）数据操纵语言（Data Manipulation Language，DML）。

它们分别用于定义模式、外模式、内模式和进行数据的存取与处置。当用户数据库投入运行后，如果需要修改模式，必须停止现有数据库的运行，转储数据，修改模式并编译后再重装数据库，十分麻烦。

SQL 则集数据定义语言 DDL、数据操纵语言 DML、数据控制语言 DCL 的功能于一体，语言风格统一，可以独立完成数据库生命周期中的全部活动，包括：①定义数据模式、插入数据，建立数据库；②对数据库中的数据进行查询和更新；③数据库重构和维护；④数据库安全性和完整性控制等一系列操作要求。

这就为数据库应用系统的开发提供了良好的环境。特别是用户在数据库系统投入运行后，还可根据需要随时地逐步地修改模式，并不影响数据库的运行，从而使系统具有良好的可扩展性。

2. 以一种语法提供两种使用方式

SQL 具有自主式语言和嵌入式语言两种使用方式。自主式 SQL 能够独立地进行联机交互，用户只需在终端键盘上直接键入 SQL 命令即可对数据库进行操作。嵌入式 SQL 能够嵌入到高级语言（常用的主语言有 C、Visual Basic、PowerBuilder、Dephi 等）的程序中，以实现对数据库的数据进行存取操作，给程序员设计程序提供了很大方便。在两种不同的使用方式中，SQL 的语法结构基本一致，使用方法大致相同。统一的语法结构的特点，为使用 SQL 提供了极大的灵活性和方便性。

3. 高度非过程化

非关系数据模型的数据操纵语言是"面向过程"的语言，用"过程化"语言定义完成某项请求，必须指定存取路径。而用 SQL 进行数据操作，只要提出"做什么"，而无需指明"怎么做"，因此无需了解存取路径。存取路径的选择以及 SQL 的操作过程由系统自动完成。这不但大大减轻了用户负担，而且有利于提高数据独立性。

4. 语言简洁、易学易用

尽管 SQL 语言功能极强又有两种使用方式，由于设计巧妙，其语言十分简洁，四大功能的完成仅用了 9 个动词：CREATE、DROP、ALTER、SELECT、INSERT、UPDATE、DELETE、GRANT 和 REVOKE。此外，SQL 语法接近英语口语，因此容易学习，容易使用。

3.2 数 据 定 义

SQL 的数据定义包括基本表、索引、视图和数据库，其基本语句在表 3-1 中列出。

表 3-1　　SQL 的数据定义语句

操 作 对 象	创 建	删 除	修 改
基本表	CREATE TABLE	DROP TABLE	ALTER TABLE
索引	CREATE INDEX	DROP INDEX	

操 作 对 象	创　　建	删　　除	修　　改
视图	CREATE VIEW	DROP VIEW	
数据库	CREATE DATABASE	DROP DATABASE	ALTER DATABASE

3.2.1　符号约定和数据类型

在 SQL 语句格式中，有下列约定符号和语法规定需要说明。

1. 语句格式约定符号

语句格式中，尖括号"< >"中为实际语义；中括号"[]"中的内容为任选项；大括号"{}"或用分隔符"|"中的内容为必选项，即必选其中的一项；[，…n]表示前面的项可多次重复。

2. 一般语法

SQL 中的数据项（包括项、表和视图）分隔符为"，"，其字符串常量的定界符用单引号"'"表示。

3. SQL 特殊语法规定

SQL 的关键词一般使用大写字母表示；语句的结束符为"；"。语句一般应采用格式化书写方式。

关系模型中一个很重要的概念就是域。每一个属性来自一个域，它的取值必须是域中的值。

在 SQL 中域的概念用数据类型来实现。定义表的各个属性时需要指明其数据类型及长度。SQL 提供了一些主要数据类型，如表 3-2 所示。需要注意的是，不同的 RDBMS 中支持的数据类型不完全相同。

表 3-2　　　　　　　　　　　　　数　据　类　型

数　据　类　型	含　　义
CHAR（n）	长度为 n 的定长字符串
VARCHAR（n）	最大长度为 n 的变长字符串
INT	长整数
SMALLINT	短整数
NUMERIC（p，d）	定点数，由 p 位数字（不包括符号、小数点）组成，小数点后有 d 位数字
REAL	取决于机器精度的浮点数
FLOAT（n）	浮点数，精度至少为 n 位数字
DATE	日期型，包含年月日，格式为 YYYY-MM-DD
TIME	时间型，包含一日的时、分、秒，格式为 HH:MM:DD

尽管表 3-2 列出了有 9 种数据类型，但实际上使用最多的是字符型数据和数值型数据，因此，要求必须熟练掌握 CHAR、INT、SMALLINT 和 DECIMAL 数据类型。

3.2.2 基本表的定义和维护

3.2.2.1 定义基本表

SQL 语言使用 CREATE TABLE 语句定义基本表,其基本格式如下:

CREATE TABLE <表名>(<列名><数据类型>[列级完整性约束条件]

[,<列名><数据类型>[列级完整性约束条件]]

…

[,<表级完整性约束条件>]);

几点说明:

1. 列级完整性的约束条件

列级完整性约束是针对属性值设置的限制条件。SQL 的列级完整性条件有以下几种:

(1) NOT NULL 或 NULL 约束。NOT NULL 约束不允许字段值为空,而 NULL 约束允许字段值为空。字段值为空的含义是该属性值"不详"、"含糊"或"无意义"。对于关系的主属性,必须限定是"NOT NULL",以满足实体完整性;而对于一些不重要的属性,例如备注字段,则可以不输入字段值,即允许为 NULL 值,表示"无"。

(2) UNIQUE 约束。UNIQUE 约束是唯一性约束,即不允许该关系的该列中,出现有重复的属性值。

(3) DEFAULT 约束。DEFAULT 为默认值约束。将列中使用频率最高的属性值定义为 DEFAULT 约束中的默认值,可以减少数据输入的工作量。

DEFAULT 约束的格式为:

DEFAULT <约束名> <默认值> FOR <列名>

(4) CHECK 约束。CHECK 为检查约束,它通过约束条件表达式设置列值应满足的条件。

CHECK 约束的格式为:

CONSTRAIN <约束名> CHECK <(约束条件表达式)>

列级约束的约束条件表达式中只涉及一个列的数据。如果约束条件表达式涉及多列属性,则它就成为表级的约束条件,应当作为表级完整性条件表示。

2. 表级完整性的约束条件

表级完整性约束条件是指涉及关系中多个列的限制条件。在上述的 CHECK 约束中,如果约束条件表达式中涉及多列数据,它便为表级约束。

表级约束还有以下几种。

(1) UNIQUE 约束:UNIQUE 约束是唯一性约束。当要求元祖的值不能有重复值时,使用 UNIQUE 约束定义。

(2) PRIMARY KEY 约束:PRIMARY KEY 约束是实体完整性约束。PRIMARY KEY 约束用于定义主码,它能保证主码的唯一性和非空性。PRIMARY KEY 约束可直接写在主码后,也可按语法单独列出。

PRIMARY KEY 约束的语法格式为:

CONSTRAIN <约束名> PRIMARY KEY [CLUSTERED] (<列组>)

其中,CLUSTERED 短语为建立<列组>聚簇。

（3）FOREIGN KEY 约束：FOREIGN KEY 约束即外码和参照表约束。

FOREIGN KEY 约束语法格式为：

CONSTRAIN <约束名> FOREIGN KEY（<外码>）

REFERENCES <被参照表名>（<与外码对应的主码名>）

【例 3-1】 建立一个学生关系表 Student。

CREATE TABLE student(sno varchar(10)PRIMARY KEY,

Sname varchar(20)NOT NULL,

Sgender char(2),

Sage int,

Sdept varchar(20));

解题说明：该题中定义了两个列级约束条件：学号为主码约束，姓名不能为空。

【例 3-2】 建立选课关系表 sc。

CREATE TABLE sc(sno varchar(10),

Cno varchar(10),

Cgrade smallint,

PRIMARY KEY(sno,cno),

FOREIGN KEY(sno)REFERENCES student(sno),

CONSTRAIN C1 CHECK(cgrade BETWEEN 0 AND 100));

解题说明：该题中定义了 3 个表级完整性约束：sno 和 cno 为主码约束；sno 为外码，和 student 表中的 sno 相对应；最后还有检查约束，成绩的值必须在 0~100 之间。

3.2.2.2 修改基本表

当已建立好的基本表随着环境和应用需求的变化而需要修改时，需要利用 SQL 的修改基本表语句修改表结构。SQL 语言用 ALTER TABLE 语句修改基本表，其一般格式为：

ALTER TABLE <表名>

[ADD <新列名><数据类型>[<完整性约束>]]

[DROP<完整性约束名>]

[ALTER COLUMN<列名><数据类型>];

其中：ADD 子句用于增加新列和新的完整性约束条件，DROP 子句用于删除指定的完整性约束条件，ALTER COLUMN 子句用于修改原有的列定义，包括修改列名和数据类型。

【例 3-3】 向 student 表中增加"入学时间"字段。

ALTER TABLE student ADD date datetime;

【例 3-4】 删除 sc 表中对成绩的检查约束。

ALTER TABLE sc DROP C1;

3.2.2.3 删除基本表

当某个基本表不再需要时，可以使用 DROP TABLE 语句删除它。其一般格式为：

DROP TABLE<表名>;

基本表一旦被删除，表中的数据及在此表基础上建立的索引、视图将自动地全部被删除掉。因此，执行删除基本表的操作时，一定要格外小心。

3.2.3 索引的建立与删除

索引以文件的形式存储在硬盘介质上。这种文件不同于基本表，它的目的就是为了加快查询速度。一个基本表可以根据需要建立多个索引。一般来说，建立与删除索引由数据库管理员 DBA 或表的所有者，即建立表的人负责完成。

1. 索引的作用

索引的作用主要表现在下面几个方面：

（1）使用索引可以明显的加快查询的速度。

（2）使用索引可以保证数据的唯一性。

（3）使用索引可以加快连接速度。

2. 索引的建立

在 SQL 语言中，建立索引使用 CREATE INDEX 语句，其一般格式为：

CREATE [UNIQUE][CLUSTER] INDEX <索引名>

ON <表名>（<列名>[<次序>][，<列名>[<次序>]]…）；

其中：UNIQUE 表明此索引的每一个索引值只对应唯一的数据记录，CLUSTER 表示要建立的索引是聚簇索引。

索引可以建立在该表的一列或多列上，各列名之间用逗号分隔。每个列名后面还可以用次序指定索引值的排列次序，可选则 ASC（升序）或 DESC（降序），缺省为 ASC。

【例 3-5】 为学生-课程数据库中的 student、course、sc 表建立索引。其中，学生表按学号升序建立索引；课程表按课程号升序建立唯一索引；课程表按学号升序和课程号降序建立唯一索引。

CREATE　UNIQUE　INDEX　学号 ON student（sno）；

CREATE　UNIQUE　INDEX　课程号 ON course（cno）；

CREATE　UNIQUE　INDEX　课程号 ON sc（sno ASC，cno DESC）；

3. 索引建立的原则

尽管建立索引是加快查询速度的有效手段，但不是在任何情况下都需要建立索引的。在建立索引时，应当参考下列原则：

（1）大表应当建索引，小表则不必建索引。表的记录越多，记录越长，越有必要建立索引，建立索引后加快查询速度的效果也越明显。相反，对于记录比较少的基本表，建立索引的意义不大。

（2）对于一个基本表，不要建立过多的索引。索引文件要占用文件目录和存储空间，索引过多会使系统负担加重。索引需要自身维护，当基本表的数据增加、删除或修改时，索引文件要随之变化，以便与基本表保持一致。显然，索引过多会影响数据增加、删除、修改的速度。

（3）根据查询要求建立索引。索引要根据数据查询或处理的要求建立。对那些查询频度高、实时性要求高的数据一定要建立索引，而对于其他的数据则不建立索引。

4. 索引的种类

唯一索引（UNIQUE）：索引中的每一个索引值只对应唯一的数据记录。

聚簇索引（CLUSTER）：表中各行的物理顺序要始终保持与索引值的逻辑顺序相同。建立聚簇索引后，在更新索引列数据时，往往会导致表中记录的物理顺序的变更，因而代价是比较大的。一个基本表最多只能建立一个聚簇索引，对于经常更新的列不宜建立聚簇索引。

5. 删除索引

索引一经建立，就有系统使用和维护它，不需要用户干预。建立索引是为了减少查询操作的时间，但如果数据增删改频繁，系统会花费许多时间来维护索引，从而降低了查询效率。这时，可以删除一些不必要的索引。

在 SQL 中，使用 DROP INDEX 语句删除索引，其一般语法格式为：

DROP　INDEX <索引名>；

删除索引时，系统会自动从数据字典中删去有关对该索引的描述。

3.3　数　据　更　新

数据更新是指数据的增加、删除和修改操作，在 SQL 中有相对应的三类语句。

3.3.1　插入数据

SQL 的插入语句通常有两种使用方式：一种是插入一个元组；另一种是插入子查询的结果，一次可以插入多个元组。

1. 插入单个元组

插入元组的 SQL 语句格式为：

INSERT

INTO <表名> [（<属性列 1> [, <属性列 2>] …）]

VALUES（<常量 1> [, <常量 2>] …）；

该语句的功能是将新元组插入指定表中，新记录<属性列 1>的值为<常量 1>，<属性列 2>的值为<常量 2>，…。如果 INTO 子句中有属性列选项，则没有出现在子句中的属性值将取空值，假如这些属性已定义为 NOT NULL，它将会出错。若果 INTO 子句中没有指明任何列名，则新插入的记录必须在每个属性上均有值。

【例 3-6】 将一个新学生记录（学号：'95001'，姓名：'李勇'，性别：'男'，年龄：'20'，系别：'计算机系'）插入到 Student 表中。

INSERT

INTO student(sno,sname,sgender,sage,sdept)

VALUES('95001','李勇','男','20','CS');

解题要点：在 INTO 子句中指出了新增加的元组在哪些属性上要赋值，属性的顺序可以与原先表结构中的顺序不一样，VALUES 子句中的常量要和 INTO 子句中属性的顺序保持一致。当 INTO 子句表名后无属性列时，VALUES 子句的常量要与原先表结构中的顺序严格保持一致。该题还可以解作：

INSERT
INTO student
VALUES('95001','李勇','男','20','CS');

【例 3-7】 插入一条选课记录（学号：'95001'，课程号：'1'）。

INSERT
INTO sc
VALUES('95001','1');

解题要点：该题选课表后的学号和课程号两个属性值与常量"95001"和"1"对应。没有出现在选课表后的成绩属性，插入值为 NULL。

2. 插入子查询结果集

子查询不仅可以嵌套在 SELECT 语句中，也可以嵌套在 INSERT 语句中，用以生成要插入的批量数据。含有子查询的 INSERT 语句的格式为：

INSERT
INTO <表名> [（<属性列 1>[，<属性列 2>] …）]
子查询；

【例 3-8】 求各系学生的平均年龄，并把结果存入到数据库中。

CREATE TABLE dept_avg_age
            (sdept varchar(20),avg_age smallint);

INSERT
INTO dept_avg_age
SELECT sdept,AVG(sage)
FROM student
GROUP BY sdept;

解题要点：该题首先要在数据库中新建一个表，一列为系名，一列为平均年龄；然后对 student 表按系分组求平均年龄，再把系名和平均年龄存入新表中。

3.3.2 修改数据

修改操作又可称为更新操作，其语句的一般格式为：
UPDATE <表名>
SET <列名>=<表达式>[，<列名>=<表达式>]…
[WHERE   <条件>];
该语句的功能是将指定表中符合 WHERE 子句条件的元组的某些列用 SET 子句中给出

的表达式的值替代。如果省略 WHERE 子句，则表示要修改指定表中的全部元组。

【例 3-9】 将选课表中全部学生的成绩加上 2 分。

```
UPDATE sc
SET cgrade＝cgrade＋2;
```

解题要点：该题要求修改全部学生记录，所以不需要使用 WHERE 子句提供条件限制。

【例 3-10】 将学号为 95007 的学生年龄改为 22 岁。

```
UPDATE student
SET sage=22
WHERE sno='95007';
```

解题要点：该题附带有条件：修改学号为 95007 的学生的年龄，因此需要带上 WHERE 子句。

【例 3-11】 将选课表中数据库课程的成绩乘以 1.2。

```
UPDATE sc
SET cgrade=cgrade*1.2
WHERE cno=(SELECT cno
           FROM course
           WHERE cname='数据库');
```

解题要点：该题中元组修改条件是数据库课程，而在选课表中只有课程号而无课程名，因此，要通过在课程表中查找课程名为数据库的课程号，才能确定修改的元组，所以该题的 WHERE 子句中使用了子查询。

3.3.3　删除数据

删除语句的一般格式为

```
DELETE
FROM <表名>
[WHERE <条件> ];
```

DELETE 语句的功能是从指定表中删除满足 WHERE 子句条件的所有元组。如果在数据删除语句中省略 WHERE 子句，表示删除表中全部元组。DELETE 语句删除的是表中的数据，而不是表的定义，即使表中的数据全部被删，表的定义仍在数据库中。一个 DELETE 语句只能删除一个表中的元组，它的 FROM 子句中只能有一个表名，不允许有多个表名。如果需要删除多个表的数据，就需要用多个 DELETE 语句。

【例 3-12】 删除学号为 95001 的学生的记录。

```
DELETE
FROM student
WHERE sno='95001';
```

解题要点：该题为带有条件的删除，因此需要 WHERE 子句。

【例 3-13】 删除计算机系所有学生的选课记录。

```
DELETE
FROM sc
WHERE 'CS'=(SELECT sdept
            FROM student
            WHERE student.sno=sc.sno);
```

解题要点：该题中使用了带有子查询的删除，用于查找属于计算机系的学生。

3.4 视 图

3.4.1 视图概述

视图是从一个或多个基本表（或视图）中导出的表，是一张虚表。其结构和数据是建立在对表的查询的基础上的。和表一样，视图也是包括几个被定义的列和行，但就本质而言，这些数据列和数据行来源于其所引用的表。视图所对应的数据并不实际地以视图结构存储在数据库中，而是存储在视图所引用的基本表中，所以当基本表中的数据发生变化时，从视图中查询出的数据也就随之发生改变了。从这个意义上来说，视图就像一个窗口，透过它可以看到数据库中自己感兴趣的数据及其变化。

视图一经定义，便存储在数据库中。对视图的操作与对表的操作一样，可以对其进行查询、修改、删除。也可以在一个视图之上再定义新的视图，但对视图的更新（增、删、改）操作则有一定的限制。

3.4.1.1 视图的作用

合理使用视图能够带来许多好处：

（1）为用户集中数据，简化用户的数据查询和处理。使得分散在多个表中的数据通过视图定义在一起。

（2）简化操作，屏蔽了数据库的安全性。

（3）重新定制数据，使得数据便于共享。

（4）合并分割数据，有利于数据输出到应用程序。

（5）简化了用户权限管理，增加了安全性。

3.4.1.2 视图的适用范围

视图通常用来集中、简化和自定义每个用户对数据库的不同认识。通常在以下情况下使用视图：

（1）着重于特定数据。视图使用户能够着重于他们感兴趣的特定数据和所负责的特定任务。不必要的数据或敏感数据可以不出现在视图中。

（2）简化数据操作。视图可以简化用户处理数据的方式。可以将常用连接、投影、UNION查询和 SELECT 查询定义为视图，用户不必每次对该数据执行附加操作时指定所有条件和条件限定。

（3）自定义数据。视图允许用户以不同方式查看数据，即使在他们同时使用相同的数据时也是如此。

3.4.2 视图的定义

SQL 语言用 CREATE VIEW 命令建立视图，其一般格式为

CREATE VIEW <视图名>[（<列名>[，<列名>]…）]

AS <子查询>

[WITH CHECK OPTION];

其中，子查询可以是任意复杂的 SELECT 语句，但通常不允许含有 ORDER BY 子句和 DISTINCT 短语。

WITH CHECK OPTION 短语表示对视图进行 UPDATE、INSERT 和 DELETE 操作时要保证更新、插入或删除的行满足视图定义中的谓词条件（即子查询中的条件表达式）。

组成视图的属性列名或者全部省略或者全部指定，没有第三种选择，如果省略了视图的各个属性列名，则隐含该视图由子查询中 SELECT 子句目标列中的诸字段组成。但在下列 3 种情况下必须明确指定组成视图的所有列名：

（1）某个目标列不是单纯的属性名，而是聚集函数或列表达式。

（2）多表连接时选出了几个同名列作为视图的字段。

（3）需要在视图中为某个列启用新的更合适的名字。

【例 3-14】 建立计算机系学生的视图

CREATE VIEW cs_computer

AS

SELECT sno,sname,sage

FROM student

WHERE sdept='CS';

解题要点：本题中省略了 cs_computer 的列名，隐含了由子查询中 SELECT 子句中的 3 个列名组成。RDBMS 执行 CREATE VIEW 语句的结果只是把视图的定义存入数据字典，并不执行其中的 SELECT 语句。只是在对视图查询时，才按视图的定义从基本表中将数据查出。

【例 3-15】 建立计算机系学生的视图，并要求进行修改和插入操作时仍需保证该视图只有计算机系学生。

CREATE VIEW cs_computer

AS

SELECT sno,sname,sage

FROM student

WHERE sdept='CS'

WITH CHECK OPTION;

解题要点：使用 WITH CHECK OPTION 子句，相当于在对视图进行插入、删除和修改操作时，RDBMS 自动加上了 sdept＝'CS'的条件。

【例 3-16】 建立计算机系成绩在 90 分以上的学生视图。

```
CREATE VIEW cs_s1(sno,sname,cgrade)
AS
SELECT student.sno,sname,cgrade
FROM student,sc
WHERE sdept='CS' AND student.sno=sc.sno AND cgrade>=90;
```

解题要点：由于视图 cs_s1 中的属性列包含了 student 表与 sc 表的同名列 sno，所以必须在视图名后面说明视图的各个属性列名。

3.5 数 据 控 制

数据控制是系统通过对数据库用户的使用权限加以限制而保证数据安全的重要措施。SQL 的数据控制语句包括授权（GRANT）、收权（REVOKE）和拒绝访问（DENY）3 种，其权限的设置对象可以是数据库用户或用户组（角色）。

3.5.1 数据控制机制

数据库系统通过以下 3 步来实现数据控制。

1. 授权定义

具有授权资格的用户，如数据库管理员 DBA 或建表员 DBO，通过数据控制语言 DCL，将授权决定告知数据库管理系统。

2. 存权处理

数据库管理系统 DBMS 把授权的结果编译后存入数据字典中。数据字典是由系统自动生成、维护的一组表，记录着用户标识、基本表、视图和各表的属性描述及系统授权情况。

3. 查权操作

当用户提出操作请求时，系统首先要在数据字典中查找该用户的数据操作权限。只有当用户拥有该操作权限时，才能执行操作，否则系统将拒绝操作。

3.5.2 数据控制语句

数据操作权限的设置语句包括授权语句、收权语句和拒绝访问语句。

1. 授权语句

```
GRANT <权限>[，<权限>]…
ON<对象类型><对象名>[，<对象类型><对象名>]…
TO <用户>[，<用户>]…
[WITH CHECK OPTION];
```

其语义为：将指定操作对象的指定操作权限授予指定的用户。进行授权活动的可以是 DBA，也可以是数据库对象创建者，也可以是已经拥有该权限的用户。接受权限的可以是一个或多个用户，也可以是 PUBLIC，及全体用户。

WITH CHECK OPTION 指允许用户再将该操作权限授予别的用户。

【例 3-17】 把查询 student 表和删除学生所在系的权限授予用户王丽。

GRANT SELECT, DELETE(所在系)
ON TABLE student
TO 王丽；

【例 3-18】 把对 student 表的全部操作权限授予用户王丽和李平。

GRANT ALL PRIVILEGES
ON TABLE student
TO 王丽,李平；

【例 3-19】 把对表 sc 的 INSERT 权限授予李平，并允许其将此权限再授予其他用户。

GRANT INSERT
ON TABLE sc
TO 李平
WITH CHECK OPTION；

2．收回权限
REVOKE ＜权限＞[，＜权限＞]…
ON＜对象类型＞＜对象名＞[，＜对象类型＞＜对象名＞]…
FROM ＜用户＞[，＜用户＞]…；
其语义为：由 DBA 或其他授权者收回权限。
【例 3-20】 收回所有用户对表 sc 的查询权限。

REVOKE SELECT
ON TABLE sc
FROM PUBLIC；

3．拒绝访问语句
DENY ＜权限＞[，＜权限＞]…
ON＜对象类型＞＜对象名＞[，＜对象类型＞＜对象名＞]…
TO ＜用户＞[，＜用户＞]…；

第4章 数据库设计与规范化理论

4.1 数 据 库 设 计

数据库应用领域研究的主要课题是数据库设计。数据库设计的任务是指根据用户需求定义数据库结构的过程，具体地说，是指对于一个给定的应用环境构造出最优的数据库模式，建立数据库及其应用系统，使之能有效地存储数据、满足用户的信息要求和处理要求，也就是根据各种应用处理的要求，把现实世界中的数据加以合理地组织，满足硬件和操作系统的特性，利用已有的 DBMS 来建立能够实现系统目标的数据库。

合理的数据库结构是数据库应用系统良好的基础与保证，但是数据库的设计与开发却是一项庞大而复杂的工程。从事数据库设计的人员，不仅仅要求其精通数据库知识和数据库设计相关技术，而且还要有相关的设计经验。在数据库设计的前期，还应该与应用单位人员进行密切的交流；在设计过程中还应当了解用户的具体的专业业务知识。这样可以大大地提高数据库设计的成功率。

目前设计数据库系统主要采用的是以逻辑数据库设计为核心的规范设计方法，也就是根据用户要求和特定数据库管理系统的具体特点，以数据库设计理论为依据，采用一定的策略设计数据库的全局逻辑结构。然后采用物理数据库设计方法，设计数据库的存储结构及其他实现细节。

4.1.1 数据库设计概述
4.1.1.1 概述
数据库设计是指根据用户需求定义数据库结构的过程。

在软件工程思想出现之前，数据库设计主要采用手工方法。由于信息结构复杂，应用环境多样，这种方法主要凭借设计人员的经验和水平，缺乏科学理论和工程方法，工程的质量难以保证，数据库很难最优，数据库运行一段时间后各种各样的问题会渐渐地暴露出来，增加了系统维护工作量。如果系统的扩充性不好，经过一段时间运行后就必须重新设计。

为了改变这种情况，1978 年 10 月，来自 30 多个国家的数据库专家在美国新奥尔良市专门讨论了数据库设计问题，他们运用软件工程的思想和方法，提出了数据库设计的规范，这就是著名的新奥尔良方法，它是目前公认的比较完整和权威的一种规范设计法。新奥尔良法将数据库设计分成需求分析（分析用户需求）、概念设计（信息分析和定义）、逻辑设计（设计实现）和物理设计（物理数据库设计）。目前，常用的规范设计方法大多起源于新奥尔良方法，并在设计的每一阶段采用一些辅助方法来具体实现。各种规范化设计方法基于过程迭代和逐步求精的设计思想，只是在细致的程度上有差别，导致设计步骤的不同。

随着数据库设计工具的出现，也产生了一些借助数据库设计工具的计算机辅助设计方法。另外，随着面向对象设计方法的发展和成熟，面向对象的设计方法也开始应用于数据库设计。

4.1.1.2 数据库设计的步骤

在确定了数据库设计的方案和了解数据库设计的内容之后，就需要选定相应的参加人员，以及确定相应的数据库设计方法和步骤，来进行数据库系统的设计。多年来，人们提出了多种数据库设计方法，例如新奥尔良方法、S.B.Yao 方法和 I.R.Palmer 方法等。

目前，数据库设计大都采用新奥尔良方法指出的设计步骤，再加上数据库实施和数据库运行与维护两个阶段，即数据库设计分为 6 个阶段。下面分别说明每个阶段的工作任务和应注意的问题。

1. 需求分析阶段

需求分析是整个数据库设计过程的基础，要收集数据库所有用户的信息，包括数据、功能和性能需求。需求分析阶段是最费时、最复杂的一步，但也是最重要的一步，相当于待构建的数据库大厦的地基，它决定了以后各设计阶段的速度与质量。需求分析做得不好，可能会导致整个数据库设计返工重做。在分析用户需求时，要确保用户目标的一致性。这个阶段应对业务流程进行细化，得到系统分层的数据流图，并编写系统的数据字典。

2. 概念结构设计阶段

概念结构设计将需求分析得到的用户需求信息进行综合、归纳与抽象，形成一个独立于具体 DBMS 的概念模型。概念结构设计是数据库设计的重点，是对现实世界的可视化描述，属于信息世界，是逻辑结构设计的基础。这个阶段应得到系统实体联系模型，即 E—R 图。

3. 逻辑结构设计阶段

逻辑结构设计所要完成的任务就是将概念结构模型转化为选用DBMS产品所支持数据模型相符合的逻辑模型，然后再对其进行优化，同时为各种用户和应用设计模式。这个设计阶段把 E—R 图转化关系模型（相当于数据库的表结构）。

4. 物理结构设计阶段

物理结构设计是指数据库逻辑数据模型在计算机中具体实现的方案，包括为其选取最适合应用环境的存取方法和存储模型。一般是在具体数据库产品中设置相应数据库的性能参数。

5. 数据库的实施阶段

设计人员利用 DBMS 提供的数据语言及其宿主语言，根据逻辑设计和物理设计的结果建立一个具体的数据库，并编写和调试相应的应用程序并进行试运行。应用程序的开发目标是开发一个可依赖的和有效的数据库存取程序，来满足用户的处理要求。

6. 数据库运行与维护阶段

这一阶段主要是收集和记录实际系统运行的数据，数据库运行的记录用来提取用户要求的有效信息，用来评价数据库系统的性能，进一步调整和修改数据库。在运行中，必须保持数据库的完整性，并能有效地处理数据库故障和进行数据库恢复。在运行和维护阶段，可能要对数据库结构进行修改或扩充。

在各阶段实施过程中如果发现不能满足用户需求时，均需返回到前面适当的阶段，进行必要的修正。如此经过不断的迭代和求精。直到各种功能都能满足用户的需求为止。

需要指出的是，这些设计步骤既是数据库设计的过程，也包括了数据库应用系统的设计过程。在设计过程中把数据库的设计和对数据库中数据处理的设计紧密结合起来，将这两个方面的需求分析、抽象、设计、实现在各个阶段同时进行，相互参照，相互补充，以完善两方面的设计。事实上，如果不了解应用环境对数据的处理要求，或没有考虑如何去实现这些处理要求，是不可能设计出一个良好的数据库结构的。按照这个原则，设计过程各个阶段的设计描述，可用表4-1概括给出。

表 4-1　　　　　　　　　　　　数据库设计各阶段的设计描述

设 计 阶 段	设 计 描 述	
	数 据	处 理
需求分析	数据字典、全系统中数据项、数据流、数据存储的描述	数据流图和判定表、数据字典中处理过程的描述
概念结构设计	概念模型（E—R）图、数据字典	系统说明书包括：①新系统要求、方案和概图；②新系统数据流图
逻辑结构设计	某种数据模型	系统结构图（模块结构）
物理结构设计	存储安排、方法选择、存取路径建立	模块设计 IPO 表
数据库的实施	编写模式、装入数据、数据库试运行	程序编码、编译连接、测试
数据库运行与维护	性能监测、转储恢复、数据库重组和重构	新旧系统转换、运行、维护（修正性、适应性、改善性维护）

4.1.2　需求分析

系统需求分析是在项目确定之后，用户和设计人员对数据库应用系统所涉及的内容和功能的描述，是以用户的角度来认识系统。这一过程是整个数据库设计的基础，以后的各个阶段即应用程序的开发都会以此为依据。如果此阶段出现失误，或者由于其他原因造成需求分析不准确，则以它为基础的整个数据库设计都是毫无意义的工作，会严重地影响整个项目的工期，在人力、物力等方面造成浪费。因此，数据库设计人员必须高度重视系统的需求分析。

4.1.2.1　需求分析的任务

从数据库设计的角度来看，需求分析的任务是对现实世界要处理的对象（组织、部门、企业等）进行详细的调查，通过对现行系统的了解，收集支持新系统的基础数据并对其进行分析，在此基础上确定新系统的功能。

需求分析是在对用户调查的基础之上，通过分析逐步明确用户对系统的需求，包括用户在数据管理中的信息需求、处理需求，以及对数据安全性和完整性的要求。信息需求指的是用户需要从数据库中获得数据的内容与性质。由用户的信息需求可以导出数据需求，即在数据库中需要存储哪些数据。处理要求是指用户要求完成什么处理功能，对处理的响应时间有什么要求，处理方式是批处理还是联机处理。

确定用户的最终需求其实是一件很困难的事。这是因为一方面在绝大多数情况下，用户并非计算机专业人员，对计算机所能处理的功能并不是很了解。因此用户无法准确的表达自己的需求，他们所提出的要求往往在不断地变化。另一方面设计人员缺少用户的专业知识，不容易理解用户的真正需求，甚至误解用户的需求。此外，新的硬件、软件技术的出现也会使用户的需求发生变化。因此，设计人员必须与用户不断深入地进行交流，才能逐步地明确用户的真正需求。

需求分析阶段是以调查和分析为主要手段的，其具体需要完成的任务如下。

1. 调查用户机构情况

调查机构情况包括了解该组织的部门组成情况、各部门的职责等，可以使用组织结构图自上向下分层次表示企业或组织的结构设置及各部门之间的隶属关系，有助于后续的业务流程和数据流分析。

2. 调查用户业务活动

以部门职能为主体，详细调查每一项基本功能的业务实现过程，全面细致地了解整个系统各方面的业务流程，分析各部门输入和输出的数据与格式、所需的表格与卡片、加工处理这些数据的步骤、输入输出的部门等。

3. 明确用户需求

在熟悉了业务活动的基础上，协助用户明确对新系统的各种要求，包括信息要求、处理要求、安全性与完整性要求。

4. 确定系统边界

在收集各种需求数据后，对前面调查的结果进行初步分析，确定新系统的边界，确定哪些功能由计算机完成或将来准备让计算机完成，哪些活动由人工完成。由计算机完成的功能就是新系统应该实现的功能。

5. 分析系统功能，编写分析报告

系统分析阶段的最后是编写系统分析报告，通常称为需求规范说明书。需求分析报告要由项目开发人员、企业各级管理人员共同讨论和研究，一经确定，将成为下一阶段系统设计与实现的纲领性文件。系统需求分析报告应包括如下内容：

（1）系统概况，系统的目标、范围、背景、历史和现状、术语定义、参考资料。

（2）系统的原理和技术，现行系统的概况、缺陷等。

（3）系统功能说明。

（4）对性能的说明：精度、时间特性要求等。

（5）数据处理概要、工程体制和设计阶段划分。

（6）系统方案及技术、经济、功能和操作上的可行性。

完成系统的分析报告后，在项目单位的领导下要组织有关技术专家评审系统分析报告，这是对需求分析结构的再审查。审查通过后由项目方和开发方领导签字认可。

4.1.2.2 需求分析的方法

用户参加数据库设计是数据库应用系统设计的特点，是数据库设计理论不可分割的一部分。在数据需求分析阶段，任何调查研究没有用户的积极参加是寸步难行的，设计人员应和用户取得共同的语言，帮助不熟悉计算机的用户建立数据库环境下的共同概念，所以这个过程中不同背景的人员之间互相了解与沟通是至关重要的，同时方法也很重要。用于需求分析的方法有多种，主要方法有自顶向下和自底向上两种，如图 4-1 所示。

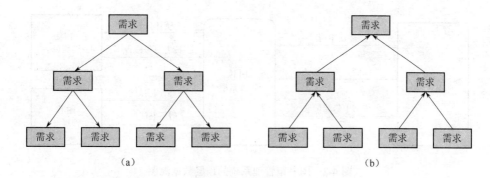

图 4-1　需求分析方法

（a）自顶向下的需求分析；（b）自底向上的需求分析

其中自顶向下的分析方法（Structured Analysis，简称 SA 方法）是最简单实用的方法。SA 方法从最上层的系统组织机构入手，采用逐层分解的方式分析系统，用数据流图（Data Flow Diagram，DFD）和数据字典（Data Dictionary，DD）描述系统。下面对数据流图和数据字典作些简单的介绍。

1. 数据流图

数据流图（Data Flow Diagram，DFD），用数据流描述系统中数据流动的过程，反映的是加工处理的对象。其主要成份有四种：加工处理、外部实体、数据流、数据存储。

加工处理：对数据流的加工处理，一般命名为一个动宾短语，如"统计人数"，加工处理用圆角矩形表示，并在其内标明加工名称，是数据流图的核心符号。

外部实体：指系统之外的人或单位，它们和系统有信息传递关系，表示图中数据的起点或终点，可能是人、机构、系统等，必须注明名称，如"教师"、"学生"等。外部处理用方框表示。

数据流：表示流动的数据，可以是一项数据，也可以是一组数据（如扣款文件、订货单），数据流用箭头表示，箭头方向表示数据流向，通常在上方注明数据流名称。

数据存储：系统通常通过数据文件、文件夹或账本存储数据，是数据载体的表现形式之一，一般当数据处理加工后先存储起来，用时再提取，可出现多次，如"学生成绩表"等。数据存储用双划线或其他形状表示，并标明数据存储的名称。

对于复杂系统，一张数据流图难以描述和难以理解，可以采用分层描述的方法。

一个系统中顶层图只有一张，重点描述系统的界限。因此顶层图中只包括系统外部数据源和数据接收者、系统处理，外界的数据源流向、系统的数据流和系统流向外界的数据接收者的数据流。图书馆管理系统的顶层数据流图如图 4-2 所示。

顶层数据流图完成后，把顶层图的加工处理分解成几个部分，得到系统的第一层数据流图，第一层图只有一张。第一层图继承了顶层的输入输出，只需要对加工处理本身分解。图书馆管理系统的第一层数据流图如图 4-3 所示。

第二层及以后层次的图称为子图，子图是对上层的一个加工处理内部数据流的细化，将其细分为多个子加工处理。子图应当与上层图保持平衡。即子图中加工处理的输入输出数据流必须和上层图中对应。续借处理的数据流图如图 4-4 所示。

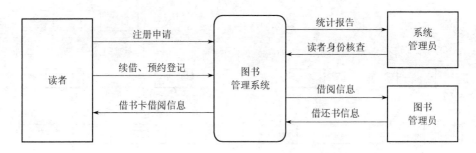

图 4-2　图书馆管理系统的顶层数据流图

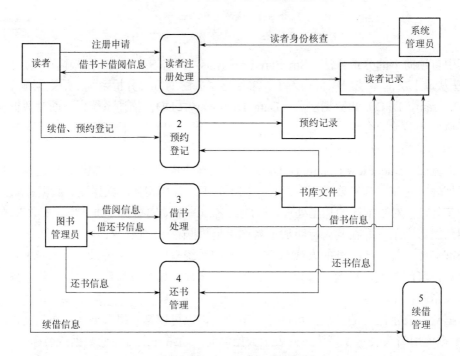

图 4-3　图书馆管理系统的第一层数据流图

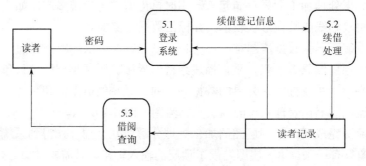

图 4-4　续借处理的数据流图

2. 数据字典

编写系统分析报告常用到数据字典。数据字典是对用户信息需求的整理和描述。对数据库设计来讲，数据字典是进行详细的数据收集和数据分析所获得的主要结果。因此在数据库设计中占有很重要的地位。数据字典条目包括数据项、数据流、数据存储、加工四个方面内容，可以采用卡片形式。

（1）数据项。数据项也称为数据元素，数据项条目是对数据流、文件和加工中所列的数据项的进一步描述。内容一般包括系统名称、数据项名称、别名、数据类型、说明、取值范围、数据长度、取值的含义等。例如图书编号条目描述如下。

1）数据项名称：图书编号。

2）简述：每本图书在图书馆内的编号。

3）别名：无。

4）组成：图书编号＝大分类号＋小分类号＋图书序号。

5）数据类型：连续 7 位字符。

6）有关数据结构：图书目录、书库文件、读者记录。

（2）数据流。数据流条目格式一般包括系统名称、数据流名称、别名、说明、编号、来源、去向、数据流流量、数据流组成等，必要时还应指出高峰流量。

图书采编信息数据流条目描述如下。

1）数据流编号：D01。

2）数据流名称：图书采编信息。

3）简述：图书采编信息。

4）数据流来源：图书购买后，由图书馆采编人员编码整理后，输入计算机。

5）数据流去向：采编管理模块。图书采编信息将采编数据存入数据库。

6）数据项组成：BookID（图书编码）＋BookType（图书类别）＋Bookname（书名）＋Auth（作者）＋Publisher（出版社）＋Price（单价）＋Pubdate（出版日期）＋Quantity（购买数量）。

（3）数据存储。数据存储条目用于描述数据存储的内容及组织方式，一般包括系统名称、文件编号、文件名称、别名、说明、组织方式、主关键字、次关键字、记录数、记录组成等。

数据存储的组成可以使用与数据流组成相同的符号。例如图书管理信息系统中读者记录数据文件条目描述如下。

1）数据存储编号：（F01）。

2）数据存储名称：读者记录。

3）简述：读者借阅图书的数据记录。

4）数据存储组成：读者记录＝借书卡号＋姓名＋系别＋身份证号＋图书编号＋借书日期＋联系电话。

5）关键字：借书卡号。

6）相关联的处理：借书登记等。

（4）加工。加工指数据流图中不能再分解的最小加工处理单元，加工条目是对数据流图中基本加工的定义。通常由加工处理编号、加工处理名称、简述、处理逻辑、输入数据流、输出数据流等组成。

例如图书借阅条目描述如下。

1）加工处理编号：11。

2）加工处理名称：图书借阅。

3）简述：读者查找到所需的图书后应当到图书馆办理借阅手续，图书借阅系统处理图书借阅，还书，续借等手续。

4）处理逻辑：图书借阅输入，检查读者身份，检查图书在库的情况，然后填写图书借阅库并修改图书库中图书的数量。

5）输入数据流：借书证、图书条码。

6）输出数据流：图书借阅单。

4.1.3　数据库概念结构设计

在需求分析阶段数据库设计人员充分调查并描述了用户的应用需求，但这些应用需求还是现实世界的具体需求，我们应该首先把他们抽象为信息世界的结构，才能更好地、更准确地用某一个 DBMS 实现用户的这些需求。将需求分析得到的用户需求抽象为信息结构及概念模型的过程就是概念结构设计。

概念结构独立于数据库逻辑结构，它是现实世界与机器世界的中介，它一方面能够充分反映现实世界，包括实体和实体之间的联系，同时又易于向关系、网状、层次等各种数据库模型转换。它是现实世界的一个真实模型，易于理解，便于和不熟悉计算机的用户交换意见，使用户易于参与，当现实世界需求改变时，概念结构又可以很容易地作相应调整。因此概念结构设计是整个数据库设计的关键所在。

概念模型是数据模型的前身，它比数据模型更独立于机器、更抽象，也更加稳定，概念模型的表示方法很多，其中最常用的是 P.P.S.Chen 于 1976 年提出的实体—联系方法（Entity Relationship Approach 简称 E—R 方法），该方法用 E—R 图表示概念模型，用 E—R 图表示的概念模型也称为实体—联系模型（E—R 模型）。

4.1.3.1　实体—联系模型

1. 实体（Enity）

客观存在并可相互区分的事物称为实体。实体可以是具体的人、事、物，也可以是抽象的概念或联系。例如一名学生、一名职工、一个商品、学生的一次选课等等都是实体。在 E—R 模型中实体用矩形框表示，矩形框内写明实体的名称。

2. 属性（Attribute）

实体所具有的某一特性称为属性。一个实体可以由若干个属性来描述。例如，学生实体的属性可以有学号、姓名、成绩等。在 E—R 图中，用椭圆形表示属性，椭圆形内写明属性的名称，用无向边将其与相应的实体连接起来。表的主键是关键属性，关键属性加下划线。例如学生的属性表示如图 4-5 所示。

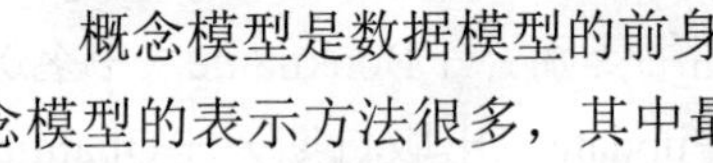

图 4-5　基本属性的表示方法

3. 联系（Relationship）

联系是实体之间的相互关系。每一个联系都有一个联系名。实体之间的联系可以分为三种类型。

（1）一对一联系（1:1）。如果对于实体集 A 中的每一个实体，实体集 B 中至多有一个（也可以没有）实体与之联系，反之亦然，则称实体集 A 与实体集 B 具有一对一联系。记作 1:1。

例如：实体班级（班级号，系别，人数）与实体班主任（姓名，性别，身份证号）之间即是一对一联系。

（2）一对多联系（1:n）。如果对于实体集 A 中的每一个实体，实体集 B 中有 n 个实体（n≥0）与之联系；反之，对于实体集 B 中的每一个实体，实体集 A 中至多只有一个实体与之联系，则称实体集 A 与实体集 B 具有一对多联系，记作 1:n。

例如：假设一个系有多名学生，而一个学生只属于一个系，则系和学生之间是一对多联系。

（3）多对多联系(m:n)。如果对于实体集 A 中的每一个实体,实体集 B 中有 n 个(n≥0)与之联系，反之亦然，则称实体集 A 与实体 B 具有多对多联系。记作 m:n。

例如：学生和课程，一个学生可以选修多门课程，一门课程可以被多个学生选修。因此学生和课程之间是多对多的联系。

由于多对多的联系在数据库系统中难以实现，所以在实际设计时要把一个多对多联系分解成多个一对多联系。

实际上，一对一联系是一对多联系的特例，而一对多联系又是多对多联系的特例。

在 E—R 图中，联系一般用菱形表示，菱形内写明联系的名称，用无向边分别与实体连接起来，在无向边上注明联系的类型（1:1，1:n，m:n），如果联系有属性，则这些属性同样用椭圆表示，用无向边与联系连接起来。学生、成绩、课程 3 个实体的联系如图 4-6 所示。

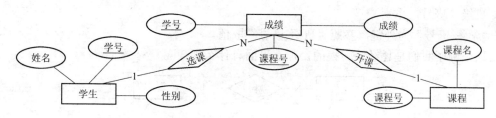

图 4-6　教学数据 E—R 图

4.1.3.2　概念结构设计的方法

设计概念结构的 E—R 模型可采用四种方法。

（1）自顶向下。即首先定义全局概念结构的框架，然后逐步细化。

（2）自底向上。即首先定义各局部应用的概念结构，然后将它们集成起来，得到全局概念结构。

（3）逐步扩张。首先定义最重要的核心概念结构，然后向外扩充，以滚雪球的方式逐步生成其他概念结构，直至总体概念结构。

（4）混合策略。即将自顶向下和自底向上相结合，用自顶向下策略设计一个全局概念结构的框架，用自底向上方法设计各个局部概念结构，然后形成总体的概念结构。

其中最经常采用的策略是自底向上方法。即自顶向下地进行需求分析，然后再自底向上地设计概念结构。但无论采用哪种设计方法，一般都以 E—R 模型为工具来描述概念结构。

4.1.4 数据库逻辑设计

4.1.4.1 逻辑结构设计的任务和步骤

概念结构设计阶段得到的 E—R 模型是用户需求的形式化，其表示的概念模型是对用户数据需求的一种抽象，它独立于任何一种数据模型，因而不为任何一个 DBMS 所支持。为了能够用某一种 DBMS 建立用户所要求的数据库，最终实现用户需求，还必须将概念结构进一步转化为某个具体 DBMS 所支持的数据模型。这就是数据库逻辑结构设计的任务。

概念模型向逻辑模型的转换过程通常分为三步进行：

（1）将概念模型转换为一般的数据模型（关系、网状或层次）。

（2）将一般的数据模型转换为特定的 DBMS 所支持的数据模型。

（3）对数据模型进行优化。

由于现行大量的数据库应用系统均普遍采用支持关系数据模型 DBMS，所以这里只介绍 E—R 模型向关系模型转换的原则与方法。

4.1.4.2 E—R 模型向关系模型的转换

1. 转换实例

E—R 图如何转换为关系模型呢？我们先看一个例子。

图 4-7 是学生和班级的 E—R 图，学生与班级构成多对一的联系。根据实际应用，我们可以做出这个简单例子的关系模式：

学生（学号，姓名，班号）

班级（班号，系别）

"学生.班号"为外键，参照"班级.班号"取值。

这个例子我们是凭经验转换的，那么里面有什么规律呢？

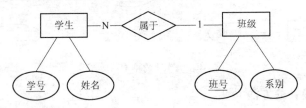

图 4-7 学生—班级 E—R 图

2. 转换规则

（1）一个实体型转换为一个关系模式。一般 E—R 图中的一个实体转换为一个关系模式，实体的属性就是关系的属性，实体的码就是关系的码。

（2）一个 1:1 联系可以转换为一个独立的关系模式，也可以与任意一端对应的关系模式合并。

图 4-8 是一个一对一联系的例子。根据转换规则（2），有三种转换方式：

1）联系单独作为一个关系模式。此时联系本身的属性，以及与该联系相连的实体的码均作为关系的属性，可以选择与该联系相连的任一实体的码属性作为该关系的码。结果如下：

职工（工号，姓名）

产品（产品号，产品名）

负责（工号，产品号）

其中"负责"这个关系的码可以是工号，也可以是产品号。

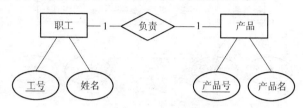

图 4-8　一对一关系

2）与职工端合并。

职工（工号，姓名，产品号）

产品（产品号，产品名）

其中"职工.产品号"为外码。

3）与产品端合并。

职工（工号，姓名）

产品（产品号，产品名，负责人工号）

其中"产品.负责人工号"为外码。

（3）图 4-9 为一个 1:n 联系可以转换为一个独立的关系模式，也可以与 n 端对应的关系模式合并。

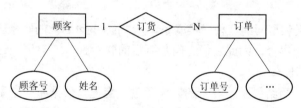

图 4-9　一对多关系

1）若单独作为一个关系模式。此时该单独的关系模式的属性包括其自身的属性，以及与该联系相连的实体的码。该关系的码为 n 端实体的主属性。

顾客（顾客号，姓名）

订单（订单号，…）

订货（顾客号，订单号）

2）与 n 端合并。

顾客（顾客号，姓名）

订单（订单号，…，顾客号）

（4）图 4-10 为一个 m：n 联系可以转换为一个独立的关系模式。

该关系的属性包括联系自身的属性，以及与联系相连的实体的属性。各实体的码组成关系码或关系码的一部分。

教师（教师号，姓名）

学生（学号，姓名）

教授（教师号，学号）

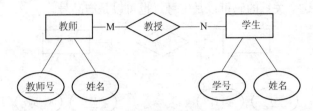

图 4-10　多对多关系

（5）一个多元联系可以转换为一个独立的关系模式。

与该多元联系相连的各实体的码，以及联系本身的属性均转换为关系的属性，各实体的码组成关系的码或关系码的一部分。

（6）具有相同码的关系模式可以合并。

（7）有些 1:n 的联系，将属性合并到 n 端后，该属性也作为主码的一部分。

3. 数据抽象的分类

关于现实世界的抽象，一般分为 3 类。

（1）分类：即对象值与型之间的联系，可以用"is member of"判定。如张英、王平都是学生，他们与"学生"之间构成分类关系。

（2）聚集：定义某一类型的组成成分，是"is part of"的联系。如学生与学号、姓名等属性的联系。

（3）概括：定义类型间的一种子集联系，是"is subset of"的联系。如研究生和本科生都是学生，而且都是集合，因此它们之间是概括的联系。

4.1.4.3　数据模型的优化

数据库逻辑设计的结果是不唯一的。为了进一步提高数据库应用系统的性能，还应该根据应用的需要以逻辑模型进行适当的修改和调整，这就是数据模型的优化。关系数据模型的优化通常以关系的规范化理论为指导，其目的是适当修改和调整数据模型的结构，减少冗余及各种异常，改善完整性、一致性和存储效率，节省存储空间，方便数据库的管理。常用的方法包括规范化和分解，具体的方法有：

（1）确定各属性间的数据依赖。根据需求分析阶段得出的语义，分别写出每个关系模式的各属性之间的函数依赖以及不同关系模式各属性之间的数据依赖关系。

（2）对各个关系模式之间的数据依赖进行极小化处理，消除冗余的联系。

（3）按照数据依赖的理论对关系模式逐一进行分析，考察是否存在部分函数依赖、传递函数依赖、多值依赖等，确定各关系模式分别属于第几范式。

（4）根据需求分析阶段得到的处理要求，分析该模式是否合适，确定是否需要对某些模式进行分解或者合并。

（5）对关系模式进行必要的分解，以提高数据的操作效率和存储空间的利用率。常用的分解方法是水平分解和垂直分解。

水平分解：根据一列或多列数据的值把数据行放到两个独立的表中。例如图书管理系统中，如果图书量比较大，可以把图书表水平分解为科技图书表、外文图书表、小说表等等。

垂直分解：按列进行分解，即把一条记录分开多个地方保存，每个子表的行数相同。

把主码和一些列放到一个表，然后把主码和另外的列放到另一个表中。如果一个表中某些列常用，而另外一些列不常用，则可以采用垂直分解，垂直分解可以使得数据行变小，一个数据页就能存放更多的数据，在查询时就会减少 I/O 次数。其缺点是需要管理冗余列，查询所有数据需要 join 操作。

例如，假设有图书表（图书号，书名，内容简介，…），如果内容简介不经常被查询，就可以对表进行垂直分解，可以分解为：

图书（图书号，书名，…）

图书简介（图书号，内容简介）

4.1.4.4 外模式设计

外模式即用户子模式，它又称为关系视图。关系视图是在关系模式基础上所设计的直接面向操作用户的视图，它可以根据用户需求随时创建，一般 DBMS 均提供关系视图的功能。

关系视图的作用大致有如下几点：

（1）提供数据逻辑独立性：使应用程序不受逻辑模式变化的影响。数据的逻辑模式会随着应用的发展而不断变化，逻辑模式的变化必然会影响到应用程序的变化，这就会产生极为麻烦的维护工作。关系视图则起了逻辑模式与应用程序之间的隔离作用，有了关系视图后建立在其上的应用程序就不会随逻辑模式修改而产生变化，此时变动的仅是关系视图的定义。

（2）能适应用户对数据的不同需求：每个数据库有一个非常庞大的结构，而每个数据库用户则希望只知道他们自己所关心的那部分结构，不必知道数据的全局结构以减轻用户在此方面的负担。此时，关系视图可以屏蔽用户所不需要的模式，而仅将用户感兴趣的部分呈现出来。

（3）有一定数据保密功能：关系视图为每个用户划定了访问数据的范围。从而在应用的各用户间起了一定保密隔离作用。

4.1.5 数据库物理设计

数据库最终是要存储在物理设备上的，比如说硬盘。为一个给定的逻辑数据模型选取一个最适合应用环境的物理结构的过程，就是数据库的物理设计。物理结构设计的目的主要有两点：一是提高数据库的性能，满足用户的性能需求；二是有效地利用存储空间。总之，数据库物理设计是为了使数据库系统在时间和空间上最优。

数据库的物理设计通常分为以下两个步骤：

（1）确定数据库的物理结构，在关系数据库中主要是存储结构和存储方法。

（2）对物理结构进行评价，评价的重点是时间和空间的效率。

如果评价结果满足应用要求，则可进入到物理结构的实施阶段，否则要重新进行物理结构设计或修改物理结构设计，有的甚至返回到逻辑结构设计阶段，修改逻辑结构。

4.1.5.1 确定数据库的物理结构

物理设计阶段实现的是数据库系统的内模式，它的质量直接关系着整个系统的功能。由于物理结构设计与具体的数据库管理系统有关，各种产品提供了不同的物理环境、存取方法和存储结构，能供设计人员使用的设计变量、参数范围都有很大差别，因此物理结构设计没有通用的方法，设计人员必须注意以下几个方面的问题。

1. DBMS 的特点

物理结构设计只能在特定的 DBMS 下进行，必须了解 DBMS 的特点，充分利用其提供的各种手段，了解其限制条件。

2. 应用环境

数据库系统不仅与数据库设计有关，还与计算机系统有关。比如：是单任务系统还是多任务系统，是单磁盘还是磁盘阵列，是数据库专用服务器还是多用途服务器等；另外还要了解数据的使用频率，对于使用频率高的数据要优先考虑。此外，数据库的物理结构设计是一个不断完善的过程，开始只能是一个初步设计，在数据库系统运行过程中要不断检测并进行调整和优化。

确定数据库的物理结构通常包括以下几个方面。

1. 确定数据的存储结构

确定数据库存储结构时要综合考虑存取时间、存储空间利用率和维护代价三方面的因素。这三个方面常常是相互矛盾的，因此必须进行权衡，选择一个折中方案。

许多关系型 DBMS 都提供了聚簇功能，即为了提高某个属性（或属性组）的查询速度，把在这个或这些属性上有相同值的元组集中存放在一个物理块中，如果存放不下，可以存放到预留的空白区或链接多个物理块。

聚簇实际上不是一种访问机制，而是加快某些应用的访问速度的一种存储技术，其使用大大提高了按聚簇码进行查询的效率。例如假设学生关系按所在班级建有索引，现在要查询某班级的所有学生名单，设该班有 60 名学生，在极端情况下，这 60 名学生所对应的元组分布在 60 个不同的物理块上，由于每次访问一个物理块均需要执行一次 I/O 操作，因此该查询即使不考虑访问索引的 I/O 次数，也要执行 60 次 I/O 操作。但如果将同一班的学生元组集中存放，则每读一个物理块可得到多个满足查询条件的元组，从而显著地减少了访问磁盘的次数。在最好情况下这 60 个元组集中在一个物理块中，如不考虑附加的 I/O 操作，访问这些数据仅需一次 I/O。

聚簇功能不但适用于单个关系，也适用于多个关系。假设用户经常要按班级查询学生的考勤情况，这一查询涉及学生关系和考勤关系的连接操作，即需要按学生号连接这两个关系，为提高连接操作的效率，可以把具有相同学生号的学生元组和考勤元组在物理上聚簇在一起。

聚簇以后，聚簇码相同的元组集中在一起了，因而聚簇码值不必在每个元组中重复存储，只要在一组中存一次就行了，因此可以节省一些存储空间。

但必须注意的是，聚簇虽然可以明显地改善访问数据的性能，但对非聚簇键的访问是毫无益处的，而且对聚簇码的修改会引起元组的迁移，对已有关系建立聚簇，将导致关系中元组移动其物理存储位置，并使此关系上原有的索引无效，这样必须重建索引，也就是说建立与维护聚簇的开销是相当大的。

2. 设计数据的存取路径

在关系数据库中，选择存取路径主要是指确定如何建立索引。上面所述的文件结构及聚簇都涉及文件中的记录在物理上的分布方式，其中的文件结构与访问方式密切相关，所以一种文件结构也就意味着一种访问机制。如何给各类文件附加一种访问机制从而加快对所需记录的访问速度？这种附加的访问机制就是索引。建立文件的索引就是对文件中的记录按其某一属性或某一组属性的值，建立属性值与记录地址的对应关系。赖于建立索引的属性或属性组称为索引键，如果说索引键为主键，则称该索引为主索引。显然主索引的每一个键值只对应一个记录地址，主索引不仅在查询中经常用到，而且在更新时也要用它来作主键的唯一性检查。若以非主键作为索引键，称该索引为次索引，是否需要建立次索引取决于应用的需要。索引的建立可明显提高访问记录的速度，但附加的索引需要占有额外的存储空间，而且对记录的更新修改都需要对索引作相应的维护，这些开销在许多时候是不能忽视的。因此索引不是建得越多越好，而是应根据应用的要求权衡得失。这就是索引选择所面临的问题。

索引的选择是数据库物理设计的基本问题，在原则上可以穷举各种可能的方案，进行代价估算，从中挑选最佳的方案。但索引选择实际上是要决定在哪些属性上建立索引，是一项比较困难的任务。困难主要来自以下几个方面。

（1）选择范围太大。对于每一个文件的每一个属性均有建立索引和不建立索引两种选择，一个文件如有 5 个属性，那么就有 2^5 种可能的选择。一个数据库通常都包含多个文件，这些文件又是相互关联的。这样即使对于一个只包含 5 个文件的小数据库，仅与索引有关的访问结构方案就有 5×2^5 种可能的选择。实际上，一般的数据库所包含的文件数远不止 5 个，而且索引不但可在单属性上建，也可在多属性上建，由此可见选择的范围相当之大。

（2）影响索引选择的因素复杂。索引选择首先受到设计目标的影响，数据库物理设计的目标是要尽可能地减少 CPU 代价、I/O 代价以及存储代价。这几种代价常常相互影响而又可能相互矛盾。对于不同的系统，所追求的代价目标也不尽相同。因此数据库的物理设计不存在一种统一的、不变的设计目标。设计目标的复杂性直接影响到索引方案选择的复杂性。另外，由于访问路径要受 DBMS 的优化策略的影响，故设计的访问路径与实际的访问路径之间存在差异，这将使设计者不能单独地按照设计目标作出索引选择。

（3）难以评价设计效果。设计目标所追求的 CPU 代价、I/O 代价以及存储代价的减少，在实际上是很难估算的。CPU 代价与系统软件及运行环境有关，难于准确估计。I/O 代价及存储代价的计算与具体的系统有关，不存在一套通用的代价估算公式，而且代价估算还与数据本身的特性有关，而这些特性在数据库设计阶段往往是不能充分了解的。由此可见，要想确切地评价设计的效果是十分困难的。

由于上述原因，索引选择不可能通过一种严密的计算来获得理想的解决方案。现实的方法是按启发式规则进行索引选择，即使采用计算机辅助设计，也是先采用启发式规则得到一组选择方案，再用简化了的代价估算法进行评价，作出最终的选择。事实上不管是人工方法还是计算机辅助方法。所作的设计选择在以后的运行中还将根据实际情况进行调整。

下面我们将来讨论按启发式方法选择索引的一般步骤及规则。

在考虑选择索引时，文件结构也就是说采用堆文件还是散列文件、记录的存放是按照主键值排序的还是按某一属性或属性组组成聚簇的等等都应当已经确定。选择索引的第一步先来确定哪些表适合加索引，哪些表不适合加索引。第二步，对于适合加索引的表进一步确定在哪些属性上应该建立索引，哪些属性不宜建立索引；最后再来考虑在其他属性上是否需要建立索引。

对于表建立索引应当遵循以下参考原则：

（1）对于小表不宜建索引。例如访问一个只有一个物理块大小的表，不用索引仅需要一次 I/O 操作，而使用了索引至少也得两次 I/O。至于什么表是小表要因系统而异，通常小于 6 个物理块的表称之为小表。

（2）对于中等表或大表，若表上的主要应用都要涉及表中的很多记录，则顺序扫描比采用索引访问更划算。只有访问的记录数只占很少比例的情况下通过索引才可以缩小扫描范围。

（3）对于更新十分频繁的表通常不宜建立索引。因为表的更新而引起的维护索引的代价可能过大。反之对于稳定的表或者说只作查询的表，可以考虑多建立一些索引。

对于属性上建立索引应当遵循以下参考原则：

（1）对主键和外键一般都应建立索引。因为通过主键和外键的操作较为频繁，如通过主键查找、以主键和外键为连接属性的连接操作等都是较为普遍的。另外，主键的唯一性检查以及引用完整性约束检查等也需要频繁地查询主键和外键。由此看来，在主键和外键上建立索引会明显加快操作的速度。

（2）若所使用的产品支持可指定升序或降序的有序索引，则对于范围查询、ORDERBY、GROUP BY、UNION、DISTINCT 等操作所涉及的属性，在其上建立有序索引可加快这些操作的速度，因为这些操作均需要排序。但取得索引效果的前提仍是这些操作中满足条件的记录数不超过 20%。

（3）对于只涉及某些列的操作，如计算列的聚集函数（SUM、COUNT、MIN、MAX 及 AVG）、列与列的和（COLUMN A＋COLUMN B）、查询某属性值 EXISTS 或 NOT EXISTS 等，则在这些列上建立索引后，只要访问索引便可完成这些操作来得到结果，而不需要访问表。若操作涉及多列，可在多列上建立索引。

（4）对于已经建立聚簇的表，在聚簇码列（列组）上建立索引可有效地限制扫描范围。

对于属性上不宜建立索引应当遵循以下参考原则：

（1）频繁修改的属性。属性值的修改必然会引起在该属性上建立的索引的维护，须权衡维护代价对性能的影响。

（2）属性值很少的属性。如"性别"属性只有两个值，每一个值几乎对应着一半的记录，建立索引的效果不明显。

（3）几乎不在查询条件中出现的属性。

（4）属性值的分布很不均匀的属性。如一个企业中的职工按部门分布可能主要集中在某个分厂，因而在部门上建立索引的效果不如直接扫描。

（5）如需要对过长的属性（如超过 30 个字节）建立索引，必须要对索引键进行压缩，否则会使索引所占的存储空间太大。

依据以上原则可以较快地得到一个表的初始索引方案，以上原则是参考性的，在实际应用中，可能某些属性既符合建立索引的原则也符合不宜建立索引的原则，需要设计者加以权衡。

3. 确定数据库的存储位置

为了提高系统性能，数据应该根据应用情况将易变部分与稳定部分、经常存取部分和存取频率较低部分分开存放。

例如，数据库数据备份、日志文件备份等由于只在故障恢复时才使用，而且数据量很大，可以考虑存放在磁带上。目前许多计算机都有多个磁盘，因此进行物理设计时可以考虑将表和索引分别放在不同的磁盘上，在查询时，由于两个磁盘驱动器分别在工作，因而可以保证物理读写速度比较快。也可以将比较大的表分别放在两个磁盘上，以加快存取速度，这在多用户环境下特别有效。此外还可以将日志文件与数据库对象（表、索引等）放在不同的磁盘以改进系统的性能。

4. 确定系统配置

DBMS 产品一般都提供了一些存储分配参数，供设计人员和 DBA 对数据库进行物理优化。初始情况下，系统都为这些变量赋予了合理的缺省值。但是这些值不一定适合每一种应用环境，在进行物理设计时，需要重新对这些变量赋值以改善系统的性能。

通常情况下，这些配置变量包括：同时使用数据库的用户数，同时打开的数据库对象数，使用的缓冲区长度、个数，时间片大小、数据库的大小，装填因子，锁的数目等等，这些参数值影响存取时间和存储空间的分配，在物理设计时就要根据应用环境确定这些参数值，以使系统性能最优。在物理设计时对系统配置变量的调整只是初步的，在系统运行时还要根据系统实际运行情况作进一步的调整，以期切实改进系统性能。

通常情况下，这些配置变量包括：同时使用数据库的用户数，同时打开的数据库对象数，使用的缓冲区长度、个数，时间片大小、数据库的大小，装填因子，锁的数目等，这些参数值影响存取时间和存储空间的分配，在物理设计时就要根据应用环境确定这些参数值，以使系统性能最优。

在物理设计时对系统配置变量的调整只是初步的，在系统运行时还要根据系统实际运行情况作进一步的调整，以期切实改进系统性能。

4.1.5.2 评价物理结构

数据库物理设计过程中需要对时间效率、空间效率、维护代价和各种用户要求进行权衡，其结果可以产生多种方案，数据库设计人员必须对这些方案进行细致的评价，从中选择一个较优的方案作为数据库的物理结构。

评价物理数据库的方法完全依赖于所选用的 DBMS，主要考虑操作开销，即为使用户获得及时、准确的数据所需的开销和计算机的资源开销。具体可分为如下几类：

（1）查询和响应时间。响应时间是从查询开始到查询结果开始显示之间所经历的时间。一个好的应用程序设计可以减少 CPU 时间和 I/O 时间。

（2）更新事务的开销。主要是修改索引、重写物理块或文件以及写校验等方面的开销。

（3）生成报告的开销。主要包括索引、重组、排序和结果显示的开销。

（4）主存储空间的开销。包括程序和数据所占用的空间。一般对数据库设计者来说，可以对缓冲区作适当的控制，包括缓冲区个数和大小。

（5）辅助存储空间的开销。辅助存储空间分为数据块和索引块两种，设计者可以控制索引块的大小、索引块的充满度等。

实际上，数据库设计者只能对 I/O 服务和辅助空间进行有效控制。其他的方面都是有限的控制或者是根本就不能控制。

如果评价结果满足应用要求，则可进入到物理结构的实施阶段，否则要重新进行物理结构设计或修改物理结构设计，有的甚至返回到逻辑结构设计阶段，修改逻辑结构。

4.1.6　数据库的实施和维护

数据库的物理设计完成后，设计人员就要用 DBMS 提供的数据定义语言和其他应用程序将数据库逻辑设计和物理设计结果严格地描述出来，成为 DBMS 可以接受的源代码，再经过调试产生出数据库模式。然后就可以组织数据入库、调试应用程序，这就是数据库实施阶段。在数据库实施后，对数据库进行测试，测试合格后，数据库进入运行阶段。在运行的过程中，要对数据库进行维护。

4.1.6.1　数据库的实施

数据库实施阶段包括两项重要的工作：一是建立数据库，二是测试。

1. 建立数据库

建立数据库是在指定的计算机平台上和特定的 DBMS 下，建立数据库和组成数据库的各种对象。数据库的建立分为数据库模式的建立和数据的载入。

建立数据库模式：主要是数据库对象的建立，数据库对象可以使用 DBMS 提供的工具交互式的进行，也可以使用脚本成批地建立。如：在 Oracle 环境下，可以编写和执行 PL/SQL 脚本程序；在 SQL Server 和 Sybase 环境下可以编写和执行 T-SQL 脚本程序。

数据的载入：建立数据库模式，只是一个数据库的框架。只有装入实际的数据后，才算真正地建立了数据库。数据的来源有两种形式："数字化"数据和非"数字化"数据。

"数字化"数据是存在某些计算机文件和某种形式的数据库中的数据，这种数据的载入工作主要是转换，将数据重新组织和组合，并转换成满足新数据库要求的格式。这些转换工作，可以借助于 DBMS 提供的工具，如 Oracle 的 SQL Load 工具，SQL Server 的 DTS 工具。

非"数字化"数据是没有计算机化的原始数据，一般以纸质的表格、单据的形式存在。这种形式的数据处理工作量大，一般需要设计专门的数据录入子系统完成数据的载入工作。数据录入子系统中一般要有数据校验的功能，保证数据的正确性。

2. 测试

数据库系统在正式运行前，要经过严格的测试。数据库测试一般与应用系统测试结合起来，通过试运行，参照用户需求说明，测试应用系统是否满足用户需求，查找应用程序的错误和不足，核对数据的准确性。如果功能不满足和数据不准确，对应用程序部分要进行修改、调整，直到满足设计要求为止。

对数据库的测试，重点在两个方面：一是通过应用系统的各种操作，数据库中的数据能否保持一致性，完整性约束是否有效实施；二是数据库的性能指标是否满足用户的性能要求，分析是否达到设计目标。在对数据库进行物理结构设计时，已经对系统的物理参数进行了初步设计。但一般的情况下，设计时的考虑在许多方面还只是对实际情况的近似估计，和实际系统的运行总有一定的差距，因此必须在试运行阶段实际测量和评价系统性能指标。事实上，有些参数的最佳设置值往往是经过运行调试后找到的。如果测试的物理结构参数与设计目标不符，则要返回到物理结构设计阶段，重新调整物理结构，修改系统物理参数。有些情况下要返回到逻辑结构设计，修改逻辑结构。

在试运行的过程中，要注意：在数据库试运行阶段，由于系统还不稳定，硬件、软件故障随时都可能发生。而系统的操作人员对新系统还不熟悉，误操作也不可避免，因此应首先调试 DBMS 的恢复功能，做好数据库的转储和恢复工作。一旦发生故障，能使数据库尽快地恢复，减少对数据库的破坏。

4.1.6.2 数据库的维护

数据库测试合格和试运行后，数据库开发工作基本完成，即可投入正式运行了。但是，由于应用环境不断变化，数据库运行过程中物理存储也会不断变化。对数据库设计的评价、调整、修改等维护工作是一个长期的任务，也是设计工作的继续和提高。

在数据库运行阶段，对数据库经常性的维护工作是由 DBA 完成的，主要有以下几方面。

1. 数据库的转储和恢复

数据库的转储和恢复工作是系统正式运行后最重要的维护工作之一。DBA 要针对不同的应用要求制定不同的转储计划，以保证一旦发生故障尽快将数据库恢复到某种一致的状态，并尽可能减少对数据库的损失和破坏。

2. 数据库的安全性和完整性控制

数据库是一个单位的重要资源，它的安全性是极端重要的。在数据库的运行过程中，由于应用环境的变化，对数据库安全性的要求也会发生变化。比如有的数据原来是机密的，现在可以公开查询了，而新增加的数据又可能是机密的了。系统中用户的级别也会发生变化。这些都要 DBA 根据实际情况修改原来的安全性控制。同样，数据库的完整性约束条件也会变化，也需要 DBA 不断修正，以满足用户需要。

DBA 应采取措施保证数据不受非法盗用与数据不受破坏，数据的安全性控制包括以下内容：

（1）通过权限管理、口令、跟踪及审计等 DBMS 的功能以保证数据的安全。

（2）通过行政手段，并建立一定规章制度以确保数据安全。

（3）数据库应备有多个副本并保存在不同的安全地点。

（4）应采取措施防止病毒入侵并能及时消毒。

此外，为保证数据的正确性需作完整性控制，使录入库内的数据均能保持正确，数据库的完整性控制主要包括以下内容：

（1）通过完整性约束检查等 DBMS 的功能以保证数据的正确性。

（2）建立必要的规章制度进行数据的按时正确采集及校验。

3. 数据库性能的监控、分析和改造

在数据库运行过程中，监控系统运行，对检测数据进行分析，找出改进系统性能的方

法，是 DBA 的又一重要任务。目前有些 DBMS 产品提供了检测系统性能的工具，DBA 可以利用这些工具方便地得到系统运行过程中一系列参数的值。DBA 应仔细分析这些数据，判断当前系统运行状况是否最优，应当做哪些改进，找出改进的方法。例如调整系统物理参数，或对数据库进行重组织或重构造等。

4. 数据库的重组和重构

数据库运行一段时候后，由于不断的删除而造成盘区内碎片的增多而影响 I/O 速度，由于不断的删除与插入而造成集簇的性能下降，同时也造成了存储空间分配的零散化，使得一个完整表的空间分散，从而降低了数据的存取效率，数据库性能下降，这时 DBA 就要对数据库进行重新整理，或部分整理（只对频繁增加、删除的表进行重组），重新调整存贮空间，此种工作叫数据库重组。DBMS 系统一般都提供了对数据库重组的应用程序。在重组的过程中，按原设计要求重新安排存储位置、回收垃圾、减少指针链等，提高系统性能。

由于数据库应用环境发生变化，增加了新的应用或新的实体，取消了某些应用，有的实体和实体间的联系也发生了变化等，使原有的数据库模式不能满足新的需求，需要调整数据库的模式和内模式，此种工作叫数据库重构。例如在表中增加或删除了某些数据项，改变数据项的类型，增加和删除了某个表，改变了数据库的容量，增加或删除了某些索引等。当然数据库的重构是有限的，只能做部分修改。若应用变化太大，重构也无济于事，则说明此数据库应用系统的生命周期已经结束，这时应当设计新的数据库。

数据库的重组，并不修改原来的逻辑和物理结构，而数据库的重构则不同，它是指部分修改数据库模式和内模式。

4.2　规　范　化　理　论

关系数据库是由一系列关系组成，因此关系数据库的设计归根结底是如何构造关系。要建立一个关系数据库，首先要设计关系模式，然后将若干关系模式构成关系数据库模式。然而，针对一个具体问题，应该如何构造一个适合它的数据库模式，即应该构造几个关系模式，每个关系模式由哪些属性组成，这些关系的完整性如何确定等。这些就是关系数据库的设计问题。关系数据库的规范化理论，为我们设计出合理的数据库提供了有利的工具。

本节将从一个"不好"的数据库模式实例出发，阐明关系模式规范化理论研究的实际背景，然后介绍规范化理论的有关概念和方法，包括关系可能存在的插入、删除等异常问题和直观解决方法，函数依赖定义及其推理规则，各种范式及其相互关系，关系模式的分解特性等内容。

4.2.1　规范化问题的提出

数据库的逻辑设计为什么要遵循一定的规范化理论？什么是好的关系模式？某些"不好"的关系模式会导致哪些问题？可以通过一个具体的例子加以分析。

【例 4-1】已知一个教学管理数据库，其中用于描述学生的关系模式如下：

STUDY(Sno,SNAME,SDEPT,MNAME,CNAME,SCORE)

其中，SNO 表示学生的学号，SNAME 表示学生姓名，SDEPT 表示学生所在的系名，

MNAME 表示系主任的姓名，CNAME 表示课程名称，SCORE 表示课程成绩。

由现实世界的已知事实可知：

（1）一个学号只对应一个学生。

（2）一个学生只属于一个系，一个系有若干学生。

（3）一个系只有一名系主任。

（4）一个学生可以选修多门课程，每门课程可以有若干学生选修。

（5）每个学生所选的每门课程只有一个成绩。

在此关系模式中填入一些具体的数据，可得到 STUDY 关系模式的实例，如表 4-2 所示。

表 4-2 关系 STUDY

SNO	SNAME	SDEPT	MNAME	CNAME	SCORE
20048001	李小桃	计算机系	张军	数据结构	92
20048001	李小桃	计算机系	张军	离散数学	85
20048001	李小桃	计算机系	张军	操作系统	90
20048002	段玉宁	数学系	晋桂明	高等数学	88
20048002	段玉宁	数学系	晋桂明	数值分析	93
20048003	任小可	计算机系	张军	数据结构	86
20048003	任小可	计算机系	张军	离散数学	91
20048003	任小可	计算机系	张军	操作系统	89

上述关系虽然看起来简单明了，但在实际使用过程中却会出现数据冗余和操作异常问题。

1. 数据冗余

数据冗余是指如果某个学生选修了几门课，那么该学生的姓名、所在的系名和系主任的姓名就要重复出现，它们重复出现的次数等于该系的学生人数乘以每个学生所选修的课程，这将造成存储空间的浪费。

2. 更新异常

在关系 STUDY 中，如果某个学生改名，则该学生对应的所有记录都要修改属性 SNAME 的值，如有不慎漏改某些记录，就会造成数据的不一致，破坏数据的完整性。

3. 插入异常

假如一个刚刚成立的系，其行政机构已经建立但尚未招收学生，则因为属性 SNO 的取值为空，导致诸如系名和系主任姓名之类的信息无法存入数据库；同样，没被学生选修的课程信息也无法存入数据库；没有选课的学生信息也无法存入数据库。

4. 删除异常

假如一个系的学生毕业了，要删除这些学生的记录，则系名和系主任的信息也将被一起删除，而事实上这个系和系主任依然存在，但在数据库中却无法找到该系的信息。

由于关系模式 STUDY 存在上述 3 个异常问题，因此关系模式 STUDY 是一个"不好"的关系模式。一个"好"的模式应当不会发生插入异常和删除异常，且数据冗余应尽可能少。

那么，关系模式 STUDY 为什么会出现以上异常问题呢，产生上述问题的原因在于该关系模式的结构中，属性之间存在过多的"数据依赖"。一个好的关系模式应当可以通过分解来消除其中不合适的数据依赖。

【例 4-2】 将关系模式 STUDY 分解为如下 3 个新的关系模式：

STUDENT(SNO,SNAME,SDEPT)
GRADE(SNO,CNAME,SCORE)
DEPARTMENT(SDEPT,MNAME)

相应的关系实例如表 4-3～表 4-5 所示。

表 4-3　　　　　　　　　　　关 系 STUDENT

SNO	SNAME	SDEPT	SNO	SNAME	SDEPT
20048001	李小桃	计算机系	20048002	段玉宁	数学系
20048001	李小桃	计算机系	20048003	任小可	计算机系
20048001	李小桃	计算机系	20048003	任小可	计算机系
20048002	段玉宁	数学系	20048003	任小可	计算机系

表 4-4　　　　　　　　　　　关 系 GRADE

SNO	CNAME	SCORE	SNO	CNAME	SCORE
20048001	数据结构	92	20048002	数值分析	93
20048001	离散数学	85	20048003	数据结构	86
20048001	操作系统	90	20048003	离散数学	91
20048002	高等数学	88	20048003	操作系统	89

表 4-5　　　　　　　　　　　关 系 DEPARTMENT

SDEPT	MNAME	SDEPT	MNAME
计算机系	张军	数学系	晋桂明

分解之后，这三个关系模式都不会发生数据冗余、插入异常和删除异常的问题。

模式分解是规范化设计的一条原则：如果关系模式有冗余问题，就应该分解它。那么，如何来确定关系的分解是否有益？分解后是否仍然存在数据冗余和更新异常等问题？什么样的关系模式才算是一个比较好的关系模式？这些都是后几节将要介绍的关系模式的函数依赖、关系模式规范化等所涉及的内容。

4.2.2 函数依赖

我们知道，关系是元组的集合，关系模式是对这个集合中元组的数据组织方式的结构性描述。一个关系模式一般简记为 R（U，F），其中，R 为关系名，U 为一组属性，且 U ＝{A_1，A_2，…，A_n}，F 为关系 R 在 U 上满足的一组函数依赖。有时，在所讨论的问题不涉及 F 时，关系模式简记为 R（U）。本节将讨论关系模式的函数依赖、候选码、主码、函数依赖的推理规则等问题。

关系与关系模式是两个联系十分紧密但又有区别的概念。关系实质上是一张二维表，表的每一行为一个元组，因此，关系是元组的集合，它其实是笛卡尔积的一个子集。从一张二维表的角度来看，关系模式其实是把所有元组删去以后的一张空表，它是对元组的数据组织方式的结构描述。当把若干元组填入关系模式后，所得到的二维表就是一个关系，且是一个具体的关系，即关系是关系模式的一个取值实例。一般来说，关系模式是相对稳定的，比如关系模式 STUDENT，而关系却是不断变化的，如表 4-3 所示的关系 STUDENT，它仅仅是关系模式 STUDENT 的一个取值实例，称为具体关系。在表 4-3 中不管是增加一个元组或是减少一个元组，就得到一个新的关系，虽然其关系名可以不变，但它已是关系模式 STUDENT 的另一个具体关系了。因此，每一个关系都对应一个关系模式，而一个关系模式可以对应多个关系。即在数据库中，关系模式是相对稳定的、静态的，而关系却是动态变化的、不稳定的，而关系的每一次变化结果，都是关系模式对应的一个新的具体关系。在以后的一般讨论中，一个关系模式 R（U）对应的具体关系（取值实例）通常用小写字母 r 来表示。

4.2.2.1 函数依赖

定义 4.1　设 R（U）是属性集 U＝{A_1，A_2，…，A_n}上的关系模式，X 和 Y 是 U 的子集。若对 R（U）的任一具体关系 r，如果 r 中的任意两个元组 t_1 和 t_2，只要 $t_1[X]=t_2[X]$ 就有 $t_1[Y]=t_2[Y]$，则称"X 函数确定 Y"或"Y 函数依赖 X"（Functional Dependency），记作 X→Y。

在以上定义中，$t_i[X]$ 和 $t_i[Y]$ 分别表示元组 t 在属性 X 和 Y 上的取值。"X 函数确定 Y"的含义是：对关系 r 中的任一个元组，如果它在属性集 X 上的值已经确定，则它在属性集 Y 上的值也随之确定。也就是说，对于 r 的任意两个元组 t_1 和 t_2，只要有 $t_1[X]=t_2[X]$，就不会出现 $t_1[Y]\neq t_2[Y]$ 的情况。因此，定义 4.1 说明，在关系模式 R（U）的任一个具体关系 r 中，不可能存在这样的两个元组，它们在 X 上的属性值相等，而在 Y 上的属性值不等。

对于函数依赖，需要注意以下几点：

（1）函数依赖不是指关系模式 R（U）的某个或某些具体关系满足的约束条件，而是指 R（U）的一切具体关系 r 都要满足的约束条件。

（2）函数依赖和其他数据依赖一样，是一个语义范畴的概念。只能根据属性的语义来确定一个函数依赖。例如上述关系模式 STUDY，当学生不存在重名的情况下，可以得到 SNAME→SDEPT，这个函数依赖只有在没有同名学生的条件下才成立。如果允许出现相同姓名的学生，则系名就不再函数依赖于学生姓名了。

数据库设计者应在定义数据库模式时，指明属性之间的函数依赖，使数据库管理系统根据设计者的意图来维护数据库的完整性。因此，设计者可以对现实世界中的一些数据依赖作强制性规定，例如，为了使 SNAME→SDEPT 这个函数依赖成立，用户可以强制规定关系中不允许同名同姓的人出现。这样当输入某个元组在 SNAME 上的值与关系中已有元组在 SNAME 上的值相同，则数据库管理系统就拒绝接受该元组。

（3）函数依赖存在的时间无关性。由于函数依赖是指关系中的所有元组应该满足的约束条件，而不是指关系中某个或某些元组所满足的约束条件。关系中元组的增加、删除或更新都不能破坏这种函数依赖。因此，必须根据语义来确定属性之间的函数依赖，而不能单凭某一时刻关系中的实际数值来判断。例如，对于上述关系模式 STUDY，根据语义，只能存在函数依赖 SNO→SNAME，而不应该存在 SNAME→SNO，因为如果新增加一个重名的学生，函数依赖 SNAME→SNO 必然不存在。

（4）若 X→Y，则称 X 为这个函数依赖的决定（Determinant）因素，简称 X 是决定因素。

（5）若 X→Y，并且 Y→X，则记作 X←→Y。

（6）若 Y 不函数依赖于 X，则记作 X↛Y。

定义 4.2　设 R（U）是属性集 U＝{A_1，A_2，…，A_n}上的关系模式，X 和 Y 是 U 的子集。若 X→Y，但 Y⊆X，则称 X→Y 是平凡函数依赖。否则称 X→Y 是非平凡函数依赖。

对于任一关系模式，平凡函数依赖都是必然成立的，但它不反映新的语义。因此，在下面的讨论中，若没有特别声明，"X→Y"都表示非平凡的函数依赖。

【例 4-3】　在例 4-1 的关系 STUDY 中存在函数依赖：

SNO→SNAME

SDEPT→MNAME

因为任意两行中只要 SNO 相同，SNAME 必然相同，同理任意两行中只要 SDEPT 相同，MNAME 也必然相同。

SNO 和 SDEPT 是决定因素，SNAME 和 MNAME 是被决定因素。

反过来，在关系 STUDY 中并不存在以下函数依赖：

SNAME→SNO

MNAME→SDEPT

因为有可能出现两位学生姓名相同或两个系主任姓名相同的情况。

除了前面两个函数依赖之外，在关系 STUDY 中还有许多其他的函数依赖，如：

（SNO，SDEPT）→（SNAME）

（SNO，SDEPT）→（MNAME）

（SNO，SDEPT）→（SNO）

（SNO，SDEPT）→（SDEPT）

（SNO，SDEPT）→（SNO，SNAME）

（SNO，SDEPT）→（SDEPT，MNAME）

（SNO，SDEPT）→（SNO，SNAME，SDEPT，MNAME）

上面的函数依赖中（SNO，SDEPT）→（SNO）就是一个平凡函数依赖。

4.2.2.2　函数依赖的基本性质

1. 投影性

由平凡函数依赖的定义可知，一组属性函数决定它的所有子集。例如，在关系 STUDY 中，（SNO，CNAME）→SNO 和（SNO，CNAME）→CNAME。

2. 扩张性

若 X→Y 且 W→Z，则（X，W）→（Y，Z）。例如，在关系 STUDY 中，SNO→SNAME 和 SDEPT→MNAME，则有（SNO，SDEPT）→（SNAME，MNAME）。

3. 合并性

若 X→Y 且 X→Z，则 X→（Y，Z）。例如，在关系 STUDY 中，SNO→SNAME 和 SNO→SDEPT，则有 SNO→（SNAME，SDEPT）。

4. 分解性

若 X→（Y，Z），则 X→Y 且 X→Z，很显然，分解性是合并性的逆过程。

4.2.2.3 完全函数依赖与部分函数依赖

定义 4.3 设 R（U）是属性集 U＝$\{A_1, A_2, \cdots, A_n\}$ 上的关系模式。X 和 Y 是 U 的子集。

（1）如果 X→Y，且对于 X 的任何一个真子集 X′，都有 X′↛Y，则称 Y 对 X 完全函数依赖（Full Functional Dependency）或者 X 完全决定 Y，记作：X$\xrightarrow{F}$Y。

（2）如果 X→Y，但 Y 不是完全函数依赖于 X，则称 Y 对 X 部分函数依赖（Partial Functional Dependency），记作：X$\xrightarrow{P}$Y。

【例 4-4】 在关系 STUDENT（SNO，SNAME，SDEPT）中，SNO→SDEPT，SNO←→SNAME（若无重名）。在关系 GRADE（SNO，CNAME，SCORE）中，SNO↛CNAME，SNO↛SCORE。在这里单个属性不能作为决定因素，但属性的组合可以作为决定因素，即：

（SNO，CNAME）$\xrightarrow{F}$SCORE，其中（SNO，CNAME）是决定因素。

4.2.2.4 传递函数依赖

定义 4.4 对于关系模式 R（U），设 X、Y 和 Z 都是 U 的子集。如果 X→Y，Y→Z，且 Y↛X，Y⊆X，则称 Z 对 X 传递函数依赖（Transitive Functional Dependency），记作：X$\xrightarrow{T}$Y。

在传递函数依赖的定义中加上条件 Y↛X 是必要的，因为如果 Y→X，则 X←→Y，即说明 X 与 Y 之间是一一对应的，这样导致 Z 对 X 的函数依赖是直接依赖，而不是传递函数依赖。定义 4.4 中的条件 Y⊆X 主要是强调 X→Y 是平凡函数依赖，否则同样 Z 对 X 是直接函数依赖，而不是传递函数依赖。

【例 4-5】 对于例 4-1 中的关系模式：

STUDY（SNO，SNAME，SDEPT，MNAME，CNAME，SCORE）有如下的一些函数依赖：

SNO→SNAME

（SNO，CNAME）→SCORE

SNO→SDEPT

SDEPT→MNAME

由最后两个函数依赖还可以得出 MNAME 传递函数依赖于 SNO，即 SNO$\xrightarrow{T}$MNAME。如果没有同姓名的学生，还有 SNO←→SNAME 等。但显然有 SCORE↛SNAME，（SNO，CNAME）$\xrightarrow{P}$SNAME。

其实，对关系模式 STUDY 还有 SNO$\xrightarrow{F}$MNAME，（SNO，CNAME）$\xrightarrow{F}$SCORE 等。

因此，SNO 是 SNO$\xrightarrow{F}$SNAME 的决定因素，（SNO，CNAME）是（SNO，CNAME）$\xrightarrow{F}$SCORE 的决定因素。

4.2.2.5　码

定义 4.5　对关系模式 R（U），设 K 是 R 中的属性或属性组，K⊆U。如果 K $\xrightarrow{F}$ U，则称 K 为 R（U）的候选码或候选关键字（Candidate Key）。若候选码多于一个，则通常在 R（U）的所有候选码中选定一个作为主码（Primary Key）。主码也称为主键或主关键字。

候选码是能够唯一确定关系中任何一个元组（实体）的最少属性集合，主码也是候选码，它是候选码中任意选定的一个。最简单的情况是单个属性是候选码。最极端的情况是，关系模式的整个属性集全体是候选码，同时也是主码，这时称为全码或全键（All-Key）。

下面举一个全码的例子。

【例 4-6】　设有关系模式 TR（TEACHER，CNAME，SNAME），其属性 TEACHER、CNAME、SNAME 分别表示教师、课程和学生。由于一个教师可以讲授多门课程，某个课程可有多个教师讲授。学生也可以选修不同教师讲授的不同课程，因此，这个关系模式的候选码只有一个，就是关系模式的全部属性（TEACHER，CNAME，SNAME），即全码，它也是该关系模式的主码。

为了方便区别候选码中的属性与其他属性，我们可以得到如下定义。

定义 4.6　对关系模式 R（U），包含在任何一个候选码中的属性称为主属性（Primary Attribute），不包含在任何候选码中的属性称为非主属性（Noprimary Attribute）或非码属性（No-key Attribute）。

【例 4-7】　在关系模式 STUDY（SNO，SNAME，SDEPT，MNAME，CNAME，SCORE）中，SNO、CNAME 都是主属性，而 SNAME、SDEPT、MNAME、SCORE 都是非主属性。

定义 4.7　对关系模式 R（U），设 X 是 R 中的属性或属性组。若 X 不是 R（U）的主码，但 X 是另一个关系模式的主码，则称 X 是 R（U）的外码或是外部码（Foreign Key）。

【例 4-8】在关系模式 GRADE（SNO，CNAME，SCORE）中 SNO 不是关系模式 GRADE 的主码，但 SNO 是关系模式 STUDENT（SNO，SNAME，SNAME）中的主码。因此，SNO 是关系模式 GRADE（SNO，CNAME，SCORE）的外码。

主码与外码提供了一种表示两个关系中元组（实体）之间联系的手段。在数据库设计中，经常人为地增加外码来表示两个关系中元组之间的联系，当两个关系进行连接操作时就是因为有外码在起作用。比如，我们需要查看每个学生的姓名、选课名称和成绩时，就必然会涉及 STUDENT（SNO，SNAME，SDEPT）和 GRADE（SNO，CNAME，SCORE）对应关系的连接操作，这时，只要使用第 3 章介绍的 SELECTL 命令即可：

SELECT SNAME，CNAME，SCORE

　　　FROM STUDENT，GRADE

　　　WHERE STUDENT.SNO＝GRADE.SNO

4.2.3　范式

在关系数据库模式的设计中，为了避免或减少由函数依赖引起的过多数据冗余和更新异常等问题，必须对关系模式进行核的分解，分解的标准就是规范化理论中的范式。从 1971

年 E.F.Cood 提出关系模式规范化理论开始，人们对数据库模式的规范化问题进行了长期的研究，且已经有了很大进展。

根据关系模式的规范化理论，关系数据库中的关系模式一定要满足某种程度的要求。满足不同程度要求的关系模式称之为不同的范式（Normal Form），因此，范式既可以作为衡量关系模式规范化程度的标准，又可以看做满足某一程度要求的关系模式的集合。目前，主要有6个范式级别，它们分别是第一范式（简称 1NF）、第二范式（2NF）、第三范式（3NF）、BC 范式（BCNF）、第四范式、第五范式。满足最低要求的关系模式叫第一范式。若第一范式再满足一些要求就称为第二范式，其余以此类推。因此，各范式之间的关系为 $1NF \supset 2NF \supset 3NF \supset BCNF \supset 4NF \supset 5NF$，如图 4-11 所示。

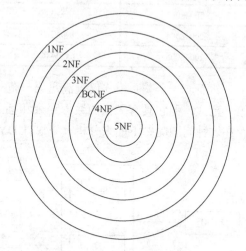

将一个低级别范式的关系模式，通过模式分解转换为若干个高一级范式的关系模式的过程，称为规范化（Normalization）。

图 4-11　各种范式之间的关系

从前面的介绍可知，范式是满足某一程度要求的关系模式的集合。因此，若某一个关系模式 R 是第几范式，则可记为 $R \in xNF$。比如，R 是第 3 范式就可记为 $R \in 3NF$。

4.2.3.1　第一范式（1NF）

定义 4.8　在关系模式 R 的每个关系 r 中，如果每个属性都是不可再分的基本数据项，则称 R 为第一范式，简称 1FN，记作 $R \in 1NF$。

在例 4-1 中给出的关系模式 STUDY（SNO，SNAME，SDEPT，MNAME，CNAME，SCORE）就是 1NF。

由定义可知，第一范式是一个不含重复组的关系，也不存在嵌套结构。为了与规范化关系相区别，把不满足第一范式的关系称为非规范化的关系。在任何一个关系数据库系统中，第一范式是对关系模式的一个最起码的要求，不满足第一范式的数据库不能称为关系数据库。表 4-6 所示的课程成绩关系是一个典型的非规范化关系，因为属性"成绩"可以分解，将其转化为第一范式，如表 4-7 所示。

表 4-6　　　　　　　　　　　　　课　程　成　绩　关　系

学　　号	姓　　名	成　　绩	
		英　语	高等数学
20048001	李小桃	85	90
20048002	段玉宁	91	95
20048003	任小可	88	72
20048004	李振华	75	80
20048005	杨林飞	92	96

表 4-7 　　　　　　　　　　　　　　　**规范化的课程成绩关系**

学　号	姓　名	英 语 成 绩	高等数学成绩
20048001	李小桃	85	90
20048002	段玉宁	91	95
20048003	任小可	88	72
20048004	李振华	75	80
20048005	杨林飞	92	96

然而，一个关系模式仅仅满足第一范式是不够的。前面讨论的关系模式 STUDY 属于第一范式，但它具有大量的数据冗余和插入异常、删除异常、更新异常等弊端。为什么会存在这种问题呢？下面来分析一下 STUDY 中的函数依赖关系，它的码是（SNO，CNAME）

这一属性集，所以有：

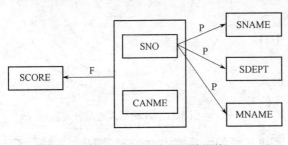

（SNO，CNAME）$\xrightarrow{F}$ SCORE

SNO → SNAME

（SNO，CNAME）$\xrightarrow{P}$ SNAME

SNO → SDEPT

（SNO，CNAME）$\xrightarrow{P}$ SDEPT

SNO → MNAME

图 4-12　STUDY 中的函数依赖

（SNO，CNAME）$\xrightarrow{P}$ MNAME

由图 4-12 可知，在关系 STUDY 中，既存在完全函数依赖，又存在部分函数依赖。正是由于关系中存在着复杂的函数依赖，才导致数据操作中出现了种种弊端。因而有必要用投影运算将关系分解，去掉过于复杂的函数依赖，向高一级的范式转化。

4.2.3.2　第二范式（2NF）

定义 4.9　如果关系模式 R∈1NF，且每一个非主属性完全函数依赖于 R 的码，则称 R 为第二范式，简称 2NF，记作 R∈2NF。

我们知道，关系模式 STUDY（SNO，SNAME，SDEPT，MNAME，CNAME，SCORE）是第一范式。下面将证明，它不是第二范式。

在前面已经分析，这个关系模式的唯一候选码是（SNO，CNAME），也就是主码。所以，属性 SNAME，SDEPT，MNAME，SCORE 等都是非主属性。根据候选码定义可知，（SNO，CNAME）完全函数决定 STUDY（SNO，SNAME，SDEPT，MNAME，CNAME，SCORE），所以有（SNO，CNAME）→SNAME，（SNO，CNAME）→MNAME。但是，根据这个问题的实际语义可知 SNO→SNAME，SNO→MNAME，故由部分函数依赖的定义可知：

（SNO，CNAME）$\xrightarrow{P}$ SNAME

（SNO，CNAME）$\xrightarrow{P}$ MNAME

即非主属性 SNAME 和 MNAME 是部分函数依赖于候选码（SNO，CNAME）。由 2NF 的定义可知，关系模式 STUDY 不是 2NF 的。关系模式 STUDY 中的函数依赖可由图 4-13 表示。

　　由于关系模式 STUDY 是 1NF 而不是 2NF，故它存在着数据冗余过多、删除异常和插入异常等问题，而产生这些问题的主要原因之一是这个关系模式中的属性存在部分函数依赖。因此，只要消除关系模式中属性间的部分函数依赖，就有可能解决或减轻数据冗余过多、删除异常和插入异常等问题。解决这个问题的办法就是将关系模式进行分解，使其新的关系模式中属性之间不存在部分函数依赖。

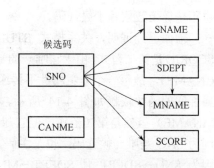

图 4-13　关系模式 STUDY 的函数依赖

　　分析上面的例子可以发现，关系模式 STUDY 中的非主属性可以分为两种，一种像 SCORE 这样的属性，它对主码是完全函数依赖的；另一种如 SDEPT、MNAME 等对主码是部分函数依赖。因此，可以把关系模式 STUDY 分解为如下两个关系模式：

　　　　STUDENTS（SNO，SNAME，SDEPT，MNAME）

　　　　GRADE（SNO，CNAME，SCORE）

　　其中，关系模式 STUDENTS 中的候选码 SNO 和关系模式 GRADE 中的候选码（SNO，CNAME）都是唯一的。因此，经过这样的分解就使得关系模式 STUDENTS 和 GRADE 中的非主属性都完全函数依赖于主码了，即关系模式 STUDENTS 和 GRADE 都属于 2NF。这样，表 4-1 所示的关系经过分解所得的两个关系，其数据冗余度已得到改善，但有关的异常问题仍然存在。

　　关系模式 STUDY 经过分解后，在 STUDENTS 中可以插入尚未选课的学生。如果一个学生所有的选修课记录在 GRADE 中被删除，仍不会影响该学生在 STUDENTS 中的记录；由于学生选课情况与学生的基本情况分开存储在两个关系中，因此无论该学生选多少门课程，他的 SNAME 和 SDEPT 值都只存储一次，这就大大降低了数据冗余。另外，当某个学生转系时，只需修改 STUDENTS 关系中的 SDEPT 和 MNAME 的值，而这两个值仅被存储一次，因此简化了修改操作。

　　关系 STUDENTS 中仍然存在着一定的异常。

　　（1）若某个系刚刚成立还没有开始招生时，则 SDEPT 和 MNAME 的值无法插入，造成插入异常。

　　（2）若某个系的学生全部毕业了，在删除所有学生记录的同时，该系的信息也被删除了，这样便造成了删除异常。

　　（3）数据冗余依然存在，当多个学生处于同一个系时，MNAME 的值被存储多次。

　　（4）若某个系要更换系主任时，则要逐一修改该系的 MNAME 值，如有不慎漏改某些记录，就会造成更新异常。

　　因此，关系模式 STUDENT 仍不是一个好的关系模式。

4.2.3.3　第三范式（3NF）

　　定义 4.10　如果关系模式 R∈2NF，且每一个非主属性都不传递函数依赖于 R 的任何一个的候选码，则称 R 为第三范式，简称 3NF，记作 R∈3NF。

　　由以上定义可知，若 R∈3NF，则关系模式 R 的每一个非主属性既不部分依赖于候选码也不传递函数依赖于候选码。

前面已经证明，关系模式 STUDY 分解后得到关系模式 GRADE（SNO，CNAME，SCORE）是第二范式，由于它唯一的一个非主属性 SCORE 是完全函数依赖于候选码（SNO，CNAME），故每一个非主属性不传递函数依赖于候选码，因而 GRADE 也是第三范式，其属性间的函数依赖如图 4-14 所示。但关系模式 STUDENTS（SNO，SNAME，SDEPT，MNAME）虽然是第二范式，但它却不是第三范式。其属性间的函数依赖如图 4-15 所示，因为 SNO 是唯一候选码，也是主码，是主属性，所以 SDEPT、MNAME 均是非主属性，因为 SNO→SDEPT 且 SDEPT→MNAME，即非主属性 MNAME 传递函数依赖于候选码 SNO。因此，关系模式 STUDENTS 不是第三范式。

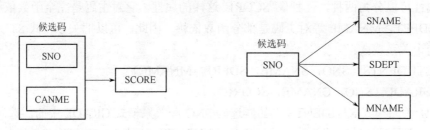

　　图 4-14　GRADE 中的函数依赖　　　　图 4-15　STUDENTS 中的函数依赖

一个关系模式 R 若不是 3NF，就会产生与 2NF 类似的问题，仍然存在数据冗余过多、删除异常和插入异常等问题，解决的办法仍然是进行模式分解。可以将 STUDENTS 分解为下面两个关系模式：

　　　　DEPARTMENT（SDEPT，MNAME）

　　　　STUDENT（SNO，SNAME，SDEPT）

分解后的两个关系模式 DEPARTMENT 和 STUDENT 分别有唯一候选码 SDEPT 和 SNO，已不存在非主属性传递函数依赖于候选键的情况，因此 DEPARTMENT 和 STUDENT 都是 3NF 的关系模式。

至此，例 4-1 给出的关系模式 STUDY 已被分解成如下三个模式且都已经是 3NF 的关系模式，对应的关系 STUDY 也分解成三个关系，分别如表 4-3～表 4-5 所示。

　　　　STUDENT（SNO，SNAME，SDEPT）

　　　　GRADE（SNO，CNAME，SCORE）

　　　　DEPARTMENT（SDEPT，MNAME）

需要注意的是，属于 3NF 的关系模式必然属于 2NF，因为可以证明部分依赖中含有传递依赖。

定理 4-1　如果关系模式 R 是 3NF，那么 R 也是 2NF。

证明：只要证明关系模式 R 中部分函数依赖的存在蕴含着传递函数依赖即可。设 A 是关系模式 R 的一个非主属性，K 是 R 的一个候选码，且 K→A 是部分函数依赖，则 R 中必然存在某个真子集 K′，且 K′⊂K，则 A 必然函数依赖于真子集 K′，即 K′→A。由于 A 是非主属性，因此 A∩K＝∅。因为 K′⊂K，故 K→K′（平凡函数依赖），但 K′↛K。从 K→K′和 K′→A 可知 K→A 是传递函数依赖。因此，可把部分函数依赖看作是传递函数依赖的特例。

部分函数依赖和传递函数依赖是关系模式产生冗余问题和异常问题的两个重要原因。由于 3NF 模式中不存在非主属性对候选码的部分函数依赖和传递函数依赖，因此消除了很大一部分存储异常，具有较好的性能。

将一个 2NF 规范到 3NF 后，可以在一定程度上减少原 2NF 关系中的插入异常、删除异常、数据冗余等问题。但是仍不能完全消除这些问题。

4.2.3.4 BC 范式（BCNF）

3NF 消除了非主属性对候选码的传递函数依赖和部分函数依赖，而没有限制主属性对码的依赖关系。如果发生了这种依赖，仍有可能存在数据冗余、插入异常、删除异常和更新异常的情况。

为了消除主属性对码的依赖关系，1974 年，Boyce 和 Codd 共同提出了一个新范式的定义，这就是 Boyce-Codd 范式，通常简称 BCNF 或 BC 范式。

定义 4.11 如果关系模式 $R \in 1NF$，且所有的函数依赖 $X \rightarrow Y$（$Y \not\subset X$），决定因素 X 都包含了 R 的一个候选码，则称 R 属于 BC 范式（Boyce-Codd Normal Form，BCNF），记作 $R \in BCNF$。

以上定义其实等价于：在满足 1NF 的关系模式 R 中，若每一个决定因素都包含有候选码，则 $R \in BCNF$。

由 BCNF 的定义可以得出以下结论：

（1）R 的所有非主属性都完全函数依赖于每一个候选码，因此 $R \in 2NF$。

（2）R 的所有主属性都完全函数依赖于不包含它的候选码。

（3）R 中没有任何属性完全函数依赖于任何一组非候选码属性。

由以上结论可知，BCNF 既检查非主属性，又检查主属性，显然比 3NF 限制更加严格。当只检查非主属性而不检查主属性时，就成了 3NF。因此，可以说任何满足 BCNF 的关系都必然是 3NF。

定理 4-2 如果关系模式 $R \in BCNF$，则 $R \in 3NF$。

证明：由结论（1）可知，若 $R \in BCNF$，则 $R \in 2NF$。下面证明：R 的任何一个非主属性集都不传递函数依赖于候选码，即 $R \in 3NF$。

反证法：设 $R \in BCNF$ 但 $R \notin 3NF$，即存在一个非主属性集 Z 传递函数依赖某个候选码 X，由传递函数依赖的定义，即存在某个属性集 Y（$Y \not\rightarrow X$，$Z \subseteq Y$），使 $X \rightarrow Y$，$Y \rightarrow Z$，显然 Y 不包含 R 的候选码，否则，因为候选码决定任何属性，所以 $Y \rightarrow X$ 也成立，这与传递依赖定义矛盾。即 Y 中不包含候选码，但 $Y \rightarrow Z$ 却成立，由 BCNF 的定义知 $R \notin BCNF$，与已知矛盾，故 $R \in 3NF$。

然而，一般地说，若 $R \in 3NF$，则 R 未必属于 BCNF，但可以证明如下定理：

定理 4-3 如果关系模式 $R \in 3NF$ 且 R 有唯一候选码 X'，则必有 $R \in BCNF$。

证明：设 $R \in 3NF$ 且 R 有唯一候选码 X'，则对于 R 的任何一个函数依赖 $X \rightarrow Y$（$Y \not\subseteq X$），必有 $X' \subseteq X$。即对 R 的任何一个函数依赖 $X \rightarrow Y$（$Y \not\subseteq X$），X 都含候选键 X'，故 $R \in BCNF$。

在关系模式 GRADE（SNO，CNAME，SCORE）中，只有一个主码（SNO，CNAME），是唯一的候选码，且只有一个函数依赖：（SNO，CNAME）$\rightarrow$ SCORE，为完全函数依赖，符合 BCNF 的条件，所以满足 BCNF。

对于关系模式 STUDENT（SNO，SNAME，SDEPT），假定 SNAME 也具有唯一性，那么 STUDENT 就有两个候选码，这两个候选码都是由单个属性组成，并且互不相交。其他属性不存在对候选码的传递依赖和部分依赖，所以 STUDENT∈3NF。同时 STUDENT 中除 SNO、SNAME 外没有其他决定因素，所以 STUDENT 也属于 BCNF。

下面给出两个关系模式，其候选码不唯一，说明属于 3NF 的关系模式有的属于 BCNF，但有的不属于 BCNF。

【例4-9】 设有关系模式 STUDYPLACE(SNO,CNAME,PLACE)，其中 SNO,CNAME,PLACE 分别表示学号、课程名称和成绩名次。由于每个学生学习每门课程都有一定的名次，每门课程中每一名次只有一个学生（假设没有并列名次），由各个属性及相互联系的语义可知：关系模式 STUDYPLACE 没有单个属性构成的候选码，也不是全码。由两个属性构成的候选码只有（SNO，CNAME）和（CNAME，PLACE），因此关系模式 STUDYPLACE 所有属性都是主属性，也就没有非主属性对候选码传递函数依赖或部分函数依赖，因此它属于 3NF。此外，由前面分析可知，这个关系模式所有可能的非平凡函数依赖只能为以下 3 个：

（1）（SNO，CNAME）→PLACE　　　（T）

（2）（CNAME，PLACE）→SNO　　　（T）

（3）（SNO，PLACE）→CNAME　　　（F）

而这 3 个可能的函数依赖中，只有（1）、（2）是成立的，（3）是不成立的。因此，关系模式 STUDYPLACE 的所有函数依赖可用图 4-16 表示。

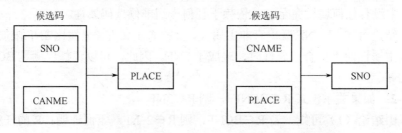

图 4-16　关系模式 STUDYPLACE 的所有函数依赖

注意到函数依赖（1）的左边包含候选码（SNO，CNAME），（2）的左边包含候选码（CNAME，PLACE），即对于关系模式 STUDYPLACE 的任何一个函数依赖 X→Y（Y⊈X），X 都含有候选码，根据定义 4.10，它属于 BCNF。

【例 4-10】 有关系模式 STUDYTEACH（SNO，TEACHER，CNAME），其中 SNO、TEACHER、CNAME 分别表示学号、教师和课程名称。假设每一位教师只教一门课，每门课有若干教师讲授，每位学生可以选修多门课程，某一位学生选修某一门课，就有一个确定的教师。由各个属性及其相互联系的语义可知：（SNO，CNAME）和（SNO，TEACHER）是候选码，属性间的函数依赖如下：

（SNO，CNAME）→TEACHER

（SNO，TEACHER）→CNAME

TEACHER→CNAME

这些函数属依赖可用图 4-17 表示。

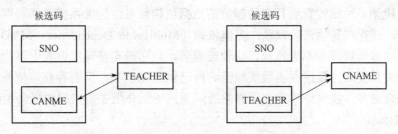

图 4-17 关系模式 STUDYTEACH 中的函数依赖

显然，关系模式 STUDYTEACH 的所有属性都是主属性，因此它没有任何非主属性对候选码传递函数依赖或部分函数依赖，因此关系模式 STUDYTEACH 是 3NF，但它不是 BCNF，因为 TEACHER 是决定因素，而 TEACHER 不包含候选码。

若一个关系模式是 3NF 而不是 BCNF，则仍然存在不合适的地方。如表 4-8 所示，从 STUDYTEACH 的一个关系实例中，可以发现仍存在一些问题。

表 4-8 关系 STUDYTEACH

SNO	TEACHER	CNAME	SNO	TEACHER	CNAME
20048001	高亚州	高等数学	20048001	邰翔	英语
20048002	高亚州	高等数学	20048001	赵艳	数据库原理
20048003	林巧	高等数学	20048001	张亚文	微机原理
20048004	林巧	高等数学			

（1）仍然存在数据冗余问题，虽然每个教师只讲授一门课程，但由于有多个学生选修此门课程，因此每个选修该门课程的学生元组都要存储教师的信息。

（2）存在插入异常，每学期初某位教师准备开设某门课程，但学生还未开始选课，这时教师开设课程的信息就无法插入。

（3）存在更新异常，当某位教师开设的课程更名后，所有选修该教师课程的学生元组都要进行修改，如有不慎漏改或改错某个数据，则破坏了数据的完整性。

（4）存在删除异常，如果选修某课程的学生全部毕业，则在删除相应学生信息的同时也删除了该门课程和任课教师的信息。

一个非 BCNF 的关系模式也可以通过分解成为 BCNF。例如，STUDYTEACH 可分解为 STEACHER（SNO，TEACHER）与 TEACHERCNAME（TEACHER，CNAME），它们都是 BCNF。

BCNF 是在函数依赖的条件下对关系模式分解所能达到的最高分离程度。一个数据库中的所有关系模式如果都属于 BCNF，那么在函数依赖范畴内，已实现了彻底的分离，并基本消除了插入和删除等异常问题。3NF 的"不彻底"性表现在当关系模式中具有多个候选码，且这些候选码具有公共属性时，可能存在决定因素中不包含候选码，比如，关系模式 STUDYTEACH 就是这样的。

4.2.3.5　多值依赖

函数依赖是一种比较直观且容易理解的数据依赖联系。但关系模式的属性之间除了函数依赖以外，还存在其他依赖联系：多值依赖（Multivalue Dependence，MVD）就是其中之一。虽然这些依赖联系不大直观，比较难理解，但它确实是现实世界中事物联系的客观反映。一个关系模式，即使在函数依赖范畴内已属于 BCNF，但若存在多值依赖，仍然会出现数据冗余过多，插入异常和删除异常等问题。下面介绍多值依赖的概念和性质。

1. 多值依赖

在介绍多值依赖之前，我们先看一个例子。

【例 4-11】　设描述某高校每个系有哪些教师和哪些学生，用非规范化的关系来表示系（DEPTNAME）、教师（TEACHER）、和学生名（SNAME）三者之间的关系，如表 4-9 所示。

表 4-9　　　　　　　　　　DEPTNAME、TEACHER、和 SNAME 之间的关系

DEPTNAME	TEACHER	SNAME	DEPTNAME	TEACHER	SNAME
数学系	张亚文	王燕	外语系	李文杰	张志红
	宋军	刘栋		方芳	李琳
	涂松松	周健		…	…
	…	…			

如果将表 4-9 转化成一张规范化的二维表，就成为表 4-10。

表 4-10　　　　　　　　　　规范化的关系 DEPTINFO

DEPTNAME	TEACHER	SNAME	DEPTNAME	TEACHER	SNAME
数学系	张亚文	王燕	数学系	涂松松	刘栋
数学系	张亚文	刘栋	数学系	涂松松	周健
数学系	张亚文	周健	外语系	李文杰	张志红
数学系	宋军	王燕	外语系	李文杰	李琳
数学系	宋军	刘栋	外语系	方芳	张志红
数学系	宋军	周健	外语系	方芳	李琳
数学系	涂松松	王燕			

关系模式 DEPTINFO（DEPTNAME，TEACHER，SNAME）的唯一候选码是（DEPTNAME，TEACHER，SNAME），即全码，且没有非主属性对候选码的部分依赖和传递函数依赖。因此由定义 4.11 可知，关系模式 DEPTINFO∈BCNF。但它仍然存在如下一些问题。

（1）数据冗余过大：每个系的学生是固定的，但每增加一名教师，其学生姓名就要重复存储一次，造成大量数据冗余。

（2）增加操作复杂：当某一系（数学系）增加一名教师（林玮）时，必须插入多个元组（其个数与学生数量有关，这里是三个）：（数学系，林玮，王燕）；（数学系，林玮，刘栋）；（数学系，林玮，周健）。

（3）删除操作复杂：当某一系（数学系）有学生（王燕）退学时，则必须删除多个元组（其个数与教师数量有关，这里是三个：（数学系，张亚文，王燕），（数学系，宋军，王燕），（数学系，涂松松，王燕）。

（4）更新异常：某个系要更名时，该系有多少学生，则要修改多少个元组。如有不慎漏改某个元组，就会造成更新异常。

由此可见，这个关系模式虽然已是 BCNF，但其数据的增加和删除操作仍然不便，数据冗余十分明显。仔细考察这类关系模式可知，一个系有多名教师（一对多联系），一个系有多名学生（一对多联系），而且教师与学生之间没有直接联系，这种联系被称为多值依赖，正是这种多值依赖引起关系模式 DEPTINFO 出现以上的数据冗余过大，增加和删除元组的操作复杂等问题。

定义 4.12 设 R 是属性集 U 上的一个关系模式，X、Y、Z 是 U 的子集，并且 Z=U−X−Y。若对于 R 的任一具体关系 r，r 在属性（X，Z）上的每一对值（x，z），就有属性 Y 上的一组值与之对应，且这组值仅仅决定于属性 X 上的值而与属性 Z 上的值无关，则称 Y 多值依赖于 X，记作 X→→Y。

对于例 4-11 中的关系模式 DEPTINFO，从表 4-9 的具体关系 DEPTINFO 中可知，对于属性（DEPTNAME，SNAME）上的一个值（数学系，王燕），就有 TEACHER 上的一组值（张亚文，宋军，涂松松）与之对应，且这组值仅仅决定于属性 DEPTNAME 上的值，而与 SNAME 上的值无关，也就是说对于（DEPTNAME，SNAME）上的另一个值（数学系，刘栋），尽管这时 SNAME 的值已经从"王燕"变成了"刘栋"，它仍然对应于 TEACHER 上的同一组值（张亚文，宋军，涂松松）。因此 TEACHER 多值依赖于 DEPTNAME，即 DEPTNAME→→TEACHER。

2. 多值依赖的性质

对关系模式 R，其属性间的多值依赖有如下的性质：

（1）对称性：若 X→→Y，则 X→→Z，其中 Z=U−X−Y。多值依赖的对称性也称为互补性。

例如，对关系模式 DEPTINFO 的具体关系 DEPTINFO（表 4-9），因为 DEPTNAME→→TEACHER，由互补性可知：DEPTNAME→→SNAME。

（2）复制性：由函数依赖可导出多值依赖，若 X→Y，则 X→→Y。即函数依赖可以看做是多值依赖的特殊情况，这是由于当 X→Y 时，对 X 的每一个值 x，Y 有一个确定的值 y 与之对应。所以 X→→Y。

（3）传递性：若 X→→Y 且 Y→→Z，则 X→→（Z−Y）。

（4）增广性：若 X→→Y，且 V⊆W⊆U，则 WX→→VY。

（5）自反性：若 Y⊆X，则 X→Y。

（6）接合性：由多值依赖可导出函数依赖：若 X→→Y，Z⊆Y，且存在 W⊆U，Y∩W=∅，W→Z，则 X→Z。

（7）合并性：若 X→→Y，X→→Z，则 X→→YZ。

（8）分解性：若 X→→Y，X→→Z，则 X→→（Y−Z），X→→（Z−Y）。

与函数依赖一样，多值依赖也有平凡多值依赖概念。

对于关系模式 R, 设 X, Y 是 U 的子集, 若 X→→Y, 其中 Z=U−X−Y=∅, 则称 X→→Y 为平凡多值依赖, 否则称为非平凡多值依赖。

多值依赖与函数依赖相比, 有下面几个方面的区别:

（1）多值依赖的有效性与属性集的范围有关。若 X→→Y 在 U 上成立, 则 X→→Y 在 W（W⊆U）上一定成立。反之则不然, 即若 X→→Y 在 W（W⊂U）上成立, 而在 U 上则不一定成立。

一般地, 对于关系模式 R, 若有 X→→Y 在 W（W⊂U）上成立, 则称 X→→Y 为 R 的嵌入型多值依赖。

而在函数依赖中却与属性集范围无关, 即函数依赖 X→Y 的有效性仅决定于 X、Y 这两个属性集的值。只要在 R 的任何一个关系 r 中, 任一元组在 X 和 Y 上的值满足定义 4.1, 则函数依赖 X→Y 在任何属性集 W（XY⊆W⊆U）上都成立。

（2）多值依赖没有与函数依赖一样的分解律。在函数依赖中有这样的分解律: 若函数依赖 X→Y 在关系模式 R 上成立, 则对于任何 Y'⊂Y 都有 X→Y'成立。

然而, 多值依赖则没有这样的分解律。即若关系模式 R 的属性集 X、Y 有多值依赖 X→→Y 在 U 上成立, 我们却不能断言对于任何 Y'⊂Y 有 X→→Y'成立。

（3）多值依赖的动态性。函数依赖只考虑关系模式的静态结构, 不管具体关系增加或减少元组, 其属性之间的函数依赖对应联系不变。而多值依赖则受其具体关系取值的动态变化影响, 即当关系中增加或删除一些元组后, 多值依赖的对应联系就会发生变化。

4.2.3.6　第 4 范式

从例 4-11 中的关系模式 DEPTINFO 可以看出, 一个存在多值依赖的关系模式仍存在着数据冗余、插入异常、删除一场和更新异常现象, 为此引入第 4 范式的概念。

定义 4.13　设关系模式 R∈INF, 如果对于 R 的每一个非平凡的多值依赖 X→→Y（Y⊈X）, X 都含有候选码, 则称 R 为第四范式, 记作 R∈4NF。

根据 4NF 的定义, 对于每一个非平凡的多值函数依赖 X→→Y, X 都含有候选码, 于是就有 X→Y, 所以 4NF 所允许的非平凡的多值依赖 X→→Y 实际上就是函数依赖。因此, 4NF 就是限制关系模式的属性之间不允许有非平凡且非函数依赖的多值依赖。

定理 4-4　如果关系模式 R∈4NF, 则 R∈BCNF。

证明: 假设 R∈4NF 而 R 不∈BCNF, 则必存在某个函数依赖 X→Y, 使 Y⊈X 且 X 中没有候选码。下面分两种情况讨论:

（1）如果 X∪Y=U, 则由于 X→Y, 所以 X 中必含有候选码, 与 X 中没有候选码的结论矛盾。

（2）如果 X∪Y≠U, 所以 Z=U−X−Y≠∅, 则由 X→Y 可以导出多值依赖 X→→Y 且这个多值依赖还是非平凡的, 由于 X 不含有候选键, 由定义 4.12 可知, R 不是 4NF, 与已知矛盾。

由此可知, 一个关系模式若属于 4NF, 则必然属于 BCNF。

【例 4-12】　例 4-11 中的关系模式 DEPTINFO（DEPTNAME, TEACHER, SNAME）不属于 4NF。

因为这个关系模式的唯一候选码是（DEPTNAME, TEACHER, SNAME）, 且 DEPTINFO

中有两个多值依赖, 分别是:

DEPTNAME→→TEACHER

DEPTNAME→→SNAME

若令U=(DEPTNAME, TEACHER, SNAME), X=(DEPTNAME), Y=(TEACHER), 则 Z=(SNAME)≠∅, 由此可知 DEPTNAME→→TEACHER 是非平凡多值依赖, 但 X 中显然不含候选码。因此关系模式 DEPTINFO 不属于 4NF。

在例 4-11 中已分析说明这个关系模式是 BCNF, 这里说明它不是 4NF, 因此, 仍然具有插入、删除等异常问题。其解决办法仍采用分解的方法消去非平凡且非函数依赖的多值依赖。例如可以把 DEPTINFO 分解为

DEPT-TEACHER (DEPTNAME, TEACHER)

DEPT-STUDENT (DEPTNAME, SNAME)

如表 4-11 和表 4-12 所示。这两个关系模式都不存在非平凡的多值依赖, 各有一个平凡的多值依赖 DEPTNAME→→TEACHER 和 DEPTNAME→→SNAME。注意到 DEPTNAME 是唯一候选码, 所以关系模式 DEPT-TEACHER 和 DEPT-STUDENT 都是 4NF 的。

把 DEPTINFO 分解为两个关系 DEPT-TEACHER 和 DEPTSTUDENT, 它们的数据异常现象会得到较好的改善。

表 4-11　关系 DEPT-TEACHER

DEPTNAME	TEACHER
数学系	张亚文
数学系	宋军
数学系	涂松松
外语系	李文杰
外语系	方芳

表 4-12　关系 DEPT-STUDENT

DEPTNAME	SNAME
数学系	王燕
数学系	刘栋
数学系	周健
外语系	张志红
外语系	李琳

函数依赖和多值依赖是两种最重要的数据依赖。如果只考虑函数依赖, 则属于 BCNF 的关系模式规范化程度已经是最高的了。如果考虑多值依赖, 则属于 4NF 的关系模式规范化程度是最高的。事实上, 数据依赖中除函数依赖和多值依赖之外, 还有其他的数据依赖, 如连接依赖。如果消除属于 4NF 的关系模式中存在的连接依赖, 则可以使它们成为 5NF 的关系模式。由于连接依赖对数据库的性能影响已不太大, 因此在数据库的设计中几乎不需要考虑这种依赖的影响。所以这里也不再讨论连接依赖和 5NF。

4.2.3.7 规范化小结

至此, 我们已经介绍了五种范式, 不难证明这些范式之间存在如下关系:

4NF⊆BCNF⊆3NF⊆2NF⊆1NF

在关系数据库中, 对关系模式的基本要求是满足第一范式。这样的关系模式就是合法的、允许的。但是, 人们发现有些属于 1NF 的关系模式存在插入和删除异常、修改复杂、数据冗余等毛病。人们寻求并得到解决这些问题的方法, 这就是规范化方法。

规范化的过程是逐步消除不合适的数据依赖的过程, 通过模式分解, 使原先模式中属性之间的数据依赖联系达到某种程度的 "分离", 实现 "一事一地" 的模式设计原则。分解

的最后是让一个关系描述一个概念、一个实体或者实体间的一种联系。若多于一个概念就把它"分离"出去。因此所谓规范化实质上是概念的单一化。

人们认识这个原则是经历了一个过程的。从认识非主属性对候选码的部分函数依赖的危害开始，2FN、3NF、BCNF、4NF 的提出是这个认识过程逐步深化的标志。我们可概括这个过程如图 4-18 所示。

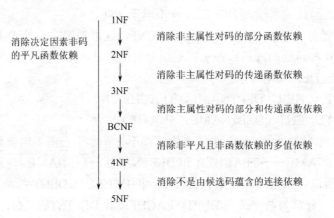

图 4-18　各种范式及规范化过程

一般地说，规范化程度过低的关系可能会存在插入异常、删除异常、修改复杂、数据冗余过多等问题，需要对其进行规范化，转换成较高级别的范式。但这并不意味着规范化程度越高的关系模式就一定越好。因为对分解了的关系进行一些复杂的查询操作时，就必须进行关系的连接运算，这样比没有分解之前显然增加了查询运算的代价，因为在原来的单个关系中，只需要进行单个关系上的选择和投影运算即可。所以，在设计数据库模式结构时，数据库设计人员必须对现实世界的实际情况和用户需求作进一步分析，确定一个合适的、能够反映现实世界的模式，而不能把规范化的规则绝对化。这就是说，数据库设计人员可以根据用户需求和问题的实际情况，可以在规范化步骤中任何一步终止。

第 5 章　SQL Server 2005 概述

5.1　SQL Server 2005 简介

5.1.1　概述

SQL Server 是一个关系数据库管理系统。它最初是由 Microsoft Sybase 和 Ashton-Tate 三家公司共同开发的，于 1988 年推出了第一个 OS/2 版本。在 Windows NT 推出后，Microsoft 与 Sybase 在 SQL Server 的开发上就分道扬镳了，Microsoft 将 SQL Server 移植到 Windows NT 系统上，专注于开发推广 SQL Server 的 Windows NT 版本。Sybase 则较专注于 SQL Server 在 UNIX 操作系统上的应 SQL Server 安装界面用。

SQL Server6.0 版是第一个完全由微软公司开发的版本。1996 年，微软公司推出了 SQL Server 6.5 版本，接着在 1998 年又推出了具有巨大变化的 7.0 版，这一版本在数据存储和数据库引擎方面发生了根本性的变化。又经过两年的努力开发，微软公司于 2000 年 9 月发布了 SQL Server 2000，其中包括企业版、标准版、开发版、个人版四个版本。

2005 年 11 月，微软公司在旧金山正式发布了 Microsoft SQL Server 2005。SQL Server 2005 是一个全面的、集成的、端到端的数据解决方案，它为企业用户提供了一个安全、可靠和高效的平台，用于企业数据管理和商业智能应用。Microsoft SQL Server 2005 为 IT 专家和信息工作者带来了强大的、熟悉的工具，同时减少了在从移动设备到企业数据系统的多平台上创建、部署、管理及使用企业数据和分析应用程序的复杂度。

据来自美国的市场调查，在 Windows NT 数据库软件市场中，世界上最大的软件制造商——微软公司已经超越 Oracle 公司，坐上了头把交椅，微软公司已与 Oracle 公司并驾齐驱。一些经验表明，在长时间运行大量事务方面 Oracle 数据库要优于 SQL Server，但在集群技术等方面，SQL Server 比 Oracle 数据库要好一些。

5.1.2　SQL Server 2005 版本

目前，SQL Server 2005 有 6 个版本，分别为：Enterprise Edition（32 位和 64 位，缩写为 EE）、Standard Edition（32 位和 64 位，缩写为 SE）、Workgroup Edition（只适用于 32 位，缩写为 WG）、Developer Edition（32 位和 64 位，缩写为 DE）、Express Edition（只适用于 32 位，缩写为 SSE）、Mobile Edition（以前的 Windows CE Edition 2.0，缩写为 CE 或 ME）。根据实际应用的需要，如性能、价格和运行时间等，可以选择安装不同版本的 SQL Server 2005。

1. Enterprise Edition（32 位和 64 位）

Enterprise Edition 达到了支持超大型企业进行联机事务处理（OLTP）、高度复杂的数据分析、数据仓库系统和网站所需的性能水平。Enterprise Edition 的全面商业智能和分析能力及其高可用性功能（如故障转移群集），使它可以处理大多数关键业务的企业工作负荷。Enterprise Edition 是最全面的 SQL Server 版本，是超大型企业的理想选择，能够满足最复杂的要求。该版本还推出了一种适用于 32 位或 64 位平台的 120 天 Evaluation Edition。

2. Standard Edition 版（32 位和 64 位）

Standard Edition 是适合中小型企业的数据管理和分析平台。它包括电子商务、数据仓库和业务流解决方案所需的基本功能。Standard Edition 的集成商业智能和高可用性功能可以为企业提供支持其运营所需的基本功能。Standard Edition 是需要全面的数据管理和分析平台的中小型企业的理想选择。

3. Workgroup Edition 版（只适用于 32 位）

对于那些需要在大小和用户数量上没有限制的数据库的小型企业，Workgroup Edition 是理想的数据管理解决方案。Workgroup Edition 可以用作前端 Web 服务器，也可以用于部门或分支机构的运营。它包括 SQL Server 产品系列的核心数据库功能，并且可以轻松地升级至 Standard Edition 或 Enterprise Edition。Workgroup Edition 是理想的入门级数据库，具有可靠、功能强大且易于管理的特点。

4. Developer Edition（32 位和 64 位）

Developer Edition 使开发人员可以在 SQL Server 上生成任何类型的应用程序。它包括 SQL Server 2005 Enterprise Edition 的所有功能，但有许可限制，只能用于开发和测试系统，而不能用作生产服务器。Developer Edition 是独立软件供应商（ISV）、咨询人员、系统集成商、解决方案供应商以及创建和测试应用程序的企业开发人员的理想选择。Developer Edition 可以根据生产需要升级至 SQL Server 2005 Enterprise Edition。

5. Express Edition 版

SQL Server Express 是一个免费、易用且便于管理的数据库。SQL Server Express 与 Microsoft Visual Studio 2005 集成在一起，可以轻松开发功能丰富、存储安全、可快速部署的数据驱动应用程序。SQL Server Express 是免费的，可以再分发（受制于协议），还可以起到客户端数据库以及基本服务器数据库的作用。SQL Server Express 是低端 ISV、低端服务器用户、创建 Web 应用程序的非专业开发人员以及创建客户端应用程序的编程爱好者的理想选择。

6. Windows CE（或 ME）版

这个版本将用于 Windows CE 设备，其功能完全限制在给定范围内，显然这些设备的容量极其有限。目前，使用 Windows CE 和 SQL Server 的应用程序非常少，实际上只可能在更昂贵的 CE 产品上拥有更有用的应用程序。CE 版是一种专为开发基于 Microsoft Windows Mobile 的设备的开发人员而提供的移动数据库平台。其特有的功能包括强大的数据存储功能、优化的查询处理器，以及可靠、可扩展的连接功能。

5.1.3　SQL Server 2005 新特性

相对于 SQL Server 2000，SQL Server 2005 在可用性、易用性、可靠性、编程能力和性能等方面都有所扩展，另外，SQL Server 2005 的许多新特性使其在大型联机事务处理（online transactional processing，OLTP)、数据仓库和电子商务等应用方面成为一种最优秀的数据库平台。总地说来，其特性改进主要表现在以下几个方面。

（1）通知服务加强，Notification Services 是一种新平台，用于生成发送并接收通知的高伸缩性应用程序。Notification Services 可以把即时的、个性化的消息发送给使用各种各样设备的数以千计乃至数以百万计的订阅方。

（2）报表服务功能加强，Reporting Services 是一种基于服务器的新型报表平台，它支持报表创作、分发、管理和最终用户访问。

（3）崭新的服务分割器，Service Broker 是一种新技术，用于生成安全、可靠和可伸缩的数据库密集型的应用程序。Service Broker 提供应用程序用以传递请求和响应的消息队列。

（4）数据库引擎功能加强，数据库引擎引入了新的可编程性增强功能（如与 Microsoft.NET Framework 的集成和 Transact-SQL 的增强功能）、新 XML 功能和新数据类型。它还包括对数据库的可伸缩性和可用性的改进。

（5）数据访问接口加强，SQL Server 2005 提供了 Microsoft 数据访问（MDAC）和.NET Frameworks SQL 客户端提供程序方面的改进，为数据库应用程序的开发人员提供了更好的易用性、更强的控制和更高的工作效率。

（6）分析服务功能加强，Analysis Services 引入了新管理工具、集成开发环境以及与.NET Framework 的集成。许多新功能扩展了 Analysis Services 的数据挖掘和分析功能。

（7）综合服务功能加强，Integration Services 引入了新的可扩展体系结构和新设计器，这种设计器将作业流从数据流中分离出来并且提供了一套丰富的控制流语义。Integration Services 还对包的管理和部署进行了改进，同时提供了多项新打包的任务和转换。

（8）复制功能加强，在可管理性、可靠性、可编程性、可移动性、可升级性和功能上进行了加强。

（9）工具和效用加强，集成了一组管理、开发工具，从而为大规模的 SQL Server 系统提供了易用、可管理和可操作等功能的支持。

在可编程方面，数据库对象可用.NET 语言编写，如 Microsoft Visual C#。在 Microsoft Visual Studio 环境中已集成了开发和调试功能，这使得开发人员能够使用开发.NET 组件和服务时所用的工具来开发数据库对象。T-SQL 语言也得到了扩展，例如，改进了错误处理功能，支持递归查询。此外，还对应用程序用来访问数据库引擎实例的数据访问接口进行了增强，以提高程序员的工作效率。

5.2 SQL Server 2005 的安装

用户往往会在安装 SQL Server 2005 时遇到这样或那样的问题，下面就以在 Windows XP 上安装标准版 SQL Server 2005 为例，介绍 SQL Server 2005 的安装步骤。

（1）将 SQL Server 2005 光盘插入光盘驱动器。

如果光盘驱动器的自动运行功能无法启动安装程序，可以用资源管理器定位到光驱的根目录，然后双击 splash.hta 文件。将显示如图 5-1 所示界面。

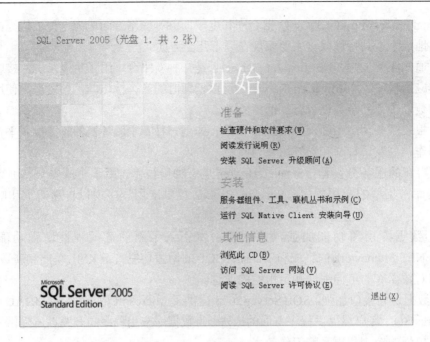

图 5-1　光盘启动

（2）单击"检查硬件和软件要求"，将自动打开 IE 浏览器显示 SQL Server 2005 安装要求，主要介绍了安装 SQL Server 2005 的硬件和软件要求，以及查看安装文档的说明，如图 5-2 所示。

（3）单击"服务器"下的"服务器组件、工具、联机丛书和示例（C）"。

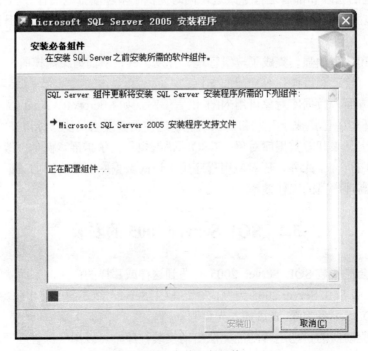

图 5-2　安装必备组件

（4）在"最终用户许可协议"页上，阅读许可协议，再选中相应的复选框以接受许可条款和条件。接受许可协议后即可激活"Next"按钮。

（5）在"SQL Server 2005 安装程序"页上，安装程序将安装 SQL Server 2005 的必需软件。配置完成之后若要继续，则单击"Next"按钮。

（6）安装程序扫描计算机后，将显示"欢迎"页上，单击"Next"按钮以继续安装。

（7）在"系统配置检查"（System Configuration Check）页上，系统将扫描安装计算机，看看是否存在可能阻止安装程序运行的情况，如图 5-3 所示。

图 5-3 系统配置检查

注意：安装 Microsoft SQL Server 2005 Reporting Services（SSRS）需要 IIS 5.0 或更高版本。

（8）在"注册信息"页上的"姓名"和"公司"文本框中，输入相应的信息。若要继续，则单击"Next"按钮。

（9）在"要安装的组件"页上，如图 5-4 所示，选择要安装的组件。

若要安装单个组件，则单击"高级"按钮，这样就可以选择安装具体组件了。否则，单击"下一步"继续。

（10）如果在上一页中单击了"高级"，此时将显示"功能选择"页，如图 5-5 所示。在"功能选择"页上，使用下拉框选择要安装的程序功能。若要将组件安装到自定义的目录下，可选择相应的功能，再单击"浏览"按钮。有关此页功能的详细信息，可单击"帮助"按钮。若要在完成功能选择后继续安装，则单击"下一步"按钮。

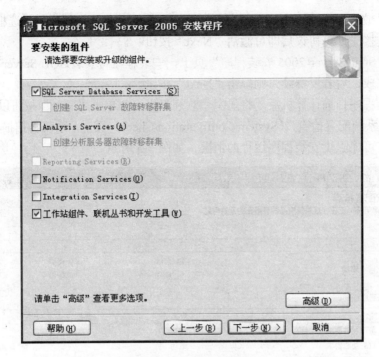

图 5-4　选择安装组件

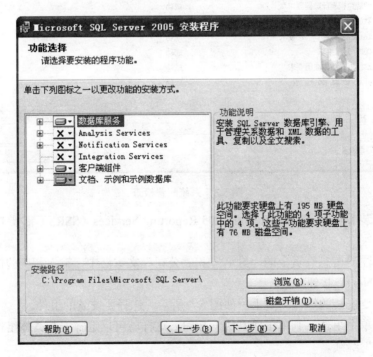

图 5-5　功能选择

（11）在"实例名"页上，如图 5-6 所示，为安装的软件选择默认实例或已命名的实例。

这里要注意，如果电脑没有 SQL Server 的其他产品，可直接点下一步；如果电脑上有 2005 以前的产品时，选择默认实例时 2005 的安装盘会升级以前产品；如果选择命名实例时，那 2005 会安装一个新的实例，以前的产品仍然独立运行。

图 5-6 实例名

（12）在"服务账户"页上，如图 5-7 所示，为 SQL Server 服务账户指定用户名、密码和域名。

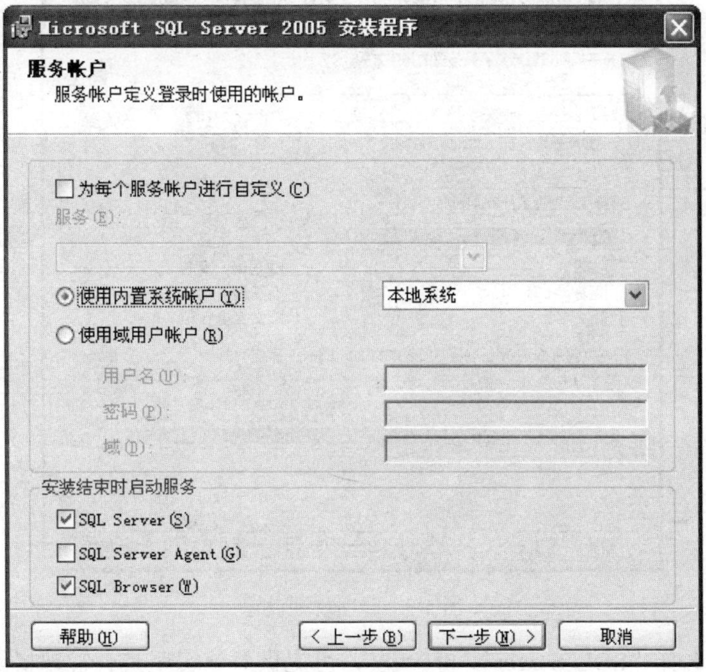

图 5-7 服务账户

选择"使用内置系统账户",单击"下一步"。

在"身份验证模式"页上,如图 5-8 所示,选择要用于 SQL Server 安装的身份验证模式。还必须输入并确认用于 sa 登录的强密码。若要继续安装,则单击"下一步"按钮。

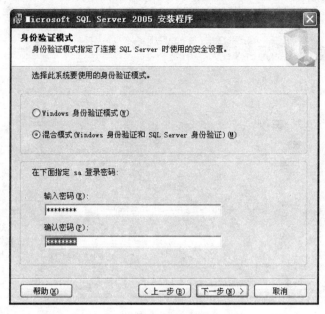

图 5-8　身份验证模式

(13) 在"排序规则设置"页上,如图 5-9 所示,指定 SQL Server 实例的排序规则。

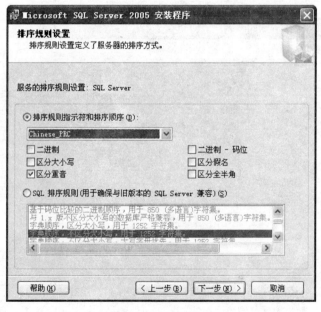

图 5-9　排序规则设置

(14) 如果选择"SQL Server 身份验证",可提供对该实例具有管理权限的用户名和密码。然后确认报表服务器数据库名称是否正确。若要继续,则单击"下一步"按钮。

（15）如果选择 Reporting Services 作为要安装的功能，将显示"报表服务器传递设置"页。指定 SMTP 服务器地址和电子邮件地址（用作从报表服务器发出的电子邮件的发件人）。

（16）在"错误报告"页上，如图 5-10 所示，可以清除复选框以禁用错误报告。若要继续安装，则单击"下一步"按钮。

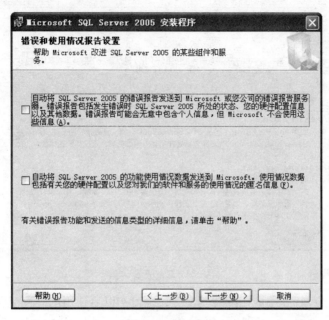

图 5-10　错误和使用情况报告设置

（17）在"准备安装"页上，查看要安装的 SQL Server 功能和组件的摘要。若要继续安装，则单击"安装"按钮。

（18）在"安装进度"页上，如图 5-11 所示，可以在安装过程中监视安装进度。

图 5-11　安装进度

单击"下一步"，进入"完成安装"页面，如图 5-12 所示。

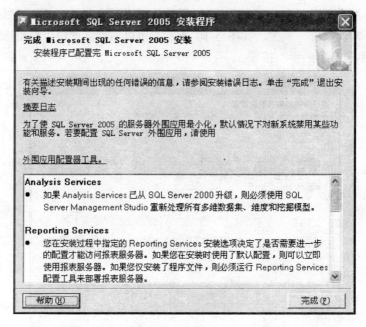

图 5-12　完成安装

（19）此时可以进行外围应用配置器配置，也可在以后使用的过程配置，单击"完成"，结束安装。

5.3　SQL Server 2005 的组件

SQL Server 2005 提供一些组件供用户选择，可以在安装向导的"功能选择"页选择 SQL Server 2005 安装中要包括的组件。默认情况下不选择树中的任何功能。

5.3.1　服务器端的组件

1. SQL Server 数据库引擎

数据库引擎包括数据库引擎（用于存储、处理和保护数据的核心服务）、复制、全文搜索以及用于管理关系数据和 XML 数据的工具。

2. Analysis Services

Analysis Services 包括用于创建和管理联机分析处理（OLAP）以及数据挖掘应用程序的工具。

3. Reporting Services

Reporting Services 包括用于创建、管理和部署表格报表、矩阵报表、图形报表以及自由格式报表的服务器和客户端组件。Reporting Services 还是一个可用于开发报表应用程序的可扩展平台。

4. Notification Services

Notification Services 是一个平台，用于开发和部署将个性化即时信息发送给各种设备上的用户的应用程序。

5. Integration Services

Integration Services 是一组图形工具和可编程对象，用于移动、复制和转换数据。

5.3.2 客户端组件

客户端组件主要是连接组件，安装用于客户端和服务器之间通信的组件，以及用于 DB-Library、ODBC 和 OLE DB 的网络库。

5.3.3 管理工具

1. SQL Server Management Studio

SQL Server Management Studio（SSMS）是 Microsoft SQL Server 2005 中的新组件，这是一个用于访问、配置、管理和开发 SQL Server 的所有组件的集成环境。SSMS 将 SQL Server 早期版本中包含的企业管理器、查询分析器和分析管理器的功能组合到单一环境中，为不同层次的开发人员和管理员提供 SQL Server 访问能力。

2. SQL Server 配置管理器

SQL Server 配置管理器为 SQL Server 服务、服务器协议、客户端协议和客户端别名提供基本配置管理。

3. SQL Server Profiler

SQL Server Profiler 提供了图形用户界面，用于监视数据库引擎实例或 Analysis Services 实例。

4. 数据库引擎优化顾问

数据库引擎优化顾问可以协助创建索引、索引视图和分区的最佳组合。

5.3.4 开发工具

Business Intelligence Development Studio 是用于 Analysis Services、Reporting Services 和 Integration Services 解决方案的集成开发环境。

5.3.5 文档和示例

1. SQL Server 联机丛书

SQL Server 2005 的核心文档。

2. SQL Server 示例

提供数据库引擎、Analysis Services、Reporting Services 和 Integration Services 的示例代码和示例应用程序。

第6章 Transact-SQL 语言

Transact-SQL 是在 MS SQL Server 2005 中使用的 SQL，简称 T-SQL。它是微软公司在标准 SQL 语言基础上创建的符合 SQL Server 特点的数据库访问语言，一直以来都是 SQL Server 的开发、管理工具。SQL Server 2005 版本提供了很多增强功能，包括错误处理，递归查询，在 SQL Server 2005 中的很多操作都是使用 T-SQL 语言来实现的。大部分的可视化操作都可以由 T-SQL 完成，而且很多的高级管理必须由它完成。

T-SQL 虽然具备许多与程序设计语言类似的功能，然而 T-SQL 并非是编程语言。T-SQL 主要是为操作关系数据库而设计的，也同时包含许多可用的其他结构化语言所具有的逻辑运算、数学计算、条件表达式、字符串解析等。

6.1 Transact–SQL 基本语法

6.1.1 Transact-SQL 语言概述

Transact-SQL 是应用于数据库的语言，本身是不能独立存在的。它是一种非过程性语言，与一般的高级语言（如 C、C++）是不同的。一般的高级语言在使用数据库时，需要依照每一行程序的顺序处理很多的操作。但是 SQL 语言，用户只需告诉数据库需要什么数据，怎么显示，具体的内部操作由数据库系统来完成。

Transact-SQL 语言简单明了，易学易用，很容易掌握。

Transact-SQL 语言按照用途分为以下几部分内容：

（1）数据定义语言（DDL）

每个数据库、数据库中的表、视图、索引和完整性约束等都是数据库对象，要建立这些对象，即可通过 SQL 语言来完成。

（2）数据操纵语言（DML）

对已经创建了的数据库对象中的数据进行添加、修改和删除的语句，有 INSERT（插入）、DELETE（删除）和 UPDATE（更新）等操作。

（3）数据查询语言

数据库的查询过程通过 SQL 语言来实现，例如，SELECT 命令。

（4）数据控制语言（DCL）

用于设置或者更改数据库用户的权限。

6.1.2 Transact-SQL 语言语法

每一种程序语言都有自己语法规则，T-SQL 语言作为数据库的程序操作语言，也有自己的语法书写规则。

1. T-SQL 语法约定

在书写 T-SQL 语言时要遵循一定的约定，表 6-1 给出了 T-SQL 语言使用时的规则。

表 6-1   T-SQL 语 法 约 定

规　　　则	说　　　明
UNION（大写）	T-SQL 关键字
|（竖线）	分隔括号和大括号的语法
[]（方括号）	可选语法项
{}（大括号）	必选语法项
[, ...n]	指示前面的项可以重复 n 次，每一项用逗号分隔
[...n]	指示前面的项可以重复 n 次，每一项用空格分隔
[;]	可选的 T-SQL 语句终止符
\<label\>::=	语法块的名称

2. 数据对象名称

数据库对象的名称由 4 部分构成，一个对象的全称语法格式如下：

server.database.schema.object

其中，

（1）server：为链接的服务器名或远程服务器名称。

（2）database：为数据库名，如果对象在链接的服务器中，则 database 为 OLE DB 目录。

（3）schema：指定包含对象的架构名称，如果对象在链接数据库中，则指定 OLE DB 架构名称。

（4）object：对象的名称。

但在真正操作数据库时，使用全称比较繁琐，所以可以省略中间部分，用句点来代替，下面简写是合法的。

server.database..object

server..schema.object

server...object

database.schema.object

database..object

schema.object

object

6.1.3　T-SQL 语句的运行

可以使用 SQL Server 管理控制器来执行 T-SQL 语句，执行的步骤如下：

（1）启动 SQL Server 管理控制器。在"开始"|"程序"|"Microsoft SQL Server 2005"|"SQL Server Management Studio"启动 SQL Server 管理控制器，并连接到服务器，如图 6-1 所示，选择"SQL Server 身份认证"，登录名为"sa"，输入密码后单击"连接"。

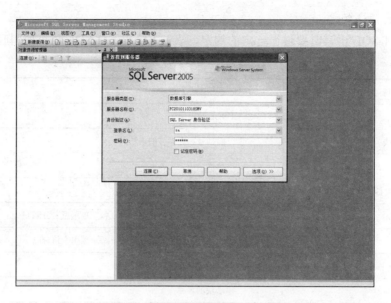

图 6-1　SQL Server 连接数据库界面

（2）展开 SQL Server 管理控制窗口的"数据库"节点上单击，找到"学生课程数据库"单击，在工具栏中单击"新建查询"，右边即出现一个查询命令编辑窗口，如图 6-2 所示，在该编辑窗口输入 SQL 命令，然后单击"执行（X）"按钮或者按 F5，即在下方输出响应的执行结果。

图 6-2　T-SQL 语句编辑窗口

6.1.4　数据类型

数据类型是指 SQL Server 中的存储过程参数、列、表达式中数据的特征，根据所使用的数据的不同形式，可以将数据分为不同的数据类型，以代表不同的信息类型。包含数据的对象都具有一个相关的数据类型，来定义对象所能包含的数据种类，例如字符、整数、逻辑值等。

SQL Server 提供了各种系统数据类型,这些数据类型主要包括两大类:系统数据类型和用户自定义数据类型。

6.1.4.1 系统数据类型

可以参照表 6-2,在创建数据库部分还有详尽说明。

表 6-2   **SQL Server 系统数据类型**

类　型	对 应 定 义 符
数值型	int、bigint、smallint、tinyint、decimal/numeric、float、real
字符型	char、nchar、varchar、nvarchar、text、ntext
货币类型	money、smallmoney
时间类型	datetime、smalldatetime
二进制类型	binary、varbinary、image
其他类型	bit、XML、Timestamp、Uniqueidentifier,crusor、sql_variant

6.1.4.2 用户自定义数据类型

用户自定义数据类型是在已有的系统数据类型基础上扩充或限定,并非定义的一个新的存储结构类型。当多个表中的列需要存储相同的数据类型时,并且想确保这些列具有完全相同的类型、长度和是否为空,这时用户就可以定义数据类型,并在创建表的这些列时使用这些数据类型。

使用用户定义的数据类型可以简化创建表的过程,还可以避免在定义具有相同数据类型的列时出现不一致的情况。例如,在"学生课程数据库"中的两个表"student"和"sc"都有"sno",该列的数据类型为 varchar,长度为 10,不允许为空,用户就可以定义一个名为 sno 的数据类型,在定义表的该列时,直接应用。

下面介绍用户自定义数据类型的创建和删除过程。用户操作自定义数据类型有两种方法,一种是图形化法,另一种是利用命令法。

1. 图形化法

图形化法是通过 SQL Server 管理器来实现的。下面以创建"学生课程数据库"中的用户数据类型"sno"为例,介绍使用 SQL Server 管理器来创建数据类型的操作步骤。

(1)找到"开始"|"程序"|"Microsoft SQL Server 2005"|"SQL Server Management Studio"启动 SQL Server 对象管理器,并连接服务器。

(2)在"数据库"节点上展开;找到"学生课程数据库",展开节点;在"可编程性"节点上展开;在"类型"节点上单击右键,如图 6-3 所示,在弹出的快捷菜单上选择"用

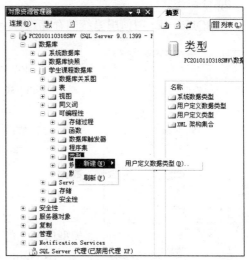

图 6-3 SQL Server 管理器对话框

户定义数据类型"。

（3）如图 6-4 所示，在弹出的"新建用户定义数据类型"对话框中，名称栏中输入要创建的数据类型名称，如 sno；数据类型栏中选择需要创建的数据类型，如 varchar，单击此栏后面的下拉框将会列出所有的系统数据类型；长度选择需要的长度，如 10；不允许为空值；设置好之后单击"确定"，返回到 SQL Server 对象资源管理器窗口，如图 6-4 所示，在"用户自定义数据类型"节点下面出现了刚刚创建的数据类型 sno。可见用户自定义的数据类型是在系统数据类型的基础上进行扩充和修改的。

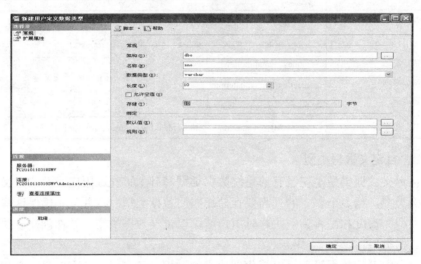

图 6-4　新建用户定义数据类型对话框

（4）若要删除自定义的数据类型，如图 6-5 所示，可在"用户自定义数据类型"节点下自定义的数据类型上单击鼠标右键，在弹出的快捷菜单中选择"删除"命令，即将创建的数据类型删除了。

2. 命令法

在 SQL Server 中使用系统的存储过程 sp_addtype 来创建用户自定义数据类型，其语法格式如下：

图 6-5　对象资源管理器

sp_addtype [@typename＝] type,

[@phystype＝] system_data_type

　[，[@nulltype＝] 'null_type']

各参数的说明如下：

（1）[@typename＝] type：用户自定义数据类型的名称，数据类型的名称要遵照标识符的规则，且在数据库中是唯一的。

（2）[@phystype＝] system_data_type：用户自定义数据类型所基于的系统数据类型，例如 int 或者 bit 型。

（3）null_type：该参数指明用户定义的数据类型处理空值的方式。该参数有 3 个取值：'null'、'not null' 或者 'nonull'，其默认值为'null'。

该存储过程返回 0 表示成功，返回 1 表示失败。例如，要创建一个名为 sno 的用户自定义数据类型，基于的系统数据类型为 varchar，长度为 10，不允许空值，可在 T-SQL 语句编辑窗口输入以下命令：

USE 学生课程数据库

EXEC sp_addtype sno, 'varchar（10）', 'not null'

单击"执行"按钮，在编辑窗口的下面会显示执行的结果，在左边的对象资源管理器窗口的"用户自定义数据类型"节点下出现了刚刚创建的数据类型 sno，如图 6-6 所示。

图 6-6 用户自定义数据类型窗口

如果要用命令删除用户自定义的数据类型，也需要调用存储过程，语法格式为：

sp_droptype [@typename ＝] 'type'

其中，sp_droptype 为系统的存储过程，type 是用户定义的数据类型的名称。要删除刚刚建立的数据类型，可在编辑窗口中执行如下命令：

USE 学生课程数据库

EXEC sp_droptype sno

即可用命令将用户自定义数据类型删除。

6.1.5 变量

变量是指在程序的执行过程中可以改变的量，变量包括变量名和数据类型两个属性。在 SQL Server 中，变量的作用域大多是局部的，也就是说，在某个批处理或者存储过程中，变量的作用范围从声明开始，到该批处理或者存储过程结束。SQL Server 中，变量分为局部变量和全局变量。

在讲局部变量和全局变量之前，先来看一下变量的命名，变量命名必须符合一定的规则。

（1）以 ASCII 字母、Unicode 字母、下划线、@或者＃开头，后续可以为一个或多个 ASCII 字母、Unicode 字母、下划线、@、＃或者$，但整个标识符不能全部是下划线、@ 或者＃。

（2）标识符不能是 T-SQL 的关键字。

（3）标识符中不能嵌入空格，或者其他的特殊字符。

（4）如果要在标识符中使用空格或者 T-SQL 的关键字以及特殊字符，则要使用双引号 或者方括号将该标识符括起来。

1. 局部变量

局部变量是由用户声明的，声明的同时可以指定变量的名称（以@开头）、数据类型和 长度，并同时设该变量的值为 NULL。局部变量仅在声明它的批处理、存储过程或者触发 器中有效，当批处理、存储过程或者触发器执行结束后，局部变量将变成无效。

局部变量用 DECLARE 定义，语法格式如下：

DECLARE｛@local_variable data_type ｝［,…, n]

各参数说明如下：

（1）@local_variable：是变量的名称。变量名必须以@符号开头，符合变量命名规则。

（2）data_type：由系统提供的数据类型或者用户自定义的数据类型。

给局部变量的赋值可以使用 SET 语句直接赋值，也可以使用 SELECT 在查询中给变量 赋值。其语法格式分别如下：

SET @local_variable ＝expr

SELECT {@local_variable ＝expr} [, …n]

各参数说明如下：

（3）@local_variable：是变量的名称。

（4）expr:相应类型的表达式。

下面通过几个例子来说明局部变量的声明和赋值。

【例 6-1】　下面的语句创建了类型为 float 和 char 的局部变量，名字分别为 f 和 cn，并 且 char 类型的长度为 8。

        DECLARE @f float，@cn char（8）

可以用 DECLARE 赋值多个局部变量，各变量之间用"，"隔开，没给变量赋值，则 变量初始值为 NULL。

【例 6-2】　下面的语句声明了类型为 nvarchar 的变量 var1，和类型为 nchar 的变量 var2， 并且用 SET 给变量赋值。

DECLARE @var1 nvarchar（20），@var2 nchar（10）

SET @var1＝'学号'

SET @var2＝'年龄'

	sno	cno	cgrade
1	95001	2	85
2	95001	3	88

图 6-7　执行结果

【例 6-3】　下面的语句用 SELECT 给局部变量 chengji 赋值，在 sc 表中找出学号为"95001"的学生分数在 90 分 以下的所有课程。语句执行完后的结果如图 6-7 所示。

DECLARE @chengji int

SELECT @chengji＝90

SELECT * FROM sc WHERE sno＝'95001' AND cgrade<＝@chengji

2. 全局变量

全局变量是 SQL Server 系统内部使用的变量，其作用范围并不局限于某个程序，而是任何程序任何时间都可以调用。全局变量通常用于存储一些 SQL Server 的配置设定值和效能统计数据。可以利用全局变量来测试系统的设定值或者 T-SQL 的命令执行后的状态值。

全局变量记录了 SQL Server 的各种状态信息，系统中的全局变量如表 6-3 所示。

表 6-3　　　　　　　　　　　　SQL Server 2005 中的全局变量

名　　称	变　量　说　明
@@CONNECTIONS	返回自最近一次启动 SQL Server 以来连接或试图连接的次数
@@DATEFIRST	返回 SET DATEFIRST 参数的当前值，SET DATEFIRST 参数用于指定每周的第一天是周几。例如 1 对应周一，7 对应周日
@@CUP_BUSY	返回自 SQL Server 最近一次启动以来 CPU 的工作时间其单位为 ms
@@CURSOR_ROWS	返回最后连接上并打开的游标中当前存在的合格行的数量
@@SERVERNAME	返回运行 SQL Server 2000 本地服务器的名称
@@REMSERVER	返回登录记录中记载的远程 SQL Server 服务器的名称
@@ERROR	返回最后执行的 Transact-SQL 语句的错误代码
@@ROWCOUNT	返回受上一语句影响的行数，任何不返回行的语句将这一变量设置为 0
@@VERSION	返回 SQL Server 当前安装的日期、版本和处理器类型
@@DBTS	返回当前数据库的时间戳值，必须保证数据库中时间戳的值是唯一的
@@FETCH_STATUS	返回上一次 FETCH 语句的状态值
@@IDENTITY	返回最后插入行的标识列的列值
@@IDLE	返回自 SQL Server 最近一次启动以来 CPU 处于空闲状态的时间长短，单位为 ms
@@IO_BUSY	返回自 SQL Server 最后一次启动以来 CPU 执行输入输出操作所花费的时间（ms）
@@LANGID	返回当前所使用的语言 ID 值
@@LANGUAGE	返回当前使用的语言名称
@@LOCK_TIMEOUT	返回当前会话等待锁的时间长短，单位为 ms
@@MAX_CONNECTIONS	返回允许连接到 SQL Server 的最大连接数目
@@MAX_PRECISION	返回 decimal 和 numeric 数据类型的精确度
@@NESTLEVEL	返回当前执行的存储过程的嵌套级数，初始值为 0
@@OPTIONS	返回当前 SET 选项的信息
@@PACK_RECEIVED	返回 SQL Server 通过网络读取的输入包的数目
@@PACK_SENT	返回 SQL Server 写给网络的输出包的数目
@@PACKET_ERRORS	返回网络包的错误数目
@@PROCID	返回当前存储过程的 ID 值
@@SERVICENAME	返回 SQL Server 正运行于哪种服务状态之下：如 MS SQLServer、MSDTC、SQL Server Agent

续表

名　　称	变　量　说　明
@@SPID	返回当前用户处理的服务器处理 ID 值
@@TEXTSIZE	返回 SET 语句的 TEXTSIZE 选项值 SET 语句定义了 SELECT 语句中 text 或 image。数据类型的最大长度基本单位为字节
@@TIMETICKS	返回每一时钟的微秒数
@@TOTAL_ERRORS	返回磁盘读写错误数目
@@TOTAL_READ	返回磁盘读操作的数目
@@TOTAL_WRITE	返回磁盘写操作的数目
@@TRANCOUNT	返回当前连接中处于激活状态的事务数目

使用全局变量时需要注意，全局变量不能由用户自定义，不能声明，不能赋值，而是由 SQL 服务器定义的；全局变量可以提供当前的系统信息；同一时刻的同一个全局变量在不同会话（如用不同的登录名登录同一个数据库实例）中的值不同；在声明局部变量时，不能与全局变量同名。

【例 6-4】 下面语句是分别输出 SQL Server 的版本信息和 CPU 的工作时间，执行结果如图 6-8 所示。

PRINT @@VERSION

PRINT @@CPU_BUSY

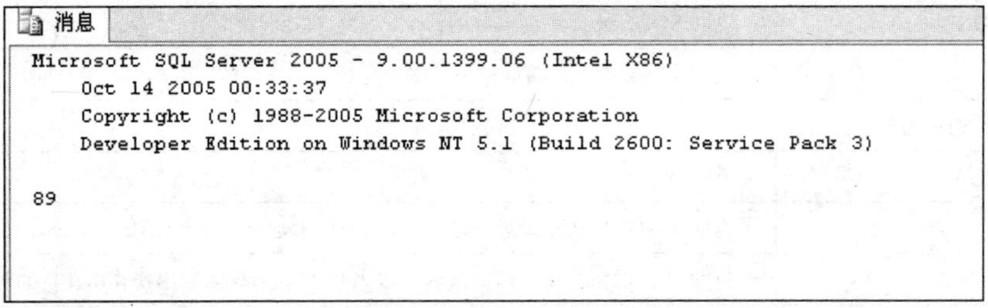

```
消息
Microsoft SQL Server 2005 - 9.00.1399.06 (Intel X86)
    Oct 14 2005 00:33:37
    Copyright (c) 1988-2005 Microsoft Corporation
    Developer Edition on Windows NT 5.1 (Build 2600: Service Pack 3)

89
```

图 6-8　例 6-4 执行结果

6.1.6　运算符

运算符是一种符号，用来指定要在一个或者多个表达式中执行的操作。在 SQL Server2005 中所使用的运算符包括算术运算符、赋值运算符、按位运算符、字符串连接运算符、比较运算符、逻辑运算符和一元运算符。

1. 算术运算符

算术运算符是在两个表达式上执行数学运算，这两个表达式可以是任何的数据类型，执行的运算包括：加（＋）、减（－）、乘（*）、除（/）、求余（mod）。如果一个表达式中包括多个运算符，计算时要有先后顺序。

求余运算返回一个除法的整数余数，例如，17%4＝1，17 除以 4，余数为 1。

加（＋）、减（－）运算符也适用于 datetime 以及 smalldatetime 数据类型。

如果表达式中的所有的运算符都具有相同的优先级，则执行顺序为从左到右；如果各个运算符的优先级不同，则先乘、除和求余，然后再加、减。

【例 6-5】 下面语句的执行结果如图 6-9 所示。

SELECT 2＋3 '2＋3', 2－3 '2－3', 2*3 '2*3', 2/3 '2/3', 5%2 '5%2'

2. 赋值运算符

等号（＝）是 T-SQL 唯一的赋值运算符，用于将表达式的值赋予另外一个变量，也可以将变量和常量赋值给变量，在赋值的过程中要主要赋值符号两边的量的数据类型要一致或者可以相互转换。

【例 6-6】 下面的语句就是运用了赋值运算符，执行结果如图 6-10 所示。

DECLARE @abc int

SET @abc＝123

SELECT @abc AS '输出'

图 6-9 例 6.5 执行结果

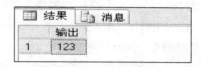

图 6-10 例 6.6 执行结果

3. 按位运算符

按位运算符包括&（位与）、～（位非）、|（位或）、＾（位异或），主要用于 int、smallint 和 tinyint 类型数据的运算，其中～（位非）还可以用于 bit 数据。所有的按位运算符都可以在对 T-SQL 语句中转换成二元表达式的整数值进行运算。

【例 6-7】 下面的语句是求两个整型数据的与运算、或运算、异或运算的，执行结果如图 6-11 所示。

DECLARE @var1 int，@var2 int

SET @var1＝22

SET @var2＝147

SELECT @var1&@var2

'与运算', @var1|@var2 '或运算', @var1＾@var2 '异或运算'

4. 字符串连接运算符

字符串连接运算符为加号（＋），可以将两个或者多个字符串连接成一个字符串。还可以连接二进制字符串。

【例 6-8】 下面的语句是声明了两个局部变量 abc 和 xyz，分别给两个局部变量赋值，利用 SELECT 将两个字符串变量连接起来，输出的列名为"字符串连接"，执行结果如图 6-12 所示。

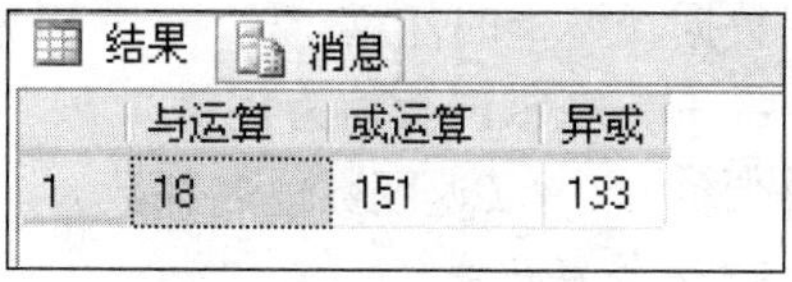

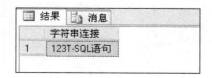

图 6-11 例 6-7 执行结果

图 6-12 例 6-8 执行结果

```
DECLARE @abc varchar（5），@xyz char（10）
SET   @abc='123'
SET   @xyz='T-SQL 语句'
SELECT @abc＋@xyz 字符串连接
```

5. 逻辑运算符

逻辑运算符用来判断结果为 TRUE 或者 FALSE。

（1）AND：如果两个操作数的值为 TRUE，则结果为 TRUE。

（2）OR：如果两个操作数其中一个为 TRUE，则结果为 TRUE。

（3）NOT：如果操作数的值为 TRUE，则结果为 FALSE。如果操作数的值是 FALSE，则结果为 TRUE。

（4）ALL：如果每个操作数的值都是 TRUE，则结果为 TRUE。

（5）ANY：任意一个操作数的值为 TRUE，则结果为 TRUE。

（6）BETWEEN：如果操作数在指定的范围内，则结果为 TRUE。

（7）EXISTS：如果子查询的结果包含一些行，则结果为 TRUE。

（8）IN：如果操作数在一系列数中，则结果为 TRUE。

（9）LIKE：如果操作数在某些字符串中，则结果为 TRUE。

（10）SOME：如果操作数在某些值中，则结果为 TRUE。

在 SQL Server 2005 中逻辑运算符最经常和 SELECT 语句的 WHERE 子句配合使用，查询符合条件的记录。

6. 比较运算符

比较运算符用于测试两个表达式的值是否相同。比较的结果为布尔数据类型，可以取以下 3 个值其中的一个：TRUE、FALSE 和 UNKNOWN。

比较运算符包括等于（＝）、大于（＞）、小于（＜）、大于等于（＞＝）、小于等于（＜＝）、不等于（＜＞或者 !＝）、不小于（!＜）和不大于（!＞）。

由比较运算符连接的表达式多用于条件语句（如 IF 语句）的判断表达式中已经在检索时的 WHERE 子句中。

【例 6-9】 下面的语句是在"学生课程数据库"中的 sc 表中查找 cgrade 大于等于 85 分的学生的信息，执行结果如图 6-13 所示。

```
USE 学生课程数据库
SELECT * FROM sc WHERE cgrade＞＝85
```

	sno	cno	cgrade
1	95001	1	92
2	95001	2	85
3	95001	3	88
4	95002	3	95
5	95004	1	95

图 6-13　例 6-9 执行结果

7. 一元运算符

一元运算符只对一个操作数或者表达式进行操作，该操作数或者表达式的结果可以是数字数据类型中的任意一种。一元运算符包括三个：＋（表示该数值为正值），－（表示该数值为负），～（返回数值的补数）。

8. 运算符优先级

在 T-SQL 中，运算符的优先级从高到低如下：

（1）括号（）。

（2）求反～。

（3）＋（正），－（负）。

（4）*（乘），/（除），%（求模）。

（5）＋（加），＋（字符串连接），－（减运算符）。

（6）＝、＞、＜、＞＝、＜＝、＜＞或者 !=、!＜、!＞（比较运算符）。

（7）^，&，|（位运算符）。

（8）Not（逻辑运算符）。

（9）And（逻辑运算符）。

（10）Or（逻辑运算符）。

（11）＝（赋值运算符）。

图 6-14 例 6.10 执行结果

【例 6-10】下面语句的执行结果如图 6-14 所示。

SELECT （-9）*3＋5 as a，9^2*2-6 b，－2＋5%2－1|4 c

6.2 Transact–SQL 应用实例

T-SQL 语言与其他的高级语言很相似，有自己的语法，但是它本身也具有运算、流程控制等功能，也可以利用 SQL 语句进行编程。下面逐个介绍 T-SQL 在不同编程语句中的应用。

6.2.1 批处理

批处理是指从客户传递给服务器的一组完整的数据和 SQL 指令的集合，批处理是包含一个或多个 SQL 语句的组，从应用程序一次性地发送到 SQL Server 执行，SQL Server 将批处理语句编译成一个可执行单元，此单元称为执行计划，执行计划中的语句每次执行一条。GO 语句是一个批处理的结束语句，表示 SQL Server 将这些 T-SQL 语句编译为一个执行单元，提高执行效率。

用户定义的局部变量的作用域限制在一个批处理中，所以变量不能在 GO 语句后引用。如果在一个批处理中存在语法错误，则该批处理的全部语句都不执行，执行从下一个批处理开始。

如果在运行时出现错误，如算术溢出或违反约束，将会产生以下的影响：

（1）多数运行时出现错误将停止执行批处理中当前语句和之后的语句。

（2）少数运行时出现错误仅停止执行当前语句，而继续执行批处理中其他所有语句。在遇到运行时错误，之前执行的语句不受影响。例外的是，批处理在事务中，而且错误导致事务回滚，此时，回滚运行时错误之前所进行的未提交的数据将被修改。

在建立一个批处理时，有如下的限制规则：

（3）某些特殊的 SQL 命令，不能和其他语句共同存在一个批处理中，如 CREATE DEFAULT |NULL|TRIGGER|VIEW，批处理必须以 CREATE 语句开始。

（4）不能在一个批处理中修改表的结构（如添加新列），然后在同一个批处理中引用刚修改的表的结构。

（5）在一个批中如果包含多个存储过程，那么在执行第一个存储过程时 EXECUTE 不能省略。

【例 6-11】下面的语句在批处理中声明的局部变量其作用域只是在声明它的批处理中，程序执行的结果是输出学号 sno='95003'的学生王敏。

```
USE  学生课程数据库
GO
DECLARE @name char（8）
SELECT @name＝sname FROM student
WHERE sno='95003'
PRINT @name
```

6.2.2　控制流程语句

T-SQL 提供了流程控制语句，用来控制 T-SQL 语句、语句块、流程分支和存储过程。T-SQL 提供的流程控制语句用于控制程序执行流程，提高了编程语言的处理能力。T-SQL 中的主要的流程控制语句如下所述。

（1）BEGIN...END：定义语句块。

（2）IF...ELSE：条件选择语句。

（3）CASE 表达式：多分支选择语句。

（4）WHILE：循环语句。

（5）GOTO：无条件转移语句。

（6）BREAK：循环跳出语句。

（7）CONTINUE：重新开始下一次循环。

（8）WAITFOR：设置语句执行的延迟时间。

（9）RETURN：无条件返回。

（10）PRINT：屏幕输出语句。

下面就各个语句的功能进行一一说明和举例。

1. BEGIN...END 语句

BEGIN...END 是将多个 T-SQL 语句封装起来，组成一个逻辑块，在执行的时候，该逻辑块作为一个整体被执行。BEGIN...END 语句可以用在其他语句内部，在使用过程中允许嵌套。

语法格式如下：

```
BEGIN
{
    T-SQL 语句|语句块
}
END
```

中间部分的"T-SQL 语句|语句块"是任何合法有效的 T-SQL 语句或以 T-SQL 语句块定义组成的语句组。当程序要执行包含两条或两条以上的 T-SQL 语句的语句块时，就可以使用 BEGIN…END 语句，它们必须成对出现，任何一条语句不能单独使用。必须以 BEGIN 开头，END 结束。

【例 6-12】 下面语句的执行结果如图 6-15 所示。

```
BEGIN
    DECLARE @var INT
        SET @var＝780
        BEGIN
            PRINT '变量 var 的值为'
            PRINT CAST（@var AS INT）
        END
END
```

图 6-15 例 6-12 执行结果

注：如果只有一条 T-SQL 语句，则不需要用 BEGIN…END 语句。

2. IF…ELSE 语句

IF…ELSE 语句是条件选择语句，在程序的执行过程中根据所给出的条件进行判断，当条件为 TRUE 或 FALSE 时执行不同的 T-SQL 语句。

其语法格式如下：

```
IF BOOLEAN_EXPRESSION
    {T-SQL 语句|语句块}
[ELSE
    {T-SQL 语句|语句块}]
```

各参数说明如下：

（1）BOOLEAN_EXPRESSION：布尔表达式，其结果返回逻辑值 TRUE 或 FALSE。

（2）T-SQL 语句|语句块：T-SQL 语句或以 T-SQL 语句块定义组成的语句组。

（3）最简单的 IF 语句可以没有 ELSE IF 和 ELSE 子句。

（4）可以在 IF 语句块中或者 ELSE 语句块中嵌套另一个 IF 语句。

【例 6-13】 下面的语句是输出学号为 95001 的学生平均成绩评测，执行结果如图 6-16 所示。

```
USE 学生课程数据库
IF （SELECT AVG（cgrade） FROM sc WHERE sno＝'95001'）>85
    BEGIN
        PRINT '学生：95001'
        PRINT '考试成绩还不错！'
    END
ELSE
    BEGIN
        PRINT '学生：95001'
```

图 6-16 例 6-13 执行结果

　　　　PRINT '考试成绩一般！'
　　END
3. CASE 语句

CASE 语句计算条件列表并返回多个可能值之一，CASE 具有两种格式：

（1）简单的 CASE 语句：将某个表达式与一组简单表达式进行比较以确定结果。

简单的 CASE 语句。其语法格式为：

```
CASE input_expression
WHEN when_expression THEN result_expression
[…n]
[ELSE else_result_expression]
END
```

各参数说明如下：

1）input_expression：测试表达式，可以是任何有效的表达式。

2）when_expression：结果表达式，用来和 input_expression 表达式作比较的，input_expression 和每个 when_expression 的数据类型必须相同，或者是隐式转换的数据类型。

3）result_expression：当 input_expression＝when_expression 的结果为 TRUE 时，返回的表达式。

4）else_result_expression：当 input_expression＝when_expression 的结果为 FALSE 时，返回的表达式。

简单 CASE 语句的执行流程：计算 input_expression 表达式的值，然后按着顺序对每个 WHEN 子句的 input_expression＝when_expression 取值进行判断，返回第一个 input_expression＝when_expression 为 TRUE 的 result_expression，如果计算结果都不为 TRUE，则返回 ELSE 句中的 else_result_expression，如果没有 ELSE 子句，则返回 NULL。

【例 6-14】　下面的语句输出@var2 的结果为：红色。

```
DECLARE @var1 char（10）
SET @var1='R'
DECLARE @var2 char（10）
SET @var2＝
CASE @var1
    WHEN 'R' THEN '红色'
    WHEN 'B' THEN '蓝色'
    WHEN 'G' THEN '绿色'
ELSE '错误'
END
PRINT '@var2'
PRINT @var2
```

（2）搜索类型的 CASE 语句：计算布尔表达式的值确定结果。

搜索类型的 CASE 语句。其语法格式如下：

CASE

　　WHEN Boolean_expression THEN result_expression

　　[…n]

　　[ELSE else_result_expression]

END

各参数说明如下：

1）Boolean_expression：条件表达式，结果为布尔类型。

2）result_expression：结果表达式。当 WHEN 条件为 TRUE 时，执行此语句。

搜索型 CASE 语句的执行流程：当 Boolean_expression 的值为 TRUE 时，则返回 result_expression 表达式的值，如果没有值为 TRUE 的 Boolean_expression，则继续下一个 WHEN 语句的判断，如果到最后也没有找到值为 TRUE 的 Boolean_expression，则执行 ELSE 子句，返回 ELSE 后面表达式的值，如果没有 ELSE 表达式，返回 NULL。

【例 6-15】 下面的语句是用搜索型 CASE 语句，确定输入的学生成绩属于哪个档次。执行结果如图 6-17 所示。

DECLARE　@chengji float，@pingyu varchar（20）

SET　@chengji＝85

SET　@pingyu＝

CASE

WHEN @chengji>100 AND @chengji<0 then '您输入的成绩超出范围'

　　　　WHEN @chengji>＝80 AND @chengji<＝100 then '优秀'

WHEN @chengji>＝70 AND @chengji<80 then '良好'

　　　　WHEN @chengji>＝60 AND @chengji<70 then '及格'

　　ELSE '不及格'

END

PRINT '该生的成绩评语是:'＋@pingyu

图 6-17　例 6.15 执行结果

4. WHILE 语句

WHILE 循环语句是在设置的条件成立时，重复执行 T-SQL 语句或语句块的条件。可以使用 BREAK 和 CONTINUE 关键字在循环内部控制 WHILE 语句的执行。其语法格式如下：

WHILE Boolean_expression

　　{T-SQL 语句|语句块}

　　[BREAK]

　　{T-SQL 语句|语句块}

　　[CONTINUE]

各参数说明如下：

（1）Boolean_expression：布尔表达式，如果布尔表达式中含有 SELECT 语句，必须用圆括号将 SELECT 语句括起来。

（2）T-SQL 语句|语句块：T-SQL 语句或以 T-SQL 语句块定义组成的语句组。如果是 T-SQL 语句块，可以用 BEGIN…END 来定义。

（3）BREAK：使程序从最内层的循环中退出，执行程序中出现的 END 后面的语句。

（4）CONTINUE：使 WHILE 语句重新开始执行。

WHILE 语句的执行流程：如果 Boolean_expression 为 TRUE 则执行 T-SQL 语句|语句块，执行后再判断 Boolean_expression，直到 Boolean_expression 为 FALSE，执行过程中通过 BREAK 和 CONTINUE 关键字来控制执行过程终止还是继续。

【例 6-16】　下面的语句是计算 1～100 之间数的和，执行结果如图 6-18 所示。

```
DECLARE   @a  int,@sum  int
SET   @a=0
SET   @sum=0
    WHILE   @a<100
BEGIN
        SET   @a=@a+1
        SET   @sum=@sum+@a
    END
PRINT   '1+2+…+100='+ CAST(@sum as char)
```

5. GOTO 语句

GOTO 语句是使执行的语句无条件转移的命令，转移到的位置是 GOTO 语句后面的标签，可以转移到过程、批处理或是程序中的任何位置。其语法格式如下：

GOTO   lable

lable 是要转到的语句标号，程序执行过程中遇到 GOTO，即跳转到 lable 处执行。

【例 6-17】　下面的程序是利用 GOTO 语句书写的计算 1～100 之间数的和，执行结果如图 6-18 所示。

```
DECLARE   @a int,@sum int
SET   @a=0
SET   @sum=0
loop:SET @a=@a+1
SET   @sum=@sum+@a
If   @a<100
GOTO   loop
PRINT   '1+2+…+100='+ CAST(@sum as char)
```

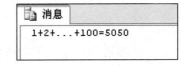

图 6-18　例 6.16 执行结果

注：标签行可以在 GOTO 语句行之后或者之前，但 GOTO 语句不能跳转到该语句块之外标签，GOTO 语句可以有嵌套。

6. BREAK 语句

BREAK 语句一般出现在 WHILE 语句的循环体中，作为 WHILE 的子语句，循环中使用 BREAK 会使程序提前结束循环，在 WEHILE 语句的参数说明中已提到过。

【例 6-18】　下面的语句是计算 1～100 之间数的和，当和大于 3000 时即结束循环执行 END 后面的语句，输出结果如图 6-19 所示。

```
DECLARE    @a int,@sum int
SET    @a=0
    SET    @sum=0
WHILE    @a<100
        BEGIN
        SET @a=@a+1
        SET @sum=@sum+@a
        If    @sum>3000
        BREAK
        END
PRINT '结果是:'+CAST(@sum AS varchar(20))
```

图 6-19　例 6.18 执行结果

7. CONTINUE 语句

CONTINUE 语句和 BREAK 语句一样，也是出现在 WHILE 语句的循环体中，循环中使用 CONTINUE 语句，结束本次循环，进行下一轮新的循环。

【例 6-19】　下面的语句是求 1～100 之间奇数的和，执行结果如图 6-20 所示。

```
DECLARE    @a int,@sum int
SET    @a=0
SET    @sum=0
WHILE    @a<100
        BEGIN
        SET    @a=@a+1
        if    @a%2=0
        CONTINUE
        SET    @sum=@sum+@a
        END
PRINT    '1~所有奇数之和是:'+CAST(@sum AS varchar(20))
```

图 6-20　例 6.19 执行结果

8. WAITFOR 语句

WAITFOR 称为延迟语句，在到达设定的时间之前，延迟执行批处理、存储过程或者事务。其语法格式如下：

```
WAITFOR
{
DELAY'time_pass' | TIME'time_execute'
}
```

各参数说明如下：

（1）DELAY：指示 SQL Server 要等到'time_pass'时间段过去。最长为 24h。

（2）TIME：指示 SQL Server 要等到'time_execute'时间点过去。

（3）time_pass：时间段，可以按 datetime 数据可接受的格式指定 time，但是不能指定日期，可以用局部变量指定此参数。

【例 6-20】 WAITFOR 语句应用。

```
WAITFOR  DELAY '01:00:00'  /*等待 1h
WAITFOR  TIME '00:13:00'   /*等到凌晨 13min
```

9. RETURN 语句

RETURE 语句是返回到调用本次程序执行的程序，其语法格式如下：

```
RETURE[integer_expression]
```

参数说明：

integer_expression：RETURE 语句要返回的整型值。

注：RETURE 一般是在系统存储过程中使用，一般情况下，返回 0 表示成功，返回非 0 表示失败，且不能返回空值。

10. PRINT 语句

PRINT 语句是屏幕输出语句，在程序的运行过程或者程序执行结束时，要显示某些中间过程或结果时，调用 PRINT 语句向屏幕输出所需要的信息，其语法格式如下：

```
PRINT
{
局部变量|全局变量|表达式|ASCII 文本
}
```

6.2.3 函数

函数是在编程语言中经常执行的子句块，在程序执行的过程中凡是遇到反复使用的逻辑关系，都可以将这些逻辑关系写出函数，用到时即可调用之。SQL Server 2005 提供强大的函数功能，支持两种函数：系统函数和用户自定义的函数。

6.2.3.1 系统函数

SQL Server 2005 提供了强大的具有运算功能的系统函数，这些函数名称及功能说明如表 6-4 所示。

表 6-4　　　　　　　　　　SQL Server 2005 的系统函数

函 数 名 称	功 能 说 明
字符串函数	执行 char、varchar、nchar、nvarchar、binary 和 varbinary 值
数学函数	执行数学运算，如三角、几何等
日期和时间函数	执行 datetime 和 smalldatetime 的值
聚合函数	将多个值合并为一个值，如 COUNT、SUM、MIN、MAX 等
行集函数	返回行集
游标函数	返回有关游标状态的信息

续表

函 数 名 称	功 能 说 明
配置函数	返回当前的配置信息
元数据函数	返回数据库和数据库对象的信息
安全性函数	返回有关用户和角色信息
文本和图像函数	执行 text 和 image 的值
内部统计函数	统计有关 SQL Server 性能的信息

用户在调用这些函数之前先要了解这些函数的应用，比较常用的系统函数有以下几类：字符串函数、数学函数、日期时间函数、聚合函数、数据类型转换函数等。

1. 字符串函数

字符串函数是对字符串进行的操作，也可以对二进制数据、表达式进行操作，在数据类型上多数的字符串函数只能用于 char 和 varchar 数据类型，少数的字符串函数可以用于 binary 和 varbinary 数据类型，极个别的还能处理 text、ntext、image 数据类型的数据。常见的字符串函数如表 6-5 所示。

表 6-5 字 符 串 函 数

函 数 名 称	功 能 说 明
ASCII（char_expr）	返回第一个字符的 ASCII 值
CHAR（int_expr）	返回 ASCII 码值对应的字符
CHARINDEX（expr1，expr2[，start]）	在 expr2 中从 start 位置开始查找 expr1 第一次出现的位置
LTRIM（expr）	将字符串左端的所有空格删除后返回
RTRIM（expr）	将字符串右端的所有空格删除后返回
LOWER（expr）	将字符串中的所有的大写字符转换为小写字符
REPLACE（expr1，expr2，expr3）	用 expr3 将 expr1 中所有子串 expr2 替换
LEN（expr）	测字符串长度，返回字符串长度
LEFT（expr，n）	返回字符串从左端起指定个数的字符串
RIGHT（expr，n）	返回字符串从右端起指定个数的字符串
SPACE（n）	返回指定个数的空格字符串
SUBSTRING（expr，start，length）	取子串
STR（expr[，length[，decimal]）	将数字数据转换为字符数据，length 为总长度，decimal 是小数点右边的位数
UPPER（expr）	将字符串中小写字母转换成大写字母
REVERSE（expr）	返回字符表达式的反转值
DIFFERENCE（char_expr1，char_expr2）	比较两个字符串
PATINDEX（'%parttern%'，'expr）	在给定的表达式中指定模式的起始位置

下面对几个常用字符串函数的应用举例说明。

【例 6-21】 ASCII 函数的用法。

SELECT ASCII('ABCDE')

执行结果为：65。

【例 6-22】 REPLACE 函数的用法。

```
SELECT REPLACE('CHINA','A','ESE')
```

执行结果为：CHINESE。

【例 6-23】 多个字符串函数组合起来的应用。

```
SELECT  CHARINDEX('cde','abcdefg',3) 子串位置,
         LEFT('abcdefg',5)  取左子串,
         RIGHT('abcdefg',2)  取右子串,
         SUBSTRING('abcdefg',3,5)  取子串,
         LEN('abcdefgh')      串长,
         UPPER('abcdefg')    小写转大写
SELECT  LTRIM('   abcdefg   ')    去左空格,
     RTRIM('   abcdefg   ')  去右空格,
     REPLACE('abcdefg','abc','ABCD') 替换子串,
     STR(123.4567,5,2)   数字转字符,
     CONVERT(float,'123.456') 字符转数字
```

执行的结果如图 6-21 所示。

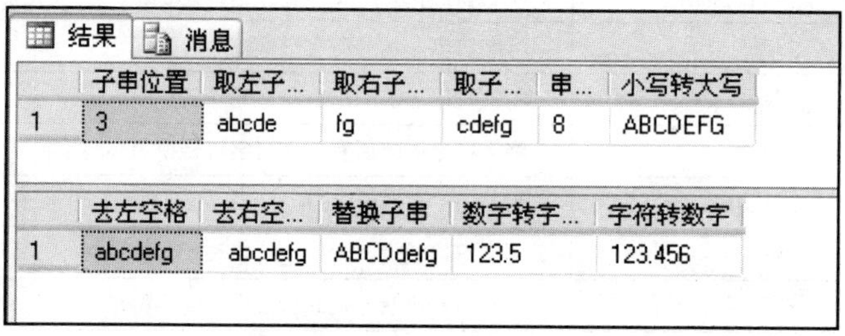

	子串位置	取左子...	取右子...	取子...	串...	小写转大写
1	3	abcde	fg	cdefg	8	ABCDEFG

	去左空格	去右空...	替换子串	数字转字...	字符转数字
1	abcdefg	abcdefg	ABCDdefg	123.5	123.456

图 6-21 例 6.23 执行结果

2. 数学函数

数学函数是对数学表达式进行多种运算的，这些运算包括代数、几何、统计等，能够进行运算的数据类型有 integer、float、decimal、real、smallint、tinyint 等。常用的数学函数如表 6-6 所示。

表 6-6 数 学 函 数

函 数 名 称	功 能 说 明
ABS（num_expr）	返回绝对值
SIGN（num_expr）	根据参数是正还是负，返回-1、+1 和 0。
SIN（float_expr）	正弦函数
COS（float_expr）	余弦函数
TAN（float_expr）	正切函数

续表

函 数 名 称	功 能 说 明
COT（float_expr）	余切函数
ASIN（float_expr）	反正弦函数
ACOS（float_expr）	反余弦函数
ATAN（float_expr）	反正切函数
ATN2（float_expr）	返回两个值的反正切弧度值
EXP（float_expr）	指数函数
LOG（float_expr）	计算以 2 为底的自然对数
LOG10（float_expr）	计算以 10 为底的自然对数
POWER（float_expr）	幂运算
SQRT（float_expr）	平方根函数
SQUARE（float_expr）	平方函数
FLOOR（num_expr）	返回小于等于一个数的最大的整数
ROUND（num_expr）	对一个小数进行四舍五入运算，使其具备特定的精度
DEGREES（float_expr）	返回弧度值相对应的角度值
RADINANS（float_expr）	返回一个角度的弧度值
CEILING（num_expr）	返回大于或等于所给数字表达式的最大整数
RAND（float_expr）	返回 float 类型的随机数，该数的值在 0～1 之间
PI	返回以浮点数表示的圆周率，是常量

【例 6-24】 ABS 函数的应用。

SELECT　ABS(-7)

执行的结果为：7。

【例 6-25】 RAND 函数的应用。

SELECT　ROUND(534.56,1),ROUND(534.56,0),
　　　　　　ROUND(534.56,-1),ROUND(534.56,-2)

SELECT　ROUND(534.5645,3),ROUND(534.5645,3,1),
　　　　　　ROUND(534.5645,3,3)

DECLARE　@abc bigint,@xyz bigint
　　　　　SET @abc=ROUND(534.56,-3)
　　　　　SET @xyz=ROUND(534.56,-4)

SELECT @abc,@xyz

执行结果如图 6-22 所示。

3. 日期和时间函数

图 6-22　例 6-25 执行结果

日期和时间函数是用来对日期和时间进行各种不同运算的，返回的是一个字符串、整数或日期和时间值。可以用在 SELECT 语句中，也可以用在 SELECT 和 WHILE 的子句中。常用的日期和时间函数如表 6-7 所示。

表 6-7　　　　　　　　　　　　　日 期 和 时 间 函 数

函 数 名 称	功 能 说 明
DATEADD（datepart，number，date）	返回给指定日期加上一个时间间隔后的新 datetime 值
DATEDIFF（datepart，date1，date2）	返回跨两个指定日期的日期边界数和时间边界数
DATENAME（datepart，date）	返回表示指定日期的指定日期部分的字符串
DATEPART（datepart，date）	返回日期 date 中 datepart 指定部分所对应的整数值
DAY（date）	返回一个整数，表示指定日期的天的部分
GETDATE（）	返回当前的日期与时间
MONTH（date）	返回表示指定日期的"月"部分的整数
YEAR（date）	返回表示指定日期的年份的整数

【例 6-26】　GETDATE 函数的应用。

　　SELECT　GETDATE（）当前日期

执行的结果如图 6-23 所示。

【例 6-27】GETDATE、DATEPART 和 DATENAME 的应用。

图 6-23　例 6-26 执行结果

　　　　SELECT　GETDATE()当前日期,DATEPART(yy,GETDATE())年,
　　　　　　DATENAME(mm,GETDATE())月,DATEPART(dd,GETDATE())日,
　　　　　　DATEPART(wk,GETDATE())全年第多少周,
　　　　　　DATEPART(dw,GETDATE())星期几

执行结果如图 6-24 所示。

图 6-24　例 6-27 执行结果

4. 聚合函数

聚合函数是用于对一组值进行计算并返回一个单一的值，聚合函数经常在 SELECT 语句的 GROUP BY 子句中使用，除 count（*）函数之外，聚合函数忽略空值。表 6-8 给出了聚合函数及其功能说明。

表 6-8　　　　　　　　　　　　　聚 合 函 数

函 数 名 称	功 能 说 明
AVG	返回一组值的平均值
COUNT	返回一组值中项目的数量，（返回值为 int 类型）

续表

函 数 名 称	功 能 说 明
COUNT（*）	返回所选择行的数量
MAX	返回表达式或者项目中的最大值
MIN	返回表达式或者项目中的最小值
SUM	返回表达式中所有项的和，或者只返回 DISTINCT 值。SUM 只能用于数字列
STDEV	返回表达式中所有值的统计标准偏差
CHECKSUM	返回在表中的行或者表达式列表计算的校验值，该函数用于生成哈希索引
GROUPING	产生一个附加的列，当用 CUBE 或 ROLLUP 运算符添加行时，附加的列输出为 1，当添加的行不是由 CUBE 或 ROLLUP 运算符产生时，附加的列输出为 0
VAR	返回表达式中所有值的统计标准方差

【例 6-28】 AVG 函数的应用。

USE 学生课程数据库

  SELECT   AVG(cgrade) AS 平均成绩

  FROM sc

  WHERE sno='95001'

执行结果如图 6-25 所示。

图 6-25 例 6-28 执行结果

【例 6-29】 SUM 函数的应用。

  USE 学生课程数据库

  SELECT   SUM(ccredit)as 总学分

  FROM   course

执行结果为：23。

5. 其他的系统函数

除了上面介绍的几类常用的函数，SQL Server 还有其他的一些经常用到的函数，例如下面的这些函数。

（1）CONVERT（data_type[（length）]，expression）：把表达式 expression 的数据类型转换成 data_type 类型。

（2）CAST（expression as data_type）：把表达式 expression 的数据类型转换成 data_type 类型，但格式转换没有 convert（）灵活。

（3）CURRENT_USER：返回当前用户的名字。

（4）DATALENGTH：返回用于指定表达式的字节数。

（5）HOST_NAME：返回当前用户所登录的计算机名。

（6）HOST_ID：返回服务器端计算机的 ID 号。

（7）SYSTEM_USER：返回当前所登录的用户名称。

（8）USER_NAME：从给定的用户 ID 返回用户名。

（9）DB_ID：返回数据库的 ID。

（10）DB_NAME：返回数据库的名称。

（11）COALESCE：返回第一个非空表达式。

（12）COL_NAME（table_ID，列 ID）：返回表中的列名，table_ID 为数据表的 ID。

（13）COL_LENGTH（'table_name'，'列名称'）：返回指定字段的长度。

（14）ISDATE（expr）：检查给定的表达式是否为有效的日期格式。

（15）ISNUMERIC（expr）：检查给定的表达式是否为有效的数字格式。

（16）ISNULL（expr）：用指定值替换表达式中的空值。

（17）NULLIF（expr1，expr2）：如果两个表达式相等，则返回 NULL 值。

（18）OBJECT_ID：返回数据库对象的 ID。

（19）OBJECT_NAME：返回数据库对象的名称。

【例 6-30】 CAST 函数的应用，输出 2010 年 7 月 1 日加上 55 天的日期。

```
SELECT    CAST('2010-7-1' AS smalldatetime)+ 55
                AS '2010 年 7 月 1 日加上 55 天的日期'
```

执行的结果如图 6-26 所示。

【例 6-31】 下面的语句是循环输出"学生课程数据库"中的所有的列名。

```
USE    学生课程数据库
DECLARE    @x int
SET    @x=0
WHILE    @x<=5
BEGIN
PRINT    COL_NAME(OBJECT_ID('student'),@x)
SET    @x=@x+1
END
```

执行结果如图 6-27 所示。

图 6-26　例 6-30 执行结果　　　　图 6-27　例 6-31 执行结果

【例 6-32】 下面的语句的执行结果如图 6-28 所示。

```
SELECT
        CURRENT_USER    当前用户,
        DATALENGTH('我爱我家') 字节数,
        HOST_NAME()    计算机名称,
        SYSTEM_USER    当前登录用户名,
USER_NAME(1) 根据用户 ID 返回的用户名
```

	当前用户	字节...	计算机名称	当前登录用户名	根据用户ID返回的用户名
1	dbo	8	PC2010110318SMV	sa	dbo

图 6-28 例 6-32 执行结果

6.2.3.2 用户自定义函数

用户在编写程序时，除了能够调用系统提供的函数外，还可以编写自己的函数。SQL Server 2005 支持三种类型的用户自定义函数：标量值函数、内联表值函数、多语句表值函数，具体说明如下：

（1）标量值函数：只有一个数据类型的返回值，返回值是标量值。

（2）内联表值函数：返回值不是一个单一的变量，而是一个可更新表。

（3）多语句表值函数：返回值是一个表，为不可更新表，与内联表值函数的区别是在返回值之前还有其他的 T-SQL 语句。

下面介绍自定义函数的创建及应用的过程，创建自定义函数可以通过图形界面实现，也可以使用代码程序创建，如果想使用用户创建的函数可直接调用函数。

用户使用代码操作语句有用 CREATE FUNCTION 创建自定义函数，用 ALTER FUNCTION 修改函数，用 DROP FUNCTION 删除函数。SQL Server2005 系统没有对用户自定义的函数接受参数的个数作限制，参数可以没有也可以是多个参数，最多可输入 1024 个参数，返回值是单个值或者单个的表。

1. 图形界面创建自定义函数

连接数据库，在"数据库"节点上展开，找到要创建函数的数据库，展开节点，找到"可编程性"展开，在"函数"节点上右击，在"新建"快捷菜单中会出现自定义函数的三种类型，如图 6-29 所示。

选择新建"内联表值函数"，出现一个新的查询窗口，即 T-SQL 语句编辑窗口，在函数模版窗口中，书写函数的名称、参

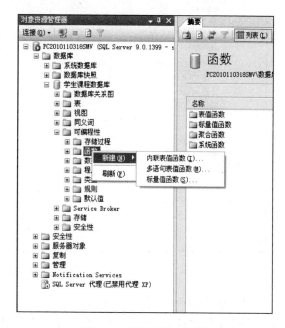

图 6-29 新建函数对话框

数、逻辑关系以及表达式等。例如，要创建一个显示某个学生成绩的函数，程序如下所示：

```
CREATE   FUNCTION   [dbo].[cxcj]
(
        @abc varchar(12)
)
RETURNS   TABLE
```

```
AS
RETURN
(
    SELECT    sc.sno,course.cname,sc.cgrade
        FROM    sc
        INNER   JOIN   course   ON(course.cno=sc.cno)
        WHERE   [sno]=@abc
)
```

程序执行后，在"表值函数"的节点下就增加了刚刚创建的函数 cxcj，如图 6-30 所示。

图 6-30　创建的内联表值函数

用户如果不再需要自定义的函数时，可在创建的函数节点上右击，单击"删除"，也可以在弹出的快捷菜单中对函数进行重命名或者修改的操作。

2. 编写程序创建自定义函数

除了用上面的图形界面创建函数，SQL Server 还提供了使用代码编写程序来创建自定义函数的方法，只需在查询分析器中输入要编写的代码，执行之即可生成自定义的函数。下面根据自定义函数的三种类型分别介绍函数的语法格式以及应用。

（1）标量值函数。创建标量函数的语法个数如下：

```
CREATE   FUNCTION   FunctionName
(
```

```
    <@Param1 > <Data_Type_For_Param1 >
)
RETURNS <Function_Data_Type >
AS
BEGIN
    T-SQL 语句| T-SQL 语句块
END
```

参数说明如下：

1）FunctionName：自定义创建的函数的名称；

2）Data_Type_For_Param1：对应的局部变量 Param1 的数据类型；

3）Function_Data_Type：返回值的数据类型；

4）T-SQL 语句| T-SQL 语句块：是函数的主体。

【例 6-33】 下面是标量函数的应用，返回两个数中较小的一个。

```
CREATE   FUNCTION   min2（@var1 real，@var2 real）
RETURNS   real
AS
BEGIN
        DECLARE   @var real
        IF    @var1<@var2
        SET    @var＝@var1
        ELSE
        SET    @var＝@var2
    RETURN （@var）
END
```

注：创建完成之后，可以看到在"对象资源管理器"窗口下的"标量值函数"节点下增加了刚创建的 min2 函数，带有所有者的函数"dbo.min2"。下面的内联表值函数和多语句表值函数也类似，只是这两个函数都属于"表值函数"的节点下。

（2）内联表值函数。创建内联表值函数的语法格式如下：

```
CREATE   FUNCTION   FunctionName
(
    <@param1> <Data_Type_For_Param1 >
)
RETURNS   TABLE
AS
RETURN
(
```

> T-SQL 语句| T-SQL 语句块
)

参数说明如下：

1）FunctionName：自定义创建的函数的名称。

2）Data_Type_For_Param1：对应的局部变量 Param1 的数据类型。

3）TABLE：返回的以表代表的记录集。

4）T-SQL 语句| T-SQL 语句块：是函数的主体。

在图形界面中已作说明，只需在函数的模板中加入参数、函数的主体，这里不再举例。

（3）多语句表值函数。创建多语句表值函数的语法格式如下：

```
CREATE    FUNCTION    FunctionName
(
    <@param1 > <data_type_for_param1 >
)
RETURNS    TABLE
(
        <Column_1 > <Data_Type_For_Column1 >
)
AS
BEGIN
        T-SQL 语句| T-SQL 语句块
END
```

参数说明如下：

1）FunctionName：自定义创建的函数的名称；

2）Data_Type_For_Param1：对应的局部变量 Param1 的数据类型；

3）Column_1：定义返回表的列名；

4）Data_Type_For_Column1：定义返回表的列的数据类型；

5）T-SQL 语句| T-SQL 语句块：是函数的主体，包含多个 T-SQL 语句，还可以包含系统函数，如聚合函数等。

多语句表值函数需要返回表的类型，并且要用 INSERT 语句向返回表变量中插入记录。

【例6-34】下面的这个多语句表值函数是要输出某个学生的平均分，定义函数名为 pjcj，参数为 ab；返回的表也要定义，定义的列参数 st 的值通过 INSERT 输入；表的列名为 aveg；根据提供给函数的参数，即局部变量 ab，返回一个表变量。

```
CREATE    FUNCTION    pjcj(@ab char(5))
        RETURNS    @st TABLE
    (
            averg float
```

```
        )
AS
    BEGIN
        INSERT    @st
        SELECT    AVG(sc.cgrade)
        FROM    sc
        WHERE    sc.sno=@ab
        RETURN
END
```

（4）删除用户自定义的函数。如果用户不再需要某些创建的函数时，可以在上面提到的图形界面下直接删除，也可以利用代码程序删除，例如在新建的查询分析器中输入下面的代码，即可将创建的函数 min2 删除。

USE 学生课程数据库

DROP FUNCTION min2

3. 自定义函数的调用

用户创建完函数之后，就要应用到程序中，以上面创建的 3 个函数为例，分别介绍它们的应用。

（1）标量函数的调用。用户可以使用 SELECT、PRINT、EXEC 语句调用标量函数，后面是函数名，或者是带有所有者的函数名。

【例 6-35】 分别用 SELECT、PRINT、EXEC 语句调用标量函数 min2。

1）SELECT 学生课程数据库. dbo. min2（45.3，32）

执行结果返回为：32。

2）PRINT 学生课程数据库.dbo.min2（50，7.5）

执行结果返回为：7.5。

3）USE 学生课程数据库

DECLARE @var real

EXEC @var＝dbo.min2 23.1，67

SELECT @var

执行结果返回为：23.1

（2）表值函数的调用。内联表值函数和多语句表值都属于表值函数，它们的调用方法相同。只能用 SELECT 语句调用。

【例 6-36】 下面的语句是调用函数 cxcj，查看某个学生各门课的成绩。

USE 学生课程数据库

SELECT *

FROM cxcj('95001')

执行结果如图 6-31 所示。

	sno	cname	cgrade
1	95001	数据库	92
2	95001	数学	85
3	95001	信息系统	88

图 6-31 例 6-36 执行结果

第 7 章 数 据 库 与 表

SQL Server 2005 的数据库是所涉及的对象以及数据的集合。它不仅反映数据本身的内容，而且反映对象以及数据之间的联系。在 SQL Server 2005 中，数据库是存放数据的，在设计应用程序时，必须先设计数据库。SQL Server 2005 能够支持许多数据库，每个数据库可以存储来自其他数据库的相关或不相关数据。例如，服务器可以有一个数据库存储学生数据，另一个数据库存储与课程相关的数据。

表是 SQL Server 2005 数据库中的主要对象，用来存储数据信息。每个表代表一类对用户有意义的对象。在这一章中将详细介绍数据库以及表的建立、修改、删除等的过程。

7.1 数据库概述与操作

在 SQL Server 2005 中包括数据库对象、系统数据库以及相关的存储结构。

7.1.1 数据库概述

7.1.1.1 数据库对象

在 SQL Server 2005 的数据库是由表、视图、存储过程等组成，这些用来存储数据或对数据进行操作的实体被称为数据库对象。表 7-1 列出了各个数据库对象的功能。

表 7-1　　　　　　　　　　　　SQL Server 2005 数据库常用对象

数 据 库 对 象	功 能 说 明
表	用于组织和存储数据，由行和列构成，每行称为一个记录
数据类型	定义列或变量的数据类型
视图	实现用户的查询功能，并没有真正数据在视图里存放
索引	方便用户快速找到所需的信息
存储过程	用于执行特定功能的 SQL 语句集合
触发器	一种特殊类型的存储过程，能够在某个规定的事件发生时触发执行

7.1.1.2 系统数据库

SQL Server 2005 有两类数据库：系统数据库和用户数据库。系统数据库存储有关 SQL Server 的系统信息，是系统管理的依据。包括 master、model、msdb 和 tempdb，用户不能直接修改这些系统数据库，也不能在系统数据库表上定义触发器。各个系统数据库的功能如表 7-2 所示。

表 7-2　　　　　　　　　　　　SQL Server 2005 系统数据库

系统数据库名	功　能　说　明
master 数据库	记录了 SQL Server 实例的所有系统级信息，例如登录账户、链接服务器和系统配置设置还记录了所有其他数据库是否存在以及这些数据库文件的位置和 SQL Server 实例的初始化信息。禁止用户对其进行直接访问，同时要确保在修改之前始终有一个完整的、最新的 master 数据库备份
model 数据库	是用作 SQL Server 实例上创建所有数据库的模板对 model 数据库进行的修改（如数据库大小、排序规则、恢复模式和其他数据库选项）将用于以后创建的所有数据库
tempdb 数据库	用于保存临时对象或中间结果集，包括：显示创建的临时的表、存储过程、表变量或游标；当快照隔离激活时，所有更新的数据信息；由 SQL Server 创建的内部工作表；创建或重建索引时产生的临时排序结果
msdb 数据库	用于 SQL Server 代理程序调度警报和作业

SQL Server 2005 安装完成之后，安装程序将自动创建系统数据库的数据文件。SQL Server 2005 不支持用户直接更改系统对象的信息，如系统表、系统存储过程和目录视图等。

它提供了一个管理工具：对象资源管理器，使用户可以充分管理系统和数据库中的用户和对象。

7.1.1.3　SQL Server 数据库的存储结构

数据库的存储结构分为逻辑存储结构和物理存储结构两种。数据库的逻辑结构指的是数据库是由哪些性质的信息所组成的，SQL Server 的数据库不仅仅只是数据的存储，所有与数据处理操作相关的信息都存储在数据库中。实际上，SQL Server 的数据库是由表、视图、索引等各种不同的数据库对象所组成，它们分别用来存储特定信息并支持特定功能，构成数据库的逻辑存储结构。数据库的物理存储结构则是讨论数据库文件在磁盘中是如何存储的，数据库在磁盘上是以文件为单位存储的，由数据库文件和事务日志文件组成的，一个数据库至少应该包含一个数据库文件和一个事务日志文件。

1. 数据库文件

数据库文件包含主数据文件、次数据文件和事务日志文件共 3 类，各数据库文件的功能说明如表 7-3 所示。

表 7-3　　　　　　　　　　　　数　据　库　文　件

数据库文件	功　能　说　明
主数据文件	是数据库的起点，指向数据库中文件的其他部分。该文件是数据库的关键文件，包含了数据库的启动信息，并且存储部分或者是全部数据。主文件是必选的，即一个数据库有且只有一个主数据库文件，其扩展名为 mdf，简称主数据文件
次数据文件	用于存储主文件中未包含的剩余数据和数据库对象，辅助数据文件不是必选的，即一个数据库有一个或多个辅助数据文件，也可以没有辅助数据文件。使用辅助数据库文件的优点在于，可以在不同物理磁盘上创建辅助数据库文件并将数据存储在文件中，这样可以提高数据处理的效率。另外，当数据庞大时，使得主数据库文件的大小超过操作系统对单一文件大小的限制，此时便需要使用辅助数据库文件来帮忙存储数据。其扩展名为 ndf

续表

数据库文件	功 能 说 明
事务日志文件	用于存储恢复数据库所需的事物日志信息，是用来记录数据库更新情况的文件。事物日志文件也是必选的，即一个数据库可以有一个或多个事物日志文件。日志文件的大小至少是 512KB。在 SQL Server 中，事务日志采用提前写入的方式，即对数据库的修改先写入事务日志中，然后再写入数据库。为了提高执行效率，更改不会立即写到硬盘中。SQL Server 在执行数据更改时会设置一个开始点和一个结束点，如果尚未到达结束点就因某种原因使得操作中断，则在 SQL Server 重新启动时会自动恢复已修改的数据，使其返回未被修改的状态。其扩展名为 ldf

2. 数据库文件组

为了便于分配和管理，SQL Server 允许将多个文件归纳为一组，并赋予一个名称，这就是文件组。与数据库文件一样，文件组也分主文件组和次文件组。一个文件只能存在于一个文件组中，一个文件组也只能被一个数据库使用；日志文件是独立的，它不能作为任何文件组的成员，也就是说，数据库的数据内容和日志内容不能存入相同的文件组中。主文件组中包含了所有的系统表，当建立数据库时，主文件组包括主数据库文件和未指定组的其他文件；在次文件组中可以指定一个缺省文件组，在创建数据库对象时，如果没有指定将其放在哪一个文件组中时，将被放入缺省文件组中。没有指定缺省文件组，则主文件组为缺省文件组。

在创建数据库文件组时，必须要遵循以下规则：

（1）一个文件或文件组只能被一个数据库使用。

（2）一个文件只能属于一个文件组。

（3）数据和事务日志不能共存于同一个文件或文件组上。

（4）日志文件不能属于文件组。

3. 数据库文件的物理空间分配

数据库的物理存储对象是页面和簇，这两个单位可以用来计算数据库所占用的空间。

（1）页面。SQL Server 中的所有信息都存储在页面上，页面是 SQL Server 存储数据的基本单位。每个页的大小为 8KB，前 132 个字节为页头，后面的 8060 字节存储数据。页面头被 SQL Server 用来唯一地标识存储在页面中的数据。

（2）簇。簇是由 8 个连续的页面组成的数据结构，大小为 $8 \times 8KB = 64KB$。当创建一个数据库对象时，SQL Server 会自动以区为单位给它分配空间。每一个区只能包含一个数据库对象。

7.1.2　创建数据库

在使用数据库之前，必须先创建数据库，在 SQL Server 2005 中，用户可以创建自己的数据库，并且可以对数据库进行修改、删除、更新等操作。

本章以一个"学生课程数据库"为例，说明在 SQL Server 中使用向导创建数据库的过程。包括确定数据库的名称、文件名称、数据文件大小、数据库的字符集、是否自动增长以及如何自动增长等信息，详细过程如下：

（1）在创建数据库之前，首先启动 SQL Server Management Studio，选择"开始"|"所有程序"|"Microsoft SQL Server 2005"|"SQL Server Management Studio"命令，即可启动

SQL Server 管理控制器，出现"连接到服务器"对话框，如图 7-1 所示。

图 7-1 "连接到服务器"对话框

（2）在"连接到服务器"对话框中，选择"服务器名称"为"JHY-59C32897C54"，"身份验证"为"Windows 身份验证"，单击"连接"按钮，即连接到指定的服务器，进入 SQL Server Management Studio 主界面，即对象资源管理器，如图 7-2 所示。

图 7-2 对象资源管理器

（3）在打开的"对象资源管理器"窗口中，在"数据库"对象上单击鼠标右键，弹出快捷菜单选择"新建数据库"命令，如图 7-3 所示。

（4）在弹出的"新建数据库"窗口中，有 3 个选项卡，分别为如下内容所述。

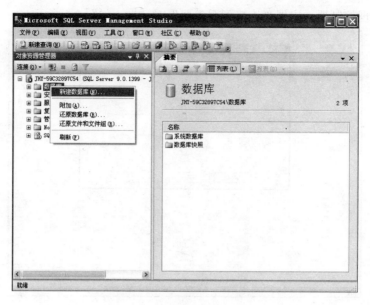

图 7-3 "新建数据库"命令

1)"常规"选项卡,在这里已经存在一个主数据文件和一个事务日志文件,它们是由系统使用的文件,因此,它们的文件类型与文件组不能更改。

在"数据库名称"中输入数据库名称"学生课程数据库",此时,系统自动命名数据库文件与日志文件的逻辑名、文件类型、文件组、自动增长和默认路径。"所有者"文本框后是浏览按钮,在弹出的列表框中选择数据库的所有者,数据库的所有者是对数据库具有完全操作权限的用户,这里选择"默认值"选项。表示数据库所有者为用户登录 Windows 操作系统使用的管理员账户。设置好的"常规"选项卡如图 7-4 所示。

图 7-4 "新建数据库"命令的"常规"选项卡

在"常规"选项卡中的文件逻辑名称、初始大小、自动增长及路径可以由用户自行设置。例如，单击数据库文件的"逻辑名称"，可以修改主数据库文件和事务日志文件，如图7-5 所示。

如果要增加数据文件，单击"添加"按钮，"数据库文件"列表中将出现一个新的文件位置，单击"逻辑名称"文本框，输入名称"学生2"，在"文件类型"下拉框中选择"数据"，如图7-6 所示。在"文件组"下拉框中选择"新文件组"，如图7-7 所示，即弹出如图7-8 所示新建文件组对话框。调整"初始大小"的微调按钮，可以改变文件的初始大小，如图7-9 所示。

图 7-6　设置文件类型

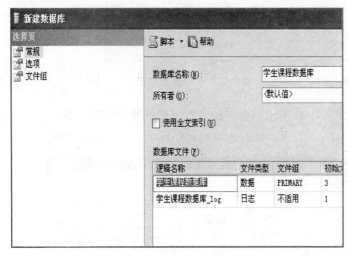

图 7-5　修改逻辑名称

图 7-7　设置文件组

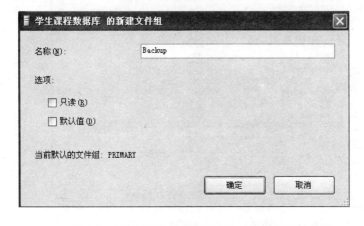

图 7-8　"学生课程数据库"新建文件组对话框

图 7-9　设置初始大小

单击"自动增长"后面的文本框，弹出"更改 学生课程数据库"的自动增长设置，如图7-10 所示。在该对话框中可以更改"文件的增长"方式，以及"最大文件大小"的是否限制。

单击"路径"列后面的文本框按钮，可以更改数据库文件的存放位置。这里将数据库存放到 E:\举例 文件夹下。

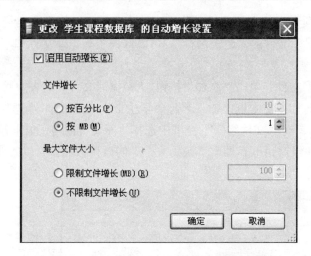

图 7-10 "学生课程数据库"自动增长设置

2）在"选项"页中，如图 7-11 所示，可以设置数据库的排序规则、恢复模式、兼容级别，以及恢复选项、游标选项、杂项、状态选项和自动选项，这里均采用默认设置。

图 7-11 新建数据库"选项"页

3）在"文件组"页中，如图 7-12 所示，可以设置或添加数据库文件和文件组的属性以及是否为默认值，这里均采用默认设置。

（5）设置完成后，单击"确定"按钮，"学生课程数据库"创建完成，在"对象资源管理器"窗口中出现一个新的数据库，如图 7-13 所示。此时在 E:\举例 中增加了学生课程数据库.mdf 和学生课程数据库_log.ldf 两个文件。

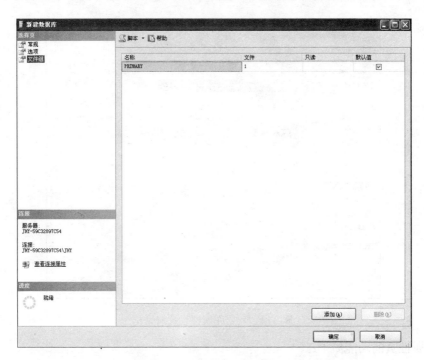

图 7-12　新建数据库"文件组"页

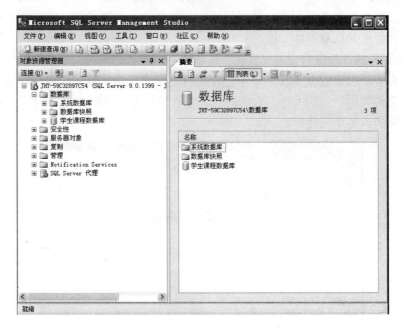

图 7-13　创建学生课程数据库

7.1.3　配置数据库

数据库都由一些参数来决定其属性，数据库创建之后，需要更改数据库的某些设置以及创建时无法设置的属性，在需要修改的数据库名称上单击鼠标右键，在弹出的快捷菜单中选择"属性"命令，进入"数据库属性"窗口，如图 7-14 所示。

图 7-14　数据库属性设置对话框

每个属性页的功能如下：

（1）"数据库属性"窗口中的"常规"选项页显示当前数据库的基本信息，包含数据库备份日期、数据库日志备份日期、数据库状态、所有者、创建日期、数据库大小、可用空间等，该页数据库的信息不能修改。

（2）"数据库属性"窗口中的"文件"选项显示当前数据库的文件信息，包含该数据库的名称、所有者，以及数据库文件组中包含的数据库文件和数据库日志文件的信息，包含文件名称、文件类型、初始大小、自动增长、存放路径等。如图 7-15 所示，详细运用在前面创建数据库的内容中已经提到。

图 7-15　数据库文件设置

（3）"数据库属性"窗口中的"文件组"选项页显示数据库文件组的信息，用户可以设置使用默认值，也可以新建文件组，如图 7-16 所示。

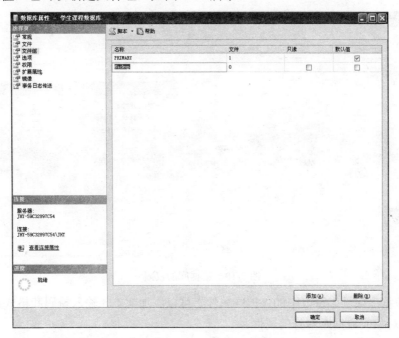

图 7-16　数据库文件设组置

（4）"数据库属性"窗口中的"选项"是显示当前数据库的选项信息，包括排序规则、恢复模式、兼容级别，以及恢复、游标、杂项等选项，如图 7-17 所示。

图 7-17　数据库选项设置

（5）"数据库属性"窗口中的"权限"显示当前数据库的使用权限，并可以选择对象类型添加数据库的使用权限，如图 7-18 所示。

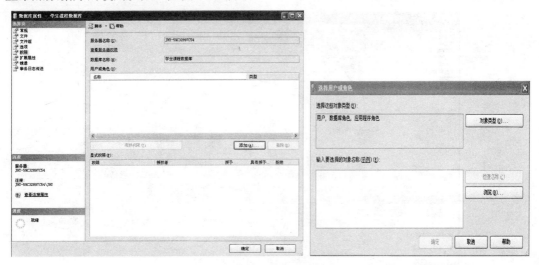

图 7-18　数据库的权限

（6）"数据库属性"窗口中的"扩展属性"可以添加文本，输入掩码和格式规则，将其作为数据库对象或数据库本身的属性。

（7）"数据库属性"窗口中的"镜像"显示当前数据库的镜像设置属性，用户可以设置服务器网络地址的主体服务器、镜像服务器、见证服务器，以及主体服务器和镜像服务器的运行模式，如图 7-19 所示。

图 7-19　数据库的镜像设置

（8）"数据库属性"窗口中的"事务日志传送"显示当前数据库的日志传送配置信息，用户可以设置当前数据库的事务日志备份、辅助数据库以及监视服务器。

7.1.4 删除数据库

当不再需要数据库，或者出现错误时，可以将其删除。用户只能根据自己的权限删除用户数据库，不能删除系统数据库，也不能删除正在使用的数据库，以及正在被恢复还原和参与复制的数据库。数据库删除之后，文件及其数据都从服务器上的磁盘中删除，一旦数据库被删除，它即被永久删除，并且不能进行检索。

若要删除数据库，可选中数据库，单击鼠标右键，在弹出的快捷菜单中选择"删除"命令，进入如图 7-20 所示的对话框，选中需要删除的数据库，并选中"关闭现有的连接"选项，单击"确定"按钮，即可将数据库永久删除。

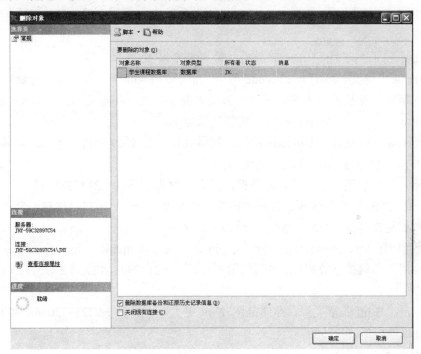

图 7-20　删除数据库

7.2 表 概 述 与 操 作

当 SQL Server 数据库建立之后，就要建立存储数据的表了。接下来将介绍表的基本情况与使用。

7.2.1 表的概念

表是数据库中最重要的部分，包含着数据库中的所有数据。在数据库中，表是反映现实世界某类事物的数学模型，在 SQL Server 2005 中一个数据库最多可以存储 20 亿个表。

表是由行和列组成的，在数据库中，表的每一行表示唯一的一条记录，每行最多可以存储 8092 个字节。表的每一列表示数据库的一个属性，每个表最多可以存储 1024 列。现实世界中的事物的属性对应表的列。例如，在包含有学生信息的表中，每一行代表一个学生的基本记录，这个记录整体反映一个学生的基本信息；而每个学生又有姓名、学号、年龄等信息，这些属性反映到表中就是表的列。

7.2.2　表的数据类型

在 SQL Server 中，提供了多种的数据类型，SQL Server 要求表中每一列具有相同的数据类型，如果要是修改开始设置的数据类型，将会影响到这一列中的所有行。因此，在建表时一定要确保表中的列选择了恰当的数据类型。表的数据类型有以下几种。

（1）字符型：char、nchar、varchar、nvarchar、text、ntext。

1）char：固定长度的非 Unicode 字符数据，最大长度为 8000 个字符，其定义形式为 char（n），n 的取值在 1~8000，当用 char 数据类型存储数据时，每个字符和符号占用一个字节的存储空间。

2）nchar：固定长度的 Unicode 数据，最大长度为 4000 个字符。

3）varchar：可变长度的非 Unicode 数据，最长为 8000 个字符。用于存储字母数字数据，每行的字符是变长的，定义的长度即为最大的字符数。其定义形式为 varchar（n），如果没有指定 n 的大小，即 varchar（），其默认值为 1。

4）nvarchar：可变长度 Unicode 数据，其最大长度为 4000 字符。除了以 Unicode 格式存储字符外，其余的与 varchar 类型完全相同。

5）text：可变长度的非 Unicode 数据，最大长度为 $2^{31}-1$（2147483647）个字节。

6）ntext：可变长度 Unicode 数据，其最大长度为 $2^{30}-1$（1073741823）个字节。存储在其中的数据通常是能直接输出到显示设备上的字符。

（2）数值型：int、bigint、smallint、tinyint、decimal/numeric、float、real。

1）int：用于存储整型数据，存储的范围为 -2^{31}（-2147483648）到 $2^{31}-1$（2147483647）的整型数据。

2）bigint：与 int 非常类似，存储范围较 int 更大，-2^{63}（-9223372036854775808）到 $2^{63}-1$（9223372036854775807）。

3）smallint：存储范围较小，为 -2^{15}（-32768）到 $2^{15}-1$（32767）。

4）tinyint：从 0～255 的整数数据，在使用小的存储范围的数据类型时，一定要注意不要超出其限制的范围。

5）decimal/numeric：从 $-10^{38}+1$～$10^{38}-1$ 的固定精度和小数位的数字数据。

6）float：从 $-1.79E+308$～$1.79E+308$ 的浮点精度数字。用来存储小数点不固定的数值，可以精确到第 15 位小数。如果不指定 float 数据类型的长度，它将占用 8 个字节的存储空间。

7）real：与 float 的类型非常相似，但具有更广的数值范围，为 $-3.40E+38$～$3.40E+38$。

（3）货币类型：money、smallmoney。

1）money：用于存储货币值，货币数据值介于 -2^{63}（-9223372036854775808）到 $2^{63}-1$（9223372036854775807）之间，精确到货币单位的 10‰。

2）smallmoney：与 money 类型相似，只是范围不同，为－214748.3648 到 214748.3648，使用 4 个字节存储数据。精确到货币单位的 10‰。

（4）时间类型：datetime、smalldatetime。

1）datetime：用于存储日期和时间的结合体，从 1753 年 1 月 1 日到 9999 年 12 月 31 日的日期和时间数据，精确到百分之三秒（或 3.33ms）。当用 datetime 数据类型存储数据时，默认格式为 MM DD YY hh：mm A.M/P.M，当插入数据或在其他地方引用 datetime 类型时，需要用单引号把它括起来。

2）smalldatetime：与 datetime 相似，范围不同，从 1900 年 1 月 1 日到 2079 年 6 月 6 日，精度为 1min。

（5）二进制类型：binary、varbinary、image。

1）binary：固定长度的二进制数据，其最大长度为 8000 个字节，主要用来存储标记或标记组合的数据。定义形式为 binary（n），数据的存储长度是固定的。

2）varbinary：与 binary 是相似的，但可以存储不同长度的二进制数值。

3）image：用于存储照片、目录图片或图画，是可变长度的二进制数据，其长度为 2147483647 个字节。

（6）其他类型：bit、XML、Timestamp、Uniqueidentifier、crusor、sql_variant。

1）bit：位数据类型，1 或 0 的整数数据，长度为 1 个字节。常用来进行逻辑运算。

2）XML：一种新型的数据类型，用来将 XML 实例存储在字段中或 XML 类型的变量中。

3）Timestamp：数据库范围的唯一的数字，每次更新时也进行更新，反映数据库中数据修改的相对顺序，相当于一个单调上升的计数器。称为时间戳数据类型，不需要为其提供数值。

4）Uniqueidentifier：存储全局唯一标识符。通常由 SQL server 在插入或修改记录时创建。

5）crusor：游标，以驻留内存的状态进行存储，提供了一种表中检索数据并进行操作的灵活手段，主要用在服务器上，处理由客户端发送给服务器端的 SQL 语句，或是批处理、存储过程、触发器中的数据处理请求。有数据行和列，没有索引。优点在于它可以定位到结果集中的某一行，并可以对该行数据执行特定操作，为用户在处理数据的过程中提供了很大方便。

6）sql_variant: 用于存储 SQL Server 2005 支持的各种数据类型，不包括 text、ntext、image、timestamp。sql_variant 的最大长度可以是 8016 个字节。这包括基类型信息和基类型值。实际基类型值的最大长度是 8000 个字节。

7.2.3 创建表

利用 SQL Server 管理控制器建立表，这里以建立前面"学生课程数据库"中的表为例，介绍表的基本操作，包括创建、修改、删除表及对表的操作等。

在创建表时有几点需要注意，同一个表中不允许出现重复的列名，每一个列名包含的字符是 128 个，可以包含中文、英文字母、"＃"号、"￥"货币符号、下划线和@符号。

"学生课程数据库"中包含了 3 个表，分别是 student 表、course 表、sc 表，这些表的设置如表 7-4～表 7-6 所示。

表 7-4   **student 表**

列　名	数 据 类 型	是否允许为空	是 否 主 键
sno	varchar（10）	不允许	主键
sname	varchar（20）	允许	
sgender	char（2）	允许	
sage	int	允许	
sdept	varchar（20）	允许	

表 7-5   **coruse 表**

列　名	数 据 类 型	是否允许为空	是 否 主 键
cno	varchar（10）	不允许	主键
cname	varchar（20）	允许	
ccredit	smallint	允许	

表 7-6   **sc 表**

列　名	数 据 类 型	是否允许为空	是 否 主 键
sno	varchar（10）	不允许	主键
cno	varchar（10）	不允许	主键
cgrade	smallint	允许	

图 7-21　新建 student 表

创建表的具体步骤是：

（1）启动 SQL Server 管理控制器，在"对象资源管理器"中展开所登录的服务器，展开"数据库"节点。

（2）选中数据库"学生课程数据库"，展开"学生课程数据库"。

（3）选中"表"，右击，在弹出的快捷菜单中选择"新建表"，如图 7-21 所示。

（4）打开表设计器窗口，在"列名"框中输入表的字段名，"数据类型"框中输入字段的数据类型、长度，在"允许空"中输入是否为空等属性。

例如，在需要创建的 student 表中，在"列名"下输入学生的属性名（包括 sno、sname、sgender、sage、sdept），在对应的"数据类型"栏中选择各自的数据类型及长度，在"允许空"栏中，将字段可以为空值的复选框打上"√"，如图 7-22 所示。

在表设计器窗口的下方，对应着"列属性"对话框，每个列对应一个"列属性"，其中的内容为：

1）名称：字段的名称。

2）长度：数据类型的长度。

3）默认值或绑定：字段默认的值，如果没有给字段赋值，那么字段的值就是默认值。

4）数据类型：字段的数据类型。

5）允许空：在添加记录时该字段是否允许为空值。

6）说明：对该字段的说明信息。

（5）为了保证数据库中表的数据的正确、一致，需要对表中的字段进行约束设置。对表的任一行单击鼠标右键，会弹出图 7-23 所示对话框。可以设置主键、插入列、删除列、设置表之间的关系、建立索引等。在创建表时首先设置好主键，约束了主键的列不可以出现两个或两个以上的重复值。

图 7-22　student 表的设置

图 7-23　字段的属性

（6）设置完成后，单击工具栏中的"保存"按钮，会弹出图 7-24 所示的对话框。在表名称框中填入表名 student，单击"确定"，这样就创建了一个表。

图 7-24　输入表的名称

7.2.4　约束

约束是指表中数据应满足一些强制性条件，这些条件是由用户来创建的。约束为 SQL Server 2005 的数据完整性提供了保证，它通过限制字段的属性、表与表之间的关系，使得用户修改一个表的记录时，不会影响到其他的表。SQL Server 2005 对表的约束有 5 种：非空约束、检查约束、唯一约束、主键约束、外键约束。

1. 非空约束

非空约束是指该字段为非空，即不接受空值（NULL），主键列不允许为空值，例如 student 表中的 sno（学号）设置为主键不允许为空，否则就不能标识唯一性了。

打开表设计器，在"允许空"复选框上，不勾"√"即可设置了非空约束，如图 7-25 所示。

图 7-25 设置空值约束

2. 检查约束

检查约束是指对输入到一列或多列中的可能值进行限制。例如，student 表中的 sgender 列，只能取"男"或"女"。

打开表设计器，在需要设置检查约束的字段上，单击右键，例如 student 表中的 sgender 字段上右击，弹出的如图 7-26 所示快捷菜单，在弹出的快捷菜单中选择"CHECK 约束"，即弹出图 7-27 所示的对话框。

图 7-26 设置字段属性

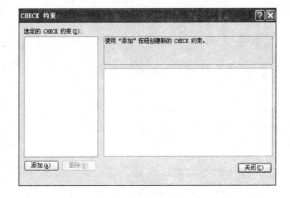

图 7-27 设置 CHECK 约束

单击"添加"，在"常规"下的"表达式"右边的"…"按钮上单击，在弹出的窗口中填上表达式"sgender='男' OR sgender='女'"，如图 7-28 所示，单击"确定"回到 CHECK 约束对话框，在"标识"选项区的"名称"文本框中输入检查约束的名称"CK_student"，单击"关闭"按钮，然后单击"保存"选项保存该表的修改。

图 7-28 设置 CHECK 约束表达式

3. 主键约束

主键约束是指在数据库表中一列或多列的组合被设置为主键约束，在输入数据时就不允许出现有两个或两个以上相同的值。例如，在 student 表中，学号 sno 不允许有重复的，需被设置成主键。

在需要设置为主键的数据库表中的字段上单击鼠标右键，在弹出的快捷菜单中选择"设置主键"命令，即设置了主键约束，如图 7-29 所示。

4. 唯一约束

唯一约束是指在数据库表中的某列不允许出现两个或两个以上的相同的值。例如，student 表中的学号列就不允许出现两个和两个以上相同的学号，学号是学生在学校的身份证明，具有唯一性。唯一性约束不同于主键约束，数据库中的表只能定义一个主键，而且主键不允许为空，而唯一性约束可以定义多个，且可以允许为空。

在需要设置唯一约束的数据库表中的字段上，单击鼠标右键，在弹出的快捷菜单中选择"索引/键"命令。例如，在 student 表中的 sno 需要设置成唯一约束，在 sno 字段上单击右键选取"索引/键"命令，弹出图 7-30 所示对话框，选择"添加"，在"常规"下面的"唯一性的"后面选择"是"，然后单击"关闭"按钮即设置了唯一约束。

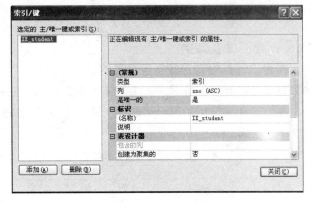

图 7-29 设置主键　　　　　　　　图 7-30　设置唯一约束

5. 外键约束

外键约束是用来参照多个有着相同的列的表的完整性方式，表中的主键或外键的数据必须保持一致，这就建立了两个表数据之间的相同列的链接。当一个表中的一列或者多列与其他表中定义的主键或者唯一性约束相同时，可以将这列或者多列作为外键。这个包含外键的表称为从表，另外一个被外键引用的包含主键或唯一性约束键的表称为主表。

建立了外键约束的两个表中，当主表中的主键或唯一性约束键变更时，相应地从表中的外键也自动被更改。当向从表中添加数据时，如果主表中没有相同的值，系统将提示错误，不能够添加数据。

例如，学生成绩表中的 sno 是外键，对应着学生表中的 sno 是主键，外键约束的体现是指输入学生成绩表中的 sno 值必须在学生表的 sno 中已经存在。也就是说，当输入上述两个表的数据时，一般先输入学生表的数据，然后输入学生成绩表的数据，这样才能保证有了这个学生，才能有这个学生的成绩。

设置外键的方法是，右击需要设置为外键约束的字段，在弹出的快捷菜单中选择"关系"命令，单击"添加"如图 7-31 所示，在"常规"下的"表和列规范"后面单击"..."弹出如图 7-32 所示对话框，将"关系名"从"FK_sc_sc"改为"FK_sc_student"，主键表选择"student"表，对应的主键字段选择"sno"；外键表选择"sc"，在设置过程中保证外键与主键的类型一致。成绩表 sc 的 cno 字段设置为<无>，然后单击"确定"，回到表设计器界面，保存表的设置。

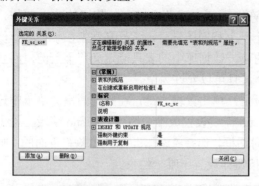 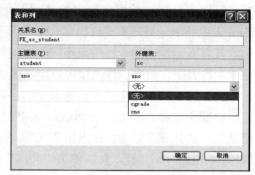

图 7-31　外键关系　　　　　　　　　图 7-32　外键表和列设置

7.2.5　向表中添加数据

在表设计器中设置好了各个表的属性，以及各个表的依赖关系，接下来就要向表中添加数据了。在要添加数据的表上右击鼠标，在弹出的快捷菜单中选择"打开表"，在打开的表中将该表所对应的数据一一输入，例如，输入的 student 中的数据如图 7-33 所示。表 7-7～表 7-9 分别为 student、sourse、sc 表中的数据。

表 - dbo.student	摘要			▾ ×
sno	sname	sgender	sage	sdept
95001	李勇	男	20	CS
95002	刘晨	女	19	IS
95003	王敏	女	18	MA
95004	张立	男	19	IS
▶* NULL	NULL	NULL	NULL	NULL

图 7-33　student 表对话框

表 7-7　　　　　　　　　　　　　student 表

sno	sname	sgender	sage	sdept
95001	李勇	男	20	CS
95002	刘晨	女	19	IS
95003	王敏	女	18	MA
95004	张立	男	19	IS

表 7-8　　　　　　　　　　　　　course 表

cno	cname	ccredit	cno	cname	ccredit
1	数据库	4	5	数据结构	4
2	数学	2	6	数据处理	2
3	信息系统	4	7	PASCAL 语言	4
4	操作系统	3			

表 7-9			sc 表		
sno	cno	cgrade	sno	cno	cgrade
95001	1	92	95002	1	80
95001	2	85	95002	3	95
95001	3	88	95004	1	95

向表中添加的数据一定要符合该列的数据类型，否则将会出现错误。

7.2.6　修改表的结构

在创建好的表中如果要添加字段，或者修改已有的字段时，先找到该表所属的数据库，展开"数据库"节点，再展开"表"节点，选中要修改的表，右击鼠标，在弹出的快捷菜单中选择"修改表"，即可打开表设计器。例如，要修改 student 表中的 sgender 字段，可选中 sgender 字段的数据类型或者是否允许空；在 sgender 字段上右击，弹出的快捷菜单如图 7-34 所示，可以更改该字段为主键，或者插入列、删除列等的操作。

7.2.7　查看表的依赖关系

要查看某个表与数据库中的其他表的依赖关系，选中该表右击鼠标，在弹出的快捷菜单中选择"查看依赖关系"。例如要查看表 sc 的依赖关系，如图 7-35 所示，在弹出的"对象依赖关系"对话框可以看到表 sc 依赖于 course 表和 student 表，还可以选择"依赖于 sc 的关系"来查看依赖于 sc 表。

图 7-34　修改表的结构

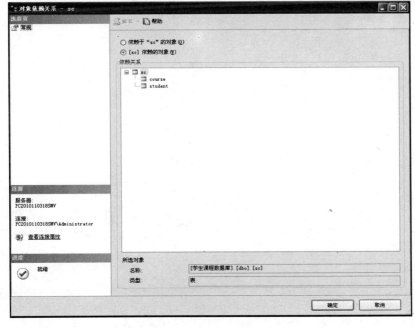

图 7-35　"对象依赖关系"对话框

7.2.8　更改表名或删除表

在使用过程中有时需要更改表名或者删除表。

更改表名是只需改变表的名称，表还存在在数据库中，选中需要更改的表，单击鼠标右键，在弹出的快捷菜单中选择"重命名"命令，如图 7-36 所示。利用 SQL Server 数据库管理器重命名表后，所有引用到该表的地方也将被重命名。

当使用过程中不再需要某表时，就将其删除，删除表时，表的结构定义、数据、全文索引、约束等都永久地从数据库中删除，原来存储表极其索引的存储空间可以用来存放其他表。删除表时，选中需要删除的表，单击鼠标右键，在弹出的快捷菜单中选择"删除"命令，如图 7-37 所示。

图 7-36　表的重命名

图 7-37　删除表

第8章 视图与索引

视图也是一种数据库对象。基本表是从数据库设计人员的角度设计的，并不一定符合用户的需求，SQL Server 可从一个或多个基本表中导出满足用户需求的表，这样的表称为视图。视图作为一种数据库对象，为用户提供了一种检索表中数据的方式，用户通过视图可以查看基本表中自己感兴趣的部分或全部数据，而数据的实际存储位置仍然在基本表中。视图只是用来查看数据的窗口，是一种虚拟表。另外，为了提高查询数据的速度，SQL Server 2005 提供了索引技术，合理使用索引能提高查询性能。

8.1 视 图

8.1.1 视图概述

8.1.1.1 视图的概念

视图是一个虚拟表，其内容由查询定义，数据库中存储的是查询定义对应的 SELECT 语句，该表中的记录是由一个查询语句执行后所得到的查询结果构成。与表类似，视图也是由字段和记录组成，只是这些字段和记录来源于其他被引用的表或视图，是在视图被引用时动态生成的，所以视图并不是真实存在的，而是一张虚拟的表，视图中的数据同样也并不是存在于视图当中，而是存在于被引用的数据表当中，当被引用的数据表中的记录内容改变时，视图中的记录内容也会随之改变。

使用视图可以集中、简化和定制用户的数据库显示，用户可以通过视图来访问数据，而不必直接去访问该视图的基本表，从某种程度上保证了数据的安全性。

先举一个例子，在 stud_course 数据库中，如果要查询信息系选修了 1 号课程的学生的学号、姓名、课程名及成绩，那么就要从 student、course、sc 这 3 个表中查询记录，其查询代码如下：

```
SELECT student.sno,sname,cname,cgrade
FROM student,course,sc
WHERE student.sno=sc.sno AND course.cno=sc.cno AND sdept='IS' AND course.cno='1'
```

若经常需要查询相同的字段，那么每次都重复地写这么一大串相同的代码，无疑会增加工作量和影响工作效率。

再看图 8-1，其显示出来的界面与在 SQL Server Management Studio 中打开的基本表的界面十分相似。如果将这个查询的结果集视为一个表，那么这个

图 8-1 执行查询语句后的结果

表就是一个视图，那么将该查询结果创建成视图的代码为：

CREATE VIEW is_s1(sno,sname,cname,cgrade)

AS

SELECT student.sno,sname,cname,cgrade

FROM student,course,sc

WHERE student.sno=sc.sno AND course.cno=sc.cno AND sdept='IS' AND course.cno='1'

创建好视图之后，若要查询相同的内容，只需输入下面一行代码：

SELECT * FROM is_s1

而不用每次都重复输入一连串代码。

视图一经定义，就可以和基本表一样被查询、被删除，也可以在个视图之上再定义新的视图，但通过视图进行数据更新是有限制的。

8.1.1.2 使用视图的优点和缺点

1. 使用视图的优点

（1）增加数据的安全性和保密性。针对不同的用户，可以创建不同的视图，此时的用户只能查看和修改其所能看到的视图中的数据，而真正的数据表中的数据甚至连数据表都是不可见不可访问的，这样可以限制用户浏览和操作的数据内容。

（2）简化查询。为复杂的查询建立一个视图，用户不必输入复杂的查询语句，只需针对此视图做简单查询即可。

（3）增加可读性。由于在视图中可以只显示有用的字段，并且可以使用字段别名，能方便用户浏览查询的结果。

（4）方便程序的维护。如果用应用程序使用视图来存取数据，那么当数据表的结构发生改变时，只需要更改视图定义中的查询语句，不需要更改程序。

2. 使用视图的缺点

当通过视图对数据进行更新（插入、修改、删除）时，实际上是对基本表的数据进行更新。然而通过有些视图是不能更新数据的，这些视图有以下特征：

（1）有 UNION 等集合操作符的视图。

（2）有 GROUP BY 子句的视图。

（3）有 AVG、SUM 或 MAX 等函数的视图。

（4）使用 DISTINCT 短语的视图。

（5）连接表的视图（其中有一些例外）。

8.1.2 创建视图

SQL Server 2005 提供了 3 种创建视图的方法：使用 SQL Server Management Studio、T-SQL 语句和模板，下面分别介绍这 3 种方法。

8.1.2.1 利用 SQL Server Management Studio 创建视图

方法如下：

（1）单击"开始"菜单，选择"程序"→"Microsoft SQL Server 2005"→"SQL Server

Management Studio",打开"SQL Server
Management Studio"窗口。在 Management
Studio 的对象资源管理器中,展开指定的数据
库,可看到"视图"项,右键单击"视图",
在弹出的快捷菜单中有"新建视图"菜单项,
如图 8-2 所示。

（2）单击"新建视图",就会出现新建视
图对话框,如图 8-3 所示,在该对话框中,通
过选定一个或多个表,指定多个字段,设定连
接或限定条件,最后保存,给视图起个名字,
即完成了视图的创建。对于上述例子,创建视
图的过程如图 8-4 所示。

图 8-2　在 Management Studio 中创建视图

说明:

在"新建视图"中有 4 个区,从上到下依次为关系图窗格（表区）、条件窗格（列区）、
SQL 窗格（SQL Script 区）、结果窗格（结果显示区）。它们各自的作用为:

1）在【关系图窗格】 中,设定创建视图所依据的表或视图。

2）在【条件窗格】 中设置要输出的字段,以及要过滤的查询条件。

3）设置完后的 SQL 语句,会显示在【SQL 窗格】 里,这个 select 语句也就是视图所
要存储的查询语句。

4）所有查询条件设置完毕之后,单击【执行 SQL】 按钮,在【结果窗格】 显示通过
视图进行查询所得到的结果。

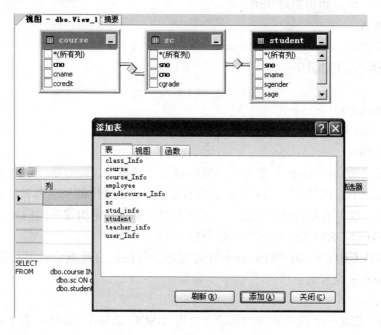

图 8-3　创建视图时首先添加表

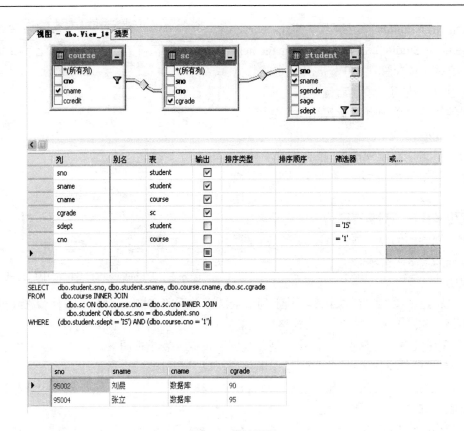

图 8-4 设计视图

8.1.2.2 使用 T-SQL 语句创建视图

1. 语法格式

CREATE VIEW view_name [（column_name[，…n]）]

[WITH ENCRYPTION]

AS

select_statement

[WITH CHECK OPTION]

2. 参数说明

（1）列名（column_name）要么全部省略要么全部指定，没有第三种选择。若列名省略，则隐含视图中的列名由 select 子句中的列名相同；当视图的列名为表达式或内部函数的计算结果时，或者需要为某个列指定新的列名时，必须指定组成视图的所有列名。

（2）WITH ENCRYPTION 子句对视图进行加密。

（3）WITH CHECK OPTION 强制针对视图执行的所有数据修改语句都必须符合在 select_ statement 中设置的条件。

3. 使用方法

【例 8-1】 创建一个简单视图的例子。使用 T-SQL 语句在 student 表中创建一个名为 stud_view1 的视图，该视图仅查看计算机科学（CS）系的学生的信息。

（1）在 SQL Server Management Studio 查询窗口中输入如下命令：

```
USE stud_course
GO
CREATE VIEW stud_view1
AS
SELECT *
FROM student
WHERE sdept='CS'
```

然后单击【执行】 按钮，若消息框中提示"命令已成功完成"，则视图创建成功。刷新对象资源管理器中的视图，即可看到该视图。

（2）视图创建成功后，可以通过该视图查询数据。

```
USE stud_course
GO
SELECT * FROM stud_view1
```

图 8-5　显示结果

运行完毕后，在"结果"面板中可看到返回的结果集，如图 8-5 所示。

【例 8-2】 给视图指明列名。在 student 表中创建一个名为 stud_view2 的视图，该视图用来查看选了课的学生的学号及对应的平均分。

（1）在 SQL Server Management Studio 查询窗口中输入如下命令：

```
USE stud_course
GO
CREATE VIEW stud_view2(sno,avg_grade)
AS
SELECT sno,avg(cgrade)
FROM sc
GROUP BY sno
```

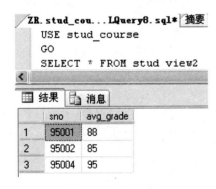

图 8-6　显示结果

注意：

1）在 CREATE VIEW 语句中使用表达式或 AVG、SUM 等内部函数时，必须为视图指明列名。

2）在 REATE VIEW 语句中使用 AVG、SUM 等内部函数时，必须使用 GROUP BY 子句。

（2）视图创建成功后，可以通过该视图查询数据，结果如图 8-6 所示。

```
USE stud_course
GO
SELECT * FROM stud_view2
```

在 SQL Server 2005 中每个数据库的系统视图里都有一个名为“INFORMATION_SCHEMA.VIEWS”的视图，该视图里记录了该数据库中所有视图的信息，使用“SELECT * FROM INFORMATION_SCHEMA.VIEWS”可以查看该视图内容，如图 8-7 所示。

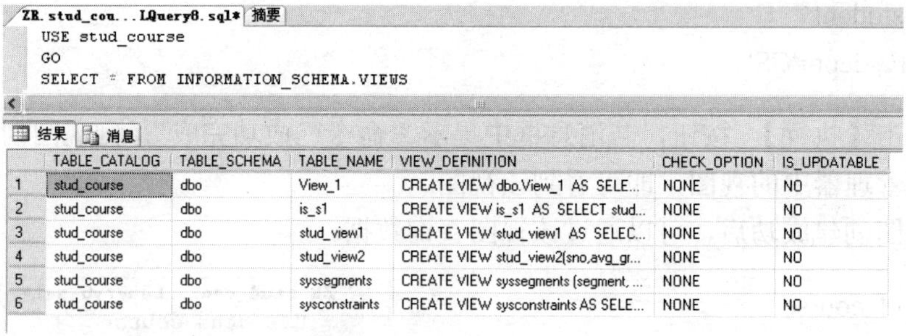

	TABLE_CATALOG	TABLE_SCHEMA	TABLE_NAME	VIEW_DEFINITION	CHECK_OPTION	IS_UPDATABLE
1	stud_course	dbo	View_1	CREATE VIEW dbo.View_1 AS SELE...	NONE	NO
2	stud_course	dbo	is_s1	CREATE VIEW is_s1 AS SELECT stud...	NONE	NO
3	stud_course	dbo	stud_view1	CREATE VIEW stud_view1 AS SELEC...	NONE	NO
4	stud_course	dbo	stud_view2	CREATE VIEW stud_view2(sno,avg_gr...	NONE	NO
5	stud_course	dbo	syssegments	CREATE VIEW syssegments (segment, ...	NONE	NO
6	stud_course	dbo	sysconstraints	CREATE VIEW sysconstraints AS SELE...	NONE	NO

图 8-7　INFORMATION_SCHEMA.VIEWS 视图内容

如果不想让别人看到该视图里的内容，可以使用 WITH ENCRYPTION 参数来为视图加密。

【例 8-3】 创建一个加密视图。名称为 stud_view3，内容与例 8-2 中的一样，其代码为：

```
USE stud_course
GO
CREATE VIEW stud_view3(sno,avg_grade)
WITH ENCRYPTION
AS
SELECT sno,avg(cgrade)
FROM sc
GROUP BY sno
```

再使用“SELECT * FROM INFORMATION_SCHEMA.VIEWS”可以查看该视图内容，结果如图 8-8 所示。

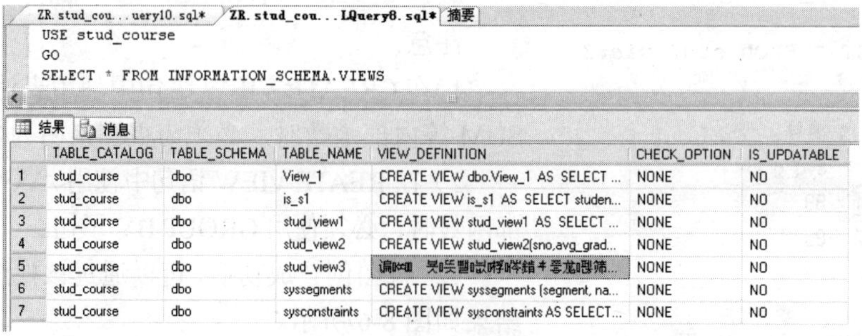

	TABLE_CATALOG	TABLE_SCHEMA	TABLE_NAME	VIEW_DEFINITION	CHECK_OPTION	IS_UPDATABLE
1	stud_course	dbo	View_1	CREATE VIEW dbo.View_1 AS SELECT ...	NONE	NO
2	stud_course	dbo	is_s1	CREATE VIEW is_s1 AS SELECT studen...	NONE	NO
3	stud_course	dbo	stud_view1	CREATE VIEW stud_view1 AS SELECT ...	NONE	NO
4	stud_course	dbo	stud_view2	CREATE VIEW stud_view2(sno,avg_grad...	NONE	NO
5	stud_course	dbo	stud_view3	[illegible]	NONE	NO
6	stud_course	dbo	syssegments	CREATE VIEW syssegments (segment, na...	NONE	NO
7	stud_course	dbo	sysconstraints	CREATE VIEW sysconstraints AS SELECT...	NONE	NO

图 8-8　加密后的视图代码

加密后，定义视图的语句看不到，变成了乱码。

【例 8-4】 使用 WITH CHECK OPTION 选项。创建一个名为 stud_view4 的视图，内容与例 8-1 一样，并要求进行修改、插入和删除操作时仍需保证该视图只有计算机科学系的学生。

```
USE stud_course
GO
CREATE VIEW stud_view4
AS
SELECT *
FROM student
WHERE sdept='CS'
WITH CHECK OPTION
```

由于在定义 stud_view4 视图时加上了 WITH CHECK OPTION 子句，以后对该视图进行插入、修改和删除操作时，DBMS 会自动加上 sdept＝'CS'的条件。

视图不仅可以建立在单个表上，还可以建立在多个表上。

【例 8-5】 建立一个用来显示女生选课情况的视图，名为 stud_view5。

```
USE stud_course
GO
CREATE VIEW stud_view5
AS
SELECT student.sno,sgender,sdept,cno,cgrade
FROM student,sc
WHERE student.sno=sc.sno AND sgender='女'
```

上述代码的执行结果如图 8-9 所示。

视图不仅可以基于表来创建，还可以基于视图创建。

【例 8-6】 建立一个用来显示女生选课情况并且成绩在 90 分以上的视图，名为 stud_view6。

```
USE stud_course
GO
CREATE VIEW stud_view6
AS
SELECT *
FROM stud_view5
WHERE cgrade>=90
```

上述代码的执行结果如图 8-10 所示。

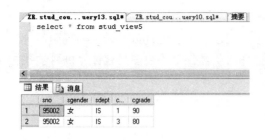

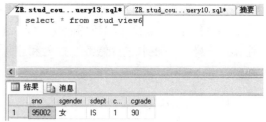

图 8-9 基于多表创建的视图的执行结果　　　图 8-10 基于视图创建的视图的执行结果

8.1.2.3 通过模板创建视图

利用 SQL Server 2005 提供的命令模板，产生创建视图的命令脚本，然后修改参数后执行即可。方法为：

（1）单击"视图"菜单下的"模板资源管理器"命令或单击在标准工具栏上的"模板资源管理器"按钮，在 Management Studio 右边，能出现模板资源管理器。

（2）展开 View 节点，可以看到关于视图的一些模板：Create Indexed View、Create View、Drop View 等。

（3）双击模板 Create View，出现"连接到数据库引擎"对话框，指定连接信息后单击"连接"按钮，在打开的新查询窗口中已生成了创建标准视图脚本。这时需要修改脚本中的参数。

（4）在"SQL 编辑器"工具条上单击"指定模板参数的值"按钮，出现"指定模板参数的值"对话框，给 database_name、schema_name、view_name 和 select_statement 参数指定值，然后单击"确定"按钮，仔细确认后可单击"分析"按钮 ✔ 分析代码的语法结构，若没有语法错误即可单击"执行"按钮执行脚本，视图就创建好了。在左边的资源管理器中，展开相应的"数据库"、"视图"就可以看到创建的视图，若没有出现，刷新一下视图即可。

8.1.2.4 注意事项

在创建视图时，要注意视图必须满足以下几点要求：

（1）视图名称必须遵循标识符的命名规则。

（2）不能将规则或 DEFAULT 定义与视图相关联。

（3）在用 create view 创建视图时，select 子句里不能包括以下内容：

1）不能包括 compute、compute by 子句。

2）不能包括 order by 子句，除非在 select 子句里有 top 子句。

3）不能包括 option 子句。

4）不能包括 into 关键字。

5）不能引用临时表或表变量。

8.1.3 查看和修改视图

8.1.3.1 在 SQL Server Management Studio 中查看和修改视图

【例 8-7】 在 SQL Server Management Studio 窗口中查看和修改视图的属性。

（1）在"对象资源管理器"中展开 stud_course 数据库。

（2）展开"视图"选项，在视图列表中可以看到视图 stud_view1。

（3）右击 stud_view1 视图，在弹出的快捷菜单中选择"修改"命令，弹出相应的"查看和修改视图"对话框，如图 8-11 所示，可在该对话框中直接对视图定义进行修改。

图 8-11 查看和修改视图

【例 8-8】 在 SQL Server Management Studio 窗口中查看视图的定义文本。

以视图 stud_view1 为例，查看视图（未加密的）创建的脚本的方法为：

（1）右键单击视图 stud_view1，在快捷菜单中选择"编写视图脚本为"命令。

（2）选择"CREATE 到"命令。

（3）选择"新查询编辑器窗口"命令，弹出如图 8-12 所示的对话框，在该对话框中显示定义该视图的定义文本。

图 8-12 查看视图的定义文本

如图 8-12 所示，在该菜单中还可以对视图实现"查看依赖关系"等操作，"属性"菜单能查看视图的多种相关信息。

【**例 8-9**】　在 SQL Server Management Studio 窗口中查看视图的返回结果。

以视图 stud_view1 为例，查看视图的返回结果的方法为：

右键单击视图 stud_view1，在快捷菜单中选择"打开视图"命令，返回的结果如图 8-13 所示。

图 8-13　查看视图的返回结果

8.1.3.2　通过系统存储过程查看视图的定义信息

1. sp_helptext

可使用系统存储过程 sp_helptext 检索出视图（未加密的）的定义文本。

图 8-14　执行 sp_helptext 查看视图定义信息

语法格式为：

EXEC sp_helptext '[dbo.]view_name'

【**例 8-10**】　通过系统存储过程 sp_helptext 查看视图 stud_view1 的定义文本。结果如图 8-14 所示。

2. sp_depends

系统存储过程 sp_depends 用来查看数据库对象所依赖的对象。语法结构同上。

3. sp_help

系统存储过程 sp_help 用来查看数据库对象的详细信息。语法结构同上。

8.1.3.3 通过 ALTER VIEW 修改视图

对于加密视图，在 SQL Server Management Studio 中不能对其进行修改，但是并不意味着加密视图就不能被修改，使用 alter view 语句可以修改加密视图。因为使用 alter view 语句修改视图和使用 SQL Server Management Studio 修改视图不同，它不需要先显示视图的代码。

使用 ALTER 语句修改视图，基本语法如下：

ALTER VIEW view_name [（column_name[,…n]）]

[WITH ENCRYPTION]

AS

select_statement

[WITH CHECK OPTION]

【例 8-11】 使用 T-SQL 语句修改视图 stud_view4，使其显示出计算机科学系男生的情况，并要求加密。

在 SQL Server Management Studio 查询窗口中输入如下代码：

```
ALTER VIEW stud_view4
WITH ENCRYPTION
AS
SELECT *
FROM student
WHERE sdept='CS'AND sgender='男'
WITH CHECK OPTION
```

然后单击"执行"按钮，视图被修改成功。

8.1.4 重命名和删除视图

8.1.4.1 重命名视图

视图定义之后，用户可以更改视图的名称而无需删除并重新创建视图。

1. 在 SQL Server Management Studio 中为视图重命名

（1）展开"对象资源管理器"里的树形目录，定位到要改名的视图上。

（2）右击要改名的视图，在弹出的快捷菜单里选择"重命名"选项。

（3）输入新的视图名，再按回车完成操作。

2. 使用存储过程"sp_rename"来修改视图名

语法规则为：

EXEC sp_rename 'view_oldname ', 'view_newname'

【例 8-12】 重命名视图 view_1 为 view_2 的命令为。

在查询窗口中输入：

EXEC sp_rename 'view_1 ', 'view_2'

然后单击"执行"按钮，完成重命名操作。

3. 在重命名视图时，需考虑以下原则

（1）要重命名的视图必须位于当前数据库中。

（2）新名称必须遵守标识符规则。

（3）仅可以重命名具有其更改权限的视图。

（4）数据库所有者可以更改任何用户视图的名称。

8.1.4.2　删除视图

当一个视图不再需要时，可以将其删除。

1. 在 Management Studio 中删除视图

方法如下：

（1）启动【SQL Server Management Studio】，在【对象资源管理器】窗口里，展开树形目录，定位到要删除的视图上。右击视图，在弹出的快捷菜单里选择"删除"命令。

（2）在弹出的【删除对象】对话框里可以看到要删除的视图名称。单击【确定】按钮完成操作。

2. 用 Drop view 语句删除视图

在 T-SQL 语言里，用 drop view 语句可以删除视图，其语法结构为：

DROP VIEW [schema_name .] view_name […, n] [;]

【例 8-13】　删除"view_1"视图的语句为：

```
USE stud_course
GO
DROP VIEW view_1
```

也可以一次删除多个视图，例如：

```
USE stud_course
GO
DROP VIEW view_1,view_2
```

8.1.5　视图的应用

8.1.5.1　查询视图

视图定义后，对视图的查询操作如同对基本表的查询操作一样。

【例 8-14】　查询视图 stud_view4 中男生的基本情况。

```
USE stud_course
GO
SELECT * FROM stud_view4 WHERE sgender='男'
```

在对视图进行查询时，系统首先进行有效性检查，检查查询的表、视图是否存在。如果存在，则从数据字典中找到视图的定义，把定义中的查询和用户的查询结合起来，转换成等价的对基本表的查询，然后再执行修正了的查询。这一转换过程称为视图消解（View Resolution）。

本例转换后的查询语句为：

```
USE stud_course
GO
SELECT *
FROM student
WHERE sdept='CS' AND sgender='男'
```

由例 8-4 和例 8-14 可以看出，当对一个基本表进行复杂的查询时，可以先对基本表建立一个视图，然后只需对此视图进行查询，从而简化查询操作。

【例 8-15】 查询选修了 1 号课程的女生选课情况。

```
USE stud_course
GO
SELECT * FROM stud_view5 WHERE cno='1'
```

转换后的查询语句为：

```
USE stud_course
GO
SELECT student.sno,sgender,sdept,cno,cgrade
FROM student,sc
WHERE student.sno=sc.sno AND sgender='女' AND cno='1'
```

8.1.5.2　更新视图

更新视图是指通过视图来插入（INSERT）、删除（DELETE）和修改（UPDATE）数据。由于视图是不实际存储数据的虚表，因此对视图的更新，最终要转换为对基本表的更新。

如果要防止用户通过视图对数据进行增加、修改和删除时，有意无意地对不属于视图范围内的基本表数据进行操作，可在视图定义时加上 WITH CHECK OPTION 子句。这样在视图上进行增加、修改、删除操作时，DBMS 会检查视图定义中的条件，若不满足条件，则拒绝执行该操作。

1. 插入（INSERT）

【例 8-16】 向计算机科学系学生视图 stud_view1 中插入一条学生记录，学号为 95010，姓名为张鑫，性别为男，年龄 20 岁。

```
USE stud_course
GO
INSERT
INTO stud_view1
VALUES('95010','张鑫','男',20,'')
```

　　系统在执行此语句时，转换成了对基本表 student 的插入操作。下面来验证一下 student 表中是否通过视图 stud_view1 插入了一行。结果如图 8-15 所示。

　　如图 8-15 所示，该记录最后一个字段 sdept 为空。

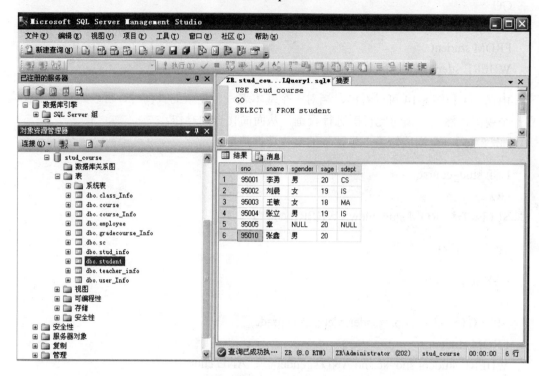

图 8-15　对视图的插入转换成了对基本表进行插入

　　【例 8-17】向带有 WITH CHECK OPTION 子句的计算机科学系学生视图 stud_view4 中插入一条学生记录，学号为 95011，姓名为张鑫，性别为男，年龄 20 岁，所在系 为 CS。

　　注意：此时最后一个字段 sdept 不能为空，且必须为 CS，才能通过视图 stud_view4 插 入数据。

```
USE stud_course
GO
INSERT
INTO stud_view4
VALUES('95011','张鑫','男',20,'CS')
```

　　执行结果如图 8-16 所示。

　　若字段 sdept 为空，或不是 CS 系，则插入不成功，如图 8-17 所示。

　　2. 修改（UPDATE）和删除（DELETE）

　　修改和删除操作与插入操作类似，在此不再叙述。

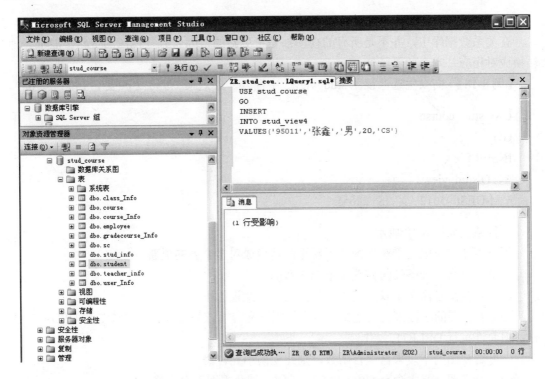

图 8-16　向带有 WITH CHECK OPTION 子句的视图中插入数据

图 8-17　错误的数据插入

3. 注意事项

在关系数据库中，并不是所有的视图都是可更新的，因为有些视图的更新不能唯一地转换成对相应基本表的更新。

【例 8-18】　向女生选课视图 stud_view5 中插入一条记录（'95012'，'女'，'IS'，'2'，65）。

```
USE stud_course
GO
INSERT
INTO stud_view5
VALUES('95012','女','IS','2',65)
```

运行结果如图 8-18 所示。

不可更新的原因在于对视图的更新无法转换成对多个表的更新。

注意，符合下列条件的视图是不能更新的：

（1）若视图是由两个以上基本表导出的，则此视图不可更新。

（2）若视图的字段来自表达式或常量，则不允许对该视图执行 INSERT 和 UPDATE 操作，但允许执行 DELETE 操作。

（3）若视图的字段来自集合函数，则此视图不允许修改操作。

（4）若视图定义中含有 GROUP BY 子句，则此视图不允许修改操作。

图 8-18　不可更新的视图

（5）若视图定义中含有 DISTINCT 短语，则此视图不允许修改操作。

（6）一个在不允许修改操作视图上定义的视图，也不允许修改操作。

8.2　索　　引

索引是一种特殊类型的数据库对象，它与表有着密切的联系，它保存着数据表中一列或几列组合的排序结构。为数据表增加索引，可以大大提高数据的检索效率。索引是数据库中一个重要的对象，本节将详细介绍索引的基本概念、创建索引的方法以及对索引的相关操作。

8.2.1　索引的基础知识

8.2.1.1　索引的概念

索引是一种可选的与表相关的数据库对象，用于提高数据的查询效率。索引是建立在表列上的数据库对象，但其本身并不依赖于表。在一个表上是否创建索引、创建多少索引和创建什么类型的索引，都不会影响对表的使用方式，而只是影响对表中数据的查询效率。

索引是为检索而存在的。如一些书籍的末尾就专门附有索引，指明了某个关键字在正文中出现的页码位置，方便我们查找，但大多数的书籍只有目录，目录不是索引，只是书中内容的排序，并不提供真正的检索功能。可见建立索引要单独占用空间；索引也并不是必须要建立的，它们只是为更好、更快地检索和定位关键字而存在。

再进一步说，我们要在图书馆中查阅图书，该如何查找？图书馆的前台有很多叫做索引卡片柜的小柜子，里面分了若干的类别供我们检索图书，比如你可以按照书名的笔画顺序或者拼音顺序作为查找的依据，你还可以从作者名的笔画顺序或拼音顺序去查询想要的图书，有很多种检索方式，但有一点很明白，书库中的书并没有按照这些卡片柜中的顺序排列——虽然理论上可以这样做，事实上，所有图书的脊背上都人工粘贴了一个特定的编号，它们是以这个顺序在排列。索引卡片中并没有指明这本书摆放在书库中的第几个书架的第几本，仅仅指明了这个特定的编号。管理员则根据这一编号将请求的图书返回到读者手中。这是有关检索的一个很形象的例子。

SQL Server 在安装完成之后，安装程序会自动创建 master、model 等几个系统数据库，其中 master 是 SQL Server 的主数据库，用于保存和管理其他系统数据库、用户数据库以及 SQL Server 的系统信息，它在 SQL Server 中的地位与 WINDOWS 下的注册表相当。

master 中有一个名为 sysindexes 的系统表，专门用于管理索引。SQL Server 查询数据表的操作都必须用到它。

查看一张表的索引属性，可以在查询窗口中使用以下命令：select * from sysindexes where id＝object_id（'tablename'），其中参数 tablename 为索引的表名。

数据库中引入索引的目的是为了提高对表中数据的查询速度。如果一个表没有创建索引，则对该表进行查询时需要进行全表扫描；如果对表创建了索引，系统先对索引表进行查询，利用索引表可以迅速查询到符合条件的数据。

8.2.1.2　索引的分类

从形式上而言，索引分为聚集索引（Clustered Indexes）和非聚集索引（NonClustered Indexes）。这是从索引表的物理顺序与表中数据行的物理存储顺序是否相同的角度来分类的，若按照其他的分类标准，又可以分为其他的类型。当表中有 PRIMARY KEY 约束或

UNIQUE 约束时，SQL Server 会自动在列上创建索引，至于是聚集索引还是非聚集索引，由 CLUSTERED 或 NONCLUSTERED 关键字决定。

1. 聚集索引

聚集索引相当于书籍脊背上那个特定的编号。如果对一张表建立了聚集索引，其索引页中就包含着建立索引的列的值（下称索引键值），那么表中的记录将按照该索引键值进行排序。比如，我们如果在"姓名"这一字段上建立了聚集索引，则表中的记录将按照姓名进行排列；如果建立了聚集索引的列是数值类型的，那么记录将按照该键值的数值大小来进行排列。

2. 非聚集索引

非聚集索引用于指定数据的逻辑顺序，也就是说，表中的数据并没有按照索引键值指定的顺序排列，而仍然按照插入记录时的顺序存放。其索引页中包含着索引键值和它所指向该行记录在数据页中的物理位置，称为行定位符（RID：Row ID）。好似书后面的索引表，索引表中的顺序与实际的页码顺序也是不一致的。而且一本书也许有多个索引。比如主题索引和作者索引。

SQL Server 在默认的情况下建立的索引是非聚集索引，由于非聚集索引不对表中的数据进行重组，而只是存储索引键值并用一个指针指向数据所在的页面。一个表可以建立多个非聚集索引，每个非聚集索引提供访问数据的不同排序顺序。

8.2.1.3 索引的工作原理

由于索引的不可见性，要想创建索引并能够对其灵活运用，我们首先要了解索引的原理。

1. 聚簇索引的工作原理

聚簇索引的工作原理如图 8-19 所示。

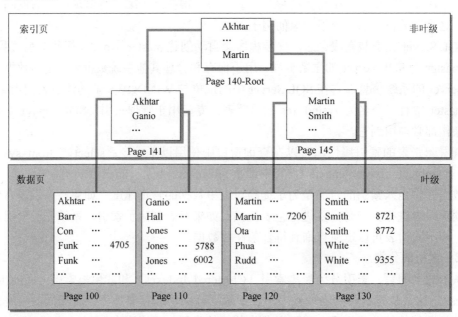

图 8-19 聚簇索引结构图

数据页就是数据库里实际存储数据的地方。

假设是在"LastName"这一列上创建了聚集索引,那么它就是按照这一列的顺序排列的。可以看到,索引是一棵树,首先先看一下这棵树是怎么形成的。

先看 Page100 和 Page110 的最上面,由它们形成了 Page141。Page141 的第一条数据是 Page100 的第一条数据,Page141 的第二条数据是 Page110 的第一条数据。同理由 Page120 和 Page130 形成 Page145,然后 Page141 和 Page145 形成根 Page140。

那么通过索引是如何查找数据的,查找思想类似于二分查找。

假如要查找"Rudd"这个姓。

首先会从根即 Page140 开始找,因为"Rudd"的值比"Martin"大(只要比较一下它们首字母就知道了,按 26 个字母顺序 R 排在 M 的后面),所以会往"Martin"的后面找,即找到 Page145,然后在比较一下"Rudd"和"Smith","Rudd"比"Smith"小,所以会往左边找即 Page120,然后在 Page120 逐行扫描下来直到找到"Rudd"。

如果不建索引的话,SQL Server 会从第一页开始按顺序每页逐行扫描,直到找到"Rudd"。显然如果对于一个有 100 万行的表来说,效率是极低的,若建了索引,就能迅速找到。

2. 非聚簇索引的工作原理

非聚簇索引的工作原理如图 8-20 所示。

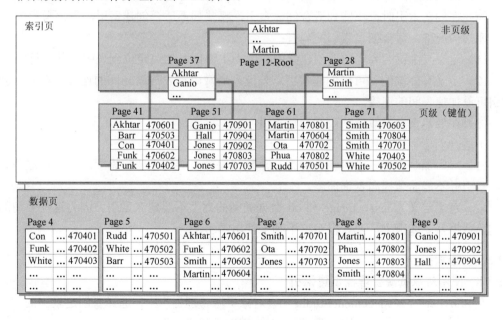

图 8-20 非聚簇索引结构图

聚簇索引和非聚簇索引的区别就是:聚簇索引的数据物理存储顺序和索引顺序一致,即它的数据就是按顺序排列下来的。非聚簇索引的数据存储是无序的,不按索引顺序排列。

从图 8-20 可以看到数据页里数据是无序的。那么它的索引是如何建立的呢?

再看图 8-20,它是把这个索引列的数据复制了一份然后按顺序排下来,再建立索引。

每行数据都有一个指针。

我们同样来查找"Rudd"。首先从索引页的根开始找,查找原理跟聚集索引是一样的。在索引页的 Page61 找到"Rudd",它的指针是 470501,然后在数据页的 Page5 找到 470501,这个位置就是"Rudd"在数据库中的实际位置,这样就找到了"Rudd"。

8.2.1.4　索引的优缺点

使用索引的主要目的是提高 SQL Server 系统的性能,加快数据的查询速度和减少系统的响应时间。尤其是在海量数据的情况下,如果合理的建立了索引,则会大大加强 SQL Server 执行查询、对结果进行排序、分组的操作效率。

索引除了可以提高查询表内数据的速度之外,还可以使表和表之间的连接速度加快,特别是在实现数据的参照完整性时可以在表的外键上创建索引,这样可以加速表与表之间的连接。

虽然索引具有如此之多的优点,但索引的存在也让系统付出一定的代价。

(1)建立索引,系统要占用大约为表的 1.2 倍的硬盘和内存空间来保存索引。

(2)更新数据的时候,系统必须要有额外的时间来同时对索引进行更新,以维持数据和索引的一致性。

实践表明,不恰当的索引不但于事无补,反而会降低系统性能。因为大量的索引在进行插入、修改和删除操作时比没有索引花费更多的系统时间。

因此在创建索引时,哪些列适合创建索引,哪些列不适合创建索引,需要考察分析。

通常情况下,适合创建索引的列有:

(1)定义有主键的列一定要创建索引。因为主键可以加速定位到表中的某一行。

(2)定义有外键的列可以创建索引。外键列通常用与表与表之间的连接,在其上创建索引可以加速表间的连接。

(3)在经常查询的数据列最好创建索引。

不适合创建索引的列有:

(1)对于那些查询中很少涉及的列、重复值比较多的列不要建索引。因为在这些列上创建索引并不能显著提高查询速度。

(2)对于定义为 text、image 和 bit 数据类型的列上不要建立索引。因为这些类型的数据列的数据量要么很大,要么很小,不利于使用索引。

8.2.2　创建索引

8.2.2.1　使用对象资源管理器创建索引

在 SQL Server Management Studio 的"对象资源管理器"中,选择要创建索引的表(比如 stud_course 中的 student 表),展开 student 表前面的"+"号,单击鼠标右键"索引"选项,在弹出的快捷菜单中选择"新建索引"命令,如图 8-21 所示。　　.

选择"新建索引"命令,打开"新建索引"对话框,如图 8-22 所示。在该对话框中对要创建的索引进行设置,包括索引名称、索引类型、是否唯一等(假如输入索引名称 IX_sname,索引类型为"非聚集")。然后单击"添加"按钮,对要创建索引的列进行选择,连续两次单击"确定"按钮,完成索引创建。

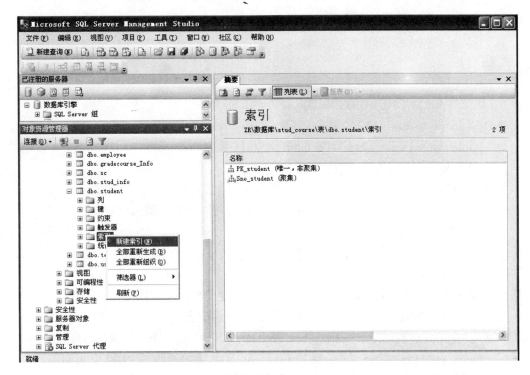

图 8-21　新建索引

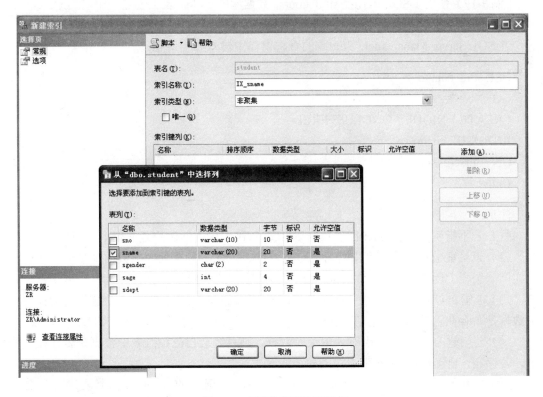

图 8-22　"新建索引"对话框

8.2.2.2 使用 T–SQL 语句创建索引

1. 语法格式

CREATE

[UNIQUE]

[CLUSTERED│NONCLUSTERED]

INDEX index_name

ON {table_name│view_name}（column [ASC│DESC] [，…n]）

[WITH index_property[，…n]]

2. 参数说明

（1）UNIQUE：建立唯一索引（不允许两行具有相同的索引值）。

（2）CLUSTERED：建立聚集索引。

（3）NONCLUSTERED：建立非聚集索引。

（4）index_name：索引名称。

（5）table_name：索引所在的表名，view_name 索引所在的视图名。

（6）column：创建索引所基于的列（若创建的索引基于多个列，称为复合索引）。ASC│DESC 指定索引列的排序规则，ASC 是升序，DESC 是降序，默认按升序排序。

（7）index_property：索引属性。例如 FILLFACTOR 为填充因子；DROP_EXISTING 表示删除并创建已存在的索引，指定的索引名必须与现有的索引名相同。

【例 8-19】使用 T-SQL 语句在 stud_course 数据库的 course 表上创建一个名为 IX_cname 的非聚集、唯一索引，该索引基于 cname 列创建。

在 SQL Server Management Studio 的查询窗口中输入如下语句：

```
USE stud_course
GO
CREATE UNIQUE NONCLUSTERED
INDEX IX_cname
ON course(cname)
GO
```

注意：

（1）若不指明 CLUSTERED 选项，则 SQL Server 默认创建的是非聚集索引。

（2）聚集索引和非聚集索引均可以是唯一的。因此，只要列中的数据是唯一的，就可以在同一个表上创建一个唯一的聚集索引和多个唯一的非聚集索引。

（3）在建立 UNIQUE 索引的表中执行 INSERT 或 UPDATE 语句时，系统将自动检验新的数据是否存在重复值。若存在，则在第一个重复值处取消操作，并返回错误提示信息。

（4）若创建 UNIQUE 索引时表中已有数据，则系统会自己检查表中数据是否存在重复值，若存在，则 UNIQUE 索引无法创建。

【例 8-20】使用 T-SQL 语句在 stud_course 数据库的 course 表上创建一个名为 IX_cno_cname 的复合索引，该索引基于 cno 列和 cname 列创建。

在 SQL Server Management Studio 的查询窗口中输入如下语句：

```
USE stud_course
GO
CREATE INDEX IX_cno_cname
ON course(cno,cname)
GO
```

8.2.2.3 使用模板创建索引

在 SQL Server 2005 中还可以使用系统提供的模板创建索引，创建方法与视图类似，在此就不再叙述。

8.2.3 查看索引信息

在建立索引之后，可对已创建的表索引进行查看。使用对象资源管理器或系统存储过程 sp_helpindex 都可以查看索引信息。

8.2.3.1 使用对象资源管理器查看索引信息

在 SQL Server Management Studio 的"对象资源管理器"中，展开相应的数据库、表、索引，在要查看相应信息的索引上单击鼠标右键，在快捷菜单中选择"属性"命令，弹出"索引属性"对话框，如图 8-23 所示，查看索引 IX_sname 的信息，通过单击对话框左侧的"常规"、"选项"等，可查看到该索引的详细信息。

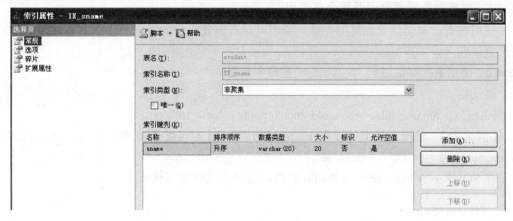

图 8-23　查看索引属性

8.2.3.2 使用系统存储过程查看指定表的索引信息

语法格式：

EXEC sp_helpindex table_name

【例 8-21】 使用系统存储过程 sp_helpindex 查看 stud_course 数据库中 course 表上的索引信息。

在 SQL Server Management Studio 的查询窗口中运行如下代码：

USE stud_course

GO

EXEC sp_helpindex course

GO

运行结果如图 8-24 所示，结果显示 course 表上的索引名称、索引类型和建立索引的列。

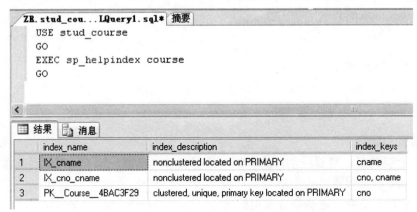

图 8-24　使用系统存储过程查看索引信息

8.2.4　重命名索引

在建立索引后，索引的名称可以更改。有两种方法：

8.2.4.1　使用对象资源管理器重命名索引

使用与查看索引信息相同的方法，单击鼠标右键要操作的索引，选择"重命名"命令，然后直接输入新名即可。

8.2.4.2　使用系统存储过程 sp_rename 重命名索引

语法格式：

EXEC sp_rename 'table_name.old_index_name'，'new_index_name'

【例 8-22】　使用系统存储过程 sp_rename 把 stud_course 数据库中 course 表上的索引 IX_cname 重命名为 IX_coursename。

在 SQL Server Management Studio 的查询窗口中运行如下代码：

USE stud_course

GO

EXEC sp_rename 'course.IX_cname','IX_coursename'

GO

运行完之后，刷新对象资源管理器中的索引，即可看到新的索引名称。

8.2.5　删除索引

使用索引虽然可以提高查询效率，但是对于一个表来说，如果索引过多，不但耗费磁盘空间，而且在修改表中记录时增加服务器维护索引的时间。当不再需要某个索引时，应该把它从数据库中删除，这样，即可以提高服务器效率，又可以回收被索引占用的存储空间。对于通过设置 PRIMARY KEY 约束或者 UNIQUE 约束创建的索引，可以通过删除约束的方法来删除索引。对于用户自己创建的约束，可以在对象资源管理器中删除，也可以使用 T-SQL 语句删除。

8.2.5.1　使用对象资源管理器删除索引

使用与查看索引信息相同的方法，单击鼠标右键要删除的索引，选择"删除"命令，然后弹出"删除对象"对话框，单击"确定"按钮，即可删除索引。

8.2.5.2　使用 T–SQL 语句删除索引

使用 DROP INDEX 语句可删除表中的索引，其语法格式为：

DROP INDEX table_name.index.name[,…n]

【例 8-23】　删除 stud_course 库 course 表中的 IX_cno_cname 索引。

在 SQL Server Management Studio 的查询窗口中运行如下代码：

```
USE stud_course
GO
DROP INDEX course.IX_cno_cname
GO
```

8.2.6　索引的分析与维护

索引创建之后，由于对数据的增、删、改等操作会使索引页发生碎块，因此必须对索引进行分析和维护。

8.2.6.1　索引的分析

SQL Server 提供了多种分析索引和查询性能的方法，常用的有 SHOWPLAN 和 STATISTICS IO 语句。

1. SHOWPLAN

SHOWPLAN 语句用来显示查询语句的执行信息，包含查询过程中连接表时所采取的每个步骤以及选择哪个索引。其语法格式为：

SET SHOWPLAN_ALL{ON|OFF}和 SET SHOWPLAN_TEXT{ON|OFF}

其中，ON 为显示查询执行信息，OFF 为不显示（默认）。

【例 8-24】　在 stud_course 库的 student 表上查询所有男生的姓名和年龄，并显示查询处理过程。

在 SQL Server Management Studio 的查询窗口中运行如下代码：

```
USE stud_course
GO
SET SHOWPLAN_ALL ON
GO
SELECT sname,sage
FROM student
WHERE sgender='男'
GO
```

运行之后，在结果窗格会看到相应的处理过程。

2. STATISTICS IO

STATISTICS IO 语句用来显示执行数据检索语句所花费的磁盘活动量信息，可以利于这些信息来确定是否重新设计索引。其语法格式为：

SET STATISTICS IO {ON|OFF}

其中，ON 为显示统计信息，OFF 为不显示（默认）。

【例 8-25】　在 stud_course 库的 student 表上查询所有男生的姓名和年龄，并显示查询处理过程中的磁盘活动统计信息。

在 SQL Server Management Studio 的查询窗口中运行如下代码：

```
USE stud_course
GO
SET SHOWPLAN_ALL OFF
GO
SET STATISTICS IO ON
GO
SELECT sname,sage
FROM student
WHERE sgender='男'
GO
```

运行之后，消息窗格显示：表'student'。扫描计数 1，逻辑读 2 次，物理读 2 次，预读 0 次。

8.2.6.2　索引的维护

SQL Server 提供了多种维护索引的方法，常用的有 DBCC SHOWCONTIG 和 DBCC INDEXDEFRAG 语句。

1. DBCC SHOWCONTIG

该语句用来显示指定表的数据和索引的碎片信息。当对表进行大量的修改或添加数据之后，应该执行此语句来查看有无碎片。其语法格式为：

DBCC SHOWCONTIG

[({ table_name | table_id | view_name | view_id } [, index_name | index_id])]

其中：

（1）table_name | table_id | view_name | view_id 是要检查碎片信息的表或视图。如果未指定，则检查当前数据库中的所有表和索引视图。若要获得表或视图 ID，请使用 OBJECT_ID 函数。

（2）index_name | index_id 是要检查碎片信息的索引。如果未指定，则该语句将处理指定表或视图的基本索引。若要获取索引 ID，请使用 sys.indexes 目录视图。

【例 8-26】　查看 stud_course 库中 student 表的碎片情况。

在 SQL Server Management Studio 的查询窗口中运行如下代码：

```
USE stud_course
GO
DBCC SHOWCONTIG(student)
GO
```

若要使用表 ID，则输入如下代码：

```
USE stud_course
GO
DECLARE @table_id int
SET @table_id=object_id('student')
DBCC SHOWCONTIG(@table_id)
GO
```

执行结果均为：

DBCC SHOWCONTIG 正在扫描'student' 表...
表: 'student'(210099789);索引 ID: 1,数据库 ID: 11
已执行 TABLE 级别的扫描。
- 扫描页数..: 1
- 扫描扩展盘区数....................................: 1
- 扩展盘区开关数....................................: 0
- 每个扩展盘区上的平均页数........................: 1.0
- 扫描密度[最佳值:实际值]........................: 100.00%[1:1]
- 逻辑扫描碎片......................................: 0.00%
- 扩展盘区扫描碎片..................................: 0.00%
- 每页上的平均可用字节数..........................: 7836.0
- 平均页密度(完整).................................: 3.19%
DBCC 执行完毕。如果 DBCC 输出了错误信息，请与系统管理员联系。

在显示结果中，重点是看扫描密度，其理想值为 100%，如果小于这个值，表示表上有碎片。

如果表中有索引碎片，可以使用 DBCC INDEXDEFRAG 对碎片进行整理。

2. DBCC INDEXDEFRAG

该语句用来整理指定的表或视图的聚集索引和辅助索引的碎片。其语法格式为：

```
DBCC INDEXDEFRAG
({ database_name | database_id | 0 }
 ,{ table_name | table_id | 'view_name' | view_id }
 ,{ index_name | index_id }
)
```

其中：

（1）database_name | database_id | 0 是对其索引进行碎片整理的数据库。数据库名称必须符合标识符的规则。有关更多信息，请参见使用标识符。如果指定 0，则使用当前数据库。

（2）table_name | table_id | 'view_name' | view_id 是对其索引进行碎片整理的表或视图。表名和视图名称必须符合标识符规则。

（3）index_name | index_id 是要进行碎片整理的索引。索引名必须符合标识符的规则。

【例 8-27】　整理 stud_course 库 student 表 IX_sname 索引上的碎片。

在 SQL Server Management Studio 的查询窗口中运行以下代码：

```
USE stud_course
GO
DBCC INDEXDEFRAG(stud_course,student,IX_sname)
GO
```

第9章 数据查询

数据查询即从数据库中查找所需要的数据，其在数据库应用过程中占有重要地位，本章从单表查询、连接查询、嵌套查询等几方面结合实例对查询技术进行详细阐述。在讲述实例的操作步骤时，均是在打开 Microsoft SQL Sever Management Studio 的前提下并连接上数据库服务器之后所需的操作步骤。

9.1 单 表 查 询

单表查询即对数据库中的单个表进行查询，其主要包括列查询和行查询。

9.1.1 列查询

列查询是指选择表中的所有列或部分列。

9.1.1.1 查询指定列

当用户只对表中部分列感兴趣时，可按用户感兴趣的列进行查询，此时只需把列名按照一定次序写在 SELECT 子句中的"SELECT"关键字之后即可。

【例 9-1】 从"student"中查询所有学生的 sno，sname，sgengder，sdept 信息。

在 SQL Server 2005 中要实现查询有两种方法：一种是在查询设计器中使用图形化界面设计查询；另一种是写 T-SQL 语句。

方法一：使用查询设计器进行查询。

操作步骤：

（1）单击工具栏中"新建查询"图标 <u>新建查询(N)</u>，打开查询工具栏如图 9-1 所示。

图 9-1 查询工具栏

（2）单击查询工具栏中的"在编辑器中设计查询"图标 ，打开如图 9-2 所示的"查询设计器"窗口。

查询设计器默认由 4 部分组成，从上到下依次为："关系图"窗格、"条件"窗格、"SQL 语句"窗格和"结果"窗格。

"关系图"窗格以图形形式显示了通过数据库连接选择的表或表值对象，同时也会显示它们之间的连接关系。在"关系图"窗格上右键单击，出现弹出式菜单，选中"添加表…"命令，可以打开"添加表"对话框，从而在关系图中添加表。

"条件"窗格用于指定查询选项（例如要显示哪些数据列、如何对结果进行排序以及选择哪些行等），可以通过将选择输入到一个类似电子表格的网格中来进行指定。

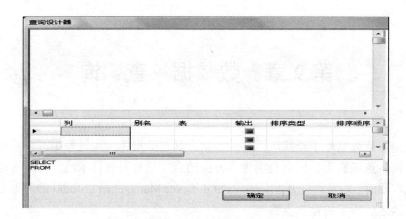

图 9-2　查询设计器

"SQL 语句"窗格显示了创建的 T-SQL 语句，所显示的 T-SQL 语句可以手动创建，也可以通过"关系图"窗格和"条件"窗格中的选择项自动创建。

"结果"窗格显示了最近的查询结果。

当打开一个视图或查询时，以上四个窗格将部分打开或全部打开，所打开的窗格取决于"选项"对话框中的设置以及所连接的数据库管理系统，默认设置是 4 个窗格全部打开。

（3）在"关系图"窗格中添加表，并选中所要显示的列，如图 9-3 所示。

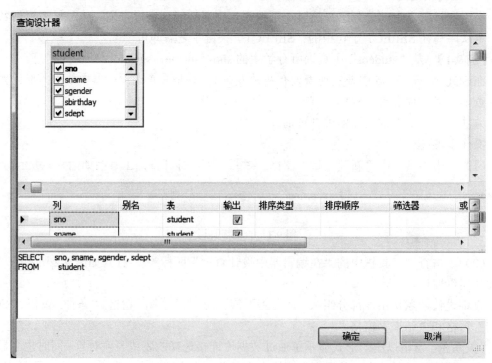

图 9-3　例 9-1 查询语句设计结果

在图 9-3 查询设计器中"条件"窗格、"SQL 语句"窗格及"结果"窗格将随之发生变化，"结果"窗格中显示了查询结果。

（4）单击"确定"，将在"SQL 语句编辑器"中自动生成查询语句。

（5）单击查询工具栏中的"执行"图标 ! 执行(X)，或者按 F5 键，执行查询，结果如图 9-4 所示。

方法二：书写 T-SQL 语句。

操作步骤：

（1）选择工具栏中的"新建查询"命令 新建查询(N)，打开"SQL 语句编辑器"，在其中输入如下 T-SQL 语句：

USE student　　--指定所要查询的数据库

SELECT sno,sname,sgender,sdept --指定所要查询的列

FROM student　　--指定所要查询的表

（2）选择查询工具栏中的"执行"命令，或者按 F5 键，执行查询，结果如图 9-4 所示。

图 9-4　例 9-1 查询结果

注意：

（1）在书写 T-SQL 语句时，所出现的标点符号，均是英文输入状态下的标点符号。

（2）在例 9-1 的 T-SQL 语句中，使用 T-SQL 语句"USE databasename"进行数据库指定，其中 databasename 是所要查询的数据库的名字。若没有 USE 语句，则数据查询将在当前数据库中查询，默认的是系统数据库 master，也可以在工具栏中的数据库列表中更改当前数据库。如果当前数据库是所要查询的数据库，则可省略去 USE 语句。

（3）在例 9-2 的 T-SQL 语句中，USE 语句后跟的数据库应该存在与 SQL Sever 2005 中，即所引用的数据库名必须与 SQL Server 2005 中某一数据库名一致，否则会报错"未能在 sysdatabases 中找到数据库所对应的条目"。同理，SELECT 子句后的列名也应与所查询表中的列名一致，FROM 子句后的表名应与所查询的表名一致。

9.1.1.2 对列指定别名

通常数据库设计过程中，所采用的表名和列名均用英文表示，一方面为了方便用户浏览可以对所显示的列指定别名；另一方面，在某些时候为了方便代码书写，也十分有必要为列指定别名，这在后面的查询过程中将涉及到。

【例 9-2】 从"student"中查询所有学生的 sno、sname、sgengder、sdept，并分别显示为"学号"、"姓名"、"性别"及"系别"。

方法一：应用查询设计器设计查询

操作步骤：

（1）单击工具栏中"新建查询"图标，打开查询工具栏。

（2）单击查询工具栏中的"在编辑器中设计查询"图标，打开查询设计器，并在查询设计器中的"条件"窗格中"别名"一列分别输入对应列的别名，如图 9-5 所示。

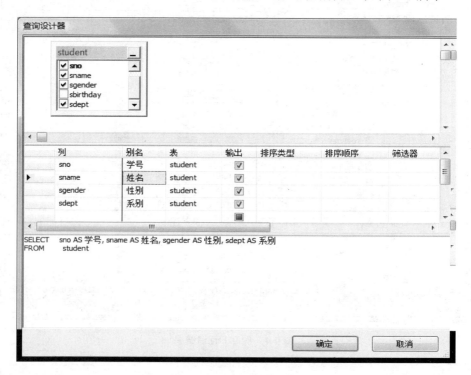

图 9-5 例 9-2 查询设计结果

（3）单击查询设计器中的"确定"。

（4）选中查询工具栏中的"执行"图标或按 F5 键，执行结果如图 9-6 所示。

通过例 9-2 的查询结果可知，在查询时通过对列指定别名，可更改列在显示时的名字，当然在原来的表中，列名是不更改的。

方法二：书写 T-SQL 语句。

对列指定别名，使用 T-SQL 语句有三种方法，分别为：用 AS 关键字、用"="连接及用 ANSI 标准方式显示。

操作步骤：

（1）在"对象资源管理器"中选择要查询的数据库或选择要查询的表，或者在查询工具栏中"可用数据库列表"中选择查询的数据库。

	学号	姓名	性别	系别
1	200900101	李勇	男	信息工程
2	200900102	王蒙蒙	女	信息工程
3	200900201	王一飞	男	数学
4	200900202	刘明	男	数学
5	200900203	赵燕	女	数学
6	200900301	吴敏	女	水利
7	200900302	杨志忠	男	水利
8	200900303	屠铭	男	水利
9	200900304	姚虹	女	水利
10	200900305	田庆明	男	水利
11	200900401	詹明	男	电力
12	200900402	朱康辉	男	电力
13	200900403	王慧	女	电力
14	200900501	吴晗	女	环工
15	200900502	张之阳	男	环工
16	200900601	吴敏	女	法律
17	200900602	郑孝勇	男	法律

图 9-6 例 9-2 查询结果

（2）选择工具栏中的"新建查询"命令，打开"SQL 语句编辑器"，在其中输入如下 T-SQL 语句之一：

1）用 AS 关键字建立列的别名

SELECT sno AS 学号,sname AS 姓名,sgender AS 性别,sdept AS 系别
FROM   student

2）用"="连接列的别名

SELECT 学号=sno,姓名=sname,性别=sgender,系别=sdept
FROM   student

3）用 ANSI 标准方式

SELECT sno '学号',sname '姓名',sgender '性别',sdept '系别'
FROM   student

（3）选择查询工具栏中的"执行"命令，或者按 F5 键，执行查询，结果如图 9-6 所示。

在对列指定别名的三种方法中，使用 AS 关键字指定别名是较常用的方法，注意跟在 AS 关键字后的别名无需用单引号引起来；第二种使用"="连接列的原名和别名时，别名在"="左端，列的原名在"="右端，类似程序设计中的赋值语句，即把列的原名所代表的值赋给别名；使用"ANSI"标准方式显示时，原名在前，接着是空格，然后跟着别名，且要把别名用单引号引起来加以区别。

当对 T-SQL 语句熟悉时，直接书写 T-SQL 语句来执行查询操作，将会很方便，以下的查询过程中将直接采用书写 T-SQL 语句的形式建立查询。

9.1.1.3 查询所有列

当用户需要得知表中所有列的信息时，可以采用查询所有列的方式进行查询。查询所

有列有两种方法，一种是在 SELECT 后跟着通配符 "*"，另一种是在 SELECT 后写出所有列的列名。

【例 9-3】　从 "student" 表中查询所有学生的所有信息。

操作步骤：

（1）在 "对象资源管理器" 中选择 student 数据库。

（2）选择工具栏中的 "新建查询" 命令，打开 "SQL 语句编辑器"，在其中输入如下 T-SQL 语句之一：

1）用通配符*

SELECT *　FROM　　student

2）列举所有列名

SELECT sno,sname,sgender,sbirthday,sdept

FROM student

（3）选择查询工具栏中的 "执行" 命令，或者按 F5 键，执行查询，结果如图 9-7 所示。

9.1.1.4　查询计算列

当用户想得到在某些列上进行计算后的信息时，可采用查询计算列的方式，即在查询时可对列进行相应运算并显示出计算后的结果，如对数值类型数据列可进行算术运算，对字符串类型数据列进行字符串连接运算及字符串函数运算，对日期类型数据列进行日期类型的函数运算等。

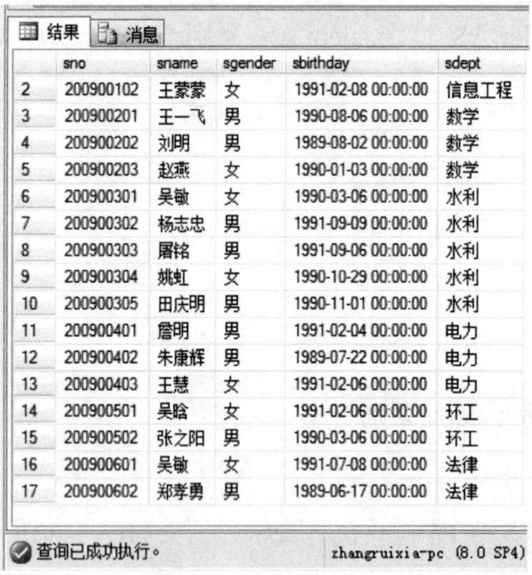

【例 9-4】　从 "student" 表中查询所有学生的 sno、sname、sgender、sdept 并显示其年龄。

分析：由于在 "student" 表中，没有直接记录年龄的列，所以无法直接显示年龄；但在 "student" 表中有记录生日的列 sbirthday，所以可根据 sbirthday 计算出年龄。可采用表达式 year（getdate（））- year（sbirthday）计算年龄，其中函数 getdate（）、year（）均为 SQL SERVER 提供系统函数；函数 getdate（）获得系统当前日期；函数 year（date）获得指定日期 date 的年份，其中 date 是函数 year 的参数，要求是 datetime 类型或 smalldatetime 类型的数据；year（getdate（））获得当前的年份，year（sbirthday）获得生日的年份，两者相减即为年龄。

操作步骤：

（1）在 "对象资源管理器" 中选择 student 数据库。

（2）选择工具栏中的 "新建查询" 命令，打开 "SQL 语句编辑器"，在其中输入如下 T-SQL 语句：

图 9-7　例 9-3 查询结果

SELECT sno,sname,sgender,year(getdate())- year(sbirthday)as sage,sdept

FROM student

（3）选择查询工具栏中的"执行"命令，执行查询，结果如图9-8所示。

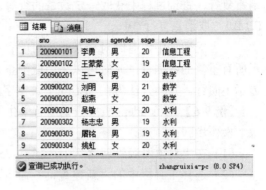

注意：

（1）在应用计算列进行查询时，计算列是一个虚拟列，并不存在于表中，它只是应用表中的基本列进行计算，再把计算结果显示在查询集中或应用于查询的其他子句当中。

（2）在计算列表达式中，可以应用运算符，表达式将按运算符的优先次序进行计算，可应用圆括号来提高运算符优先次序。

图9-8　例9-4查询结果

（3）在应用计算列进行查询时，若没有对计算列指定别名，则在显示结果时，计算列将不会显示列名。

【例9-5】 从 student 表中查询所有学生的 sno、sname，并用"所在系别为："与 sdept 进行连接显示。

分析：像众多程序设计语言一样，在 SQL Server 中也可以使用"+"来进行字符串的连接运算，如表达式：'信息工程'+'学院'，则其值为'信息工程学院'。需要注意的是在 T-SQL 语句中，字符串要用单引号引起来。

操作步骤：

（1）在"对象资源管理器"中选择 student 数据库。

（2）选择工具栏中的"新建查询"命令，打开"SQL 语句编辑器"，在其中输入如下 T-SQL 语句：

SELECT sno，sname，'所在系别为：'+sdept　FROM student

（3）选择查询工具栏中的"执行"命令，执行查询，结果如图9-9所示。

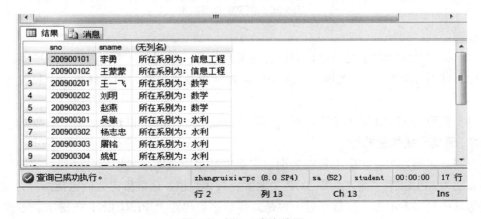

图9-9　例9-5查询结果

9.1.2 基本行查询

基本行查询主要是指在查询过程中对行进行一些简单的基本的限制，如查询过程中取消重复行，查询过程中获取一定数量的行等。

9.1.2.1 取消重复行

在表的数据中，有时对于某一列可能存在多个重复的值，在查询过程中可能没必要显示所有重复的数据行，此时可以采用取消重复行的方法进行查询，以便过滤掉重复行而仅显示不同行。具体方法为在 SELECT 关键字后的列名前加上 DISTINCT 关键字。

【例 9-6】 从 student 表中查询所有学生的 sdept 并取消重复行。

操作步骤：

（1）在"对象资源管理器"中选择 student 数据库。

（2）选择工具栏中的"新建查询"命令，打开"SQL 语句编辑器"，在其中输入如下 T-SQL 语句：

SELECT DISTINCT sdept

FROM student

（3）选择查询工具栏中的"执行"命令，执行查询，结果如图 9-10 所示。

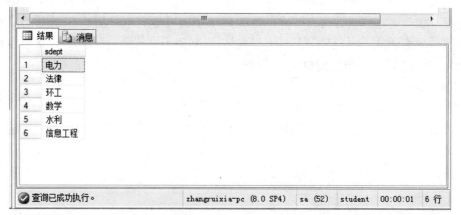

图 9-10　例 9-6 查询结果

注意：

（1）使用 DISTINCT 关键字，表达式必须只包含一个列名，否则结果将不准确。

（2）使用 DISTINCT 关键字，多个空值被认为是重复的，即在结果集中只包含一个空值。

（3）使用 DISTINCT 关键字，其后的列不能是 text、ntext 和 image 类型的数据。

9.1.2.2 查询一定数量的行

查询一定数量的行实际上是在查询结果集中显示出自结果集顶部开始若干数量的行。具体方法为 SELECT 关键字后跟 TOP 关键字及具体数值，这里指定数值包括两种方式，一种采用具体数字表示确定行数，另一种是具体数字后再跟上 PERCENT 关键字表示按结果集的百分比显示若干行。

【例 9-7】 从 student 表中查询前 5 行学生的所有信息。

操作步骤：

（1）在"对象资源管理器"中选择 student 数据库。

（2）选择工具栏中的"新建查询"命令，打开"SQL 语句编辑器"，在其中输入如下 T-SQL 语句：

SELECT TOP 5 *
FROM student

（3）选择查询工具栏中的"执行"命令，执行查询，结果如图 9-11 所示。

	sno	sname	sgender	sbirthday	sdept
1	200900101	李勇	男	1990-07-06 00:00:00	信息工程
2	200900102	王蒙蒙	女	1991-02-08 00:00:00	信息工程
3	200900201	王一飞	男	1990-08-06 00:00:00	数学
4	200900202	刘明	男	1989-08-02 00:00:00	数学
5	200900203	赵燕	女	1990-01-03 00:00:00	数学

图 9-11　例 9-7 查询结果

【例 9-8】 从 student 表中查询前 5%行学生的所有信息。

操作步骤：

（1）在"对象资源管理器"中选择 student 数据库。

（2）选择工具栏中的"新建查询"命令，打开"SQL 语句编辑器"，在其中输入如下 T-SQL 语句：

SELECT TOP 5 PERCENT   *
    FROM student

（3）选择查询工具栏中的"执行"命令，执行查询，结果如图 9-12 所示。

	sno	sname	sgender	sbirthday	sdept
1	200900101	李勇	男	1990-07-06 00:00:00	信息工程

图 9-12　例 9-8 查询结果

9.1.3　使用 WHERE 限定的行查询

在多数情况下，用户需要的并不是所有行的数据或指定一定数量行的数据，而是满足某些条件行的数据，此时可以使用 WHERE 子句来表示查询条件。对 WHERE 条件子句进行设置，在条件表达式中可以应用比较表达式、可以应用逻辑运算符连接多个比较表达式、可以进行字符串模糊查询设置、可以进行空置查询等。

9.1.3.1 使用比较表达式

【例 9-9】 从 student 表中查询学号为"200900203"的学生的所有信息。

操作步骤：

（1）选择工具栏中的"新建查询"命令，打开"SQL 语句编辑器"，在其中输入如下 T-SQL 语句：

```
USE student
    SELECT *
    FROM student
    WHERE sno='200900203'
    GO
```

（2）选择查询工具栏中的"执行"命令，执行查询，结果如图 9-13 所示。

图 9-13 例 9-9 查询结果

注意：

（1）比较表达式中用比较运算符连接两个表达式，其结果返回值为布尔类型，查询结果集仅显示满足比较表示式为真的行。这里所有效的比较运算符如表 9-1 所示。

表 9-1 比 较 运 算 符 表

运 算 符	含 义	运 算 符	含 义
=	等于	<>或!=	不等于
>	大于	>=	大于等于
<	小于	<=	小于等于
!>	不大于	!<	不小于

（2）比较运算符所连接的表达式，其结果不能是 text、ntext 和 image 类型。

【例 9-10】 从 student 表中查询年龄大于 19 岁的学生的 sno、sname、sbirthday 和 sdept 等信息，并显示其年龄。

分析：

在 student 表中的基本列中虽然没有关于学生年龄的直接信息，但是有关于学生的出生日期的信息 sbirthday，所以可以用 sbirthday 进行计算获得学生的年龄：YEAR（GETDATE（））- YEAR（sbirthday），不仅把计算结果显示于结果集中，而且应用计算结果组建条件表达式。

操作步骤：

（1）选择工具栏中的"新建查询"命令，打开"SQL 语句编辑器"，在其中输入如下 T-SQL 语句：

USE student

SELECT sno,sname,sbirthday,YEAR(GETDATE())- YEAR(sbirthday)as sage,sdept

FROM student

WHERE(YEAR(GETDATE())- YEAR(sbirthday))>19

GO

（2）选择查询工具栏中的"执行"命令，执行查询，结果如图 9-14 所示。

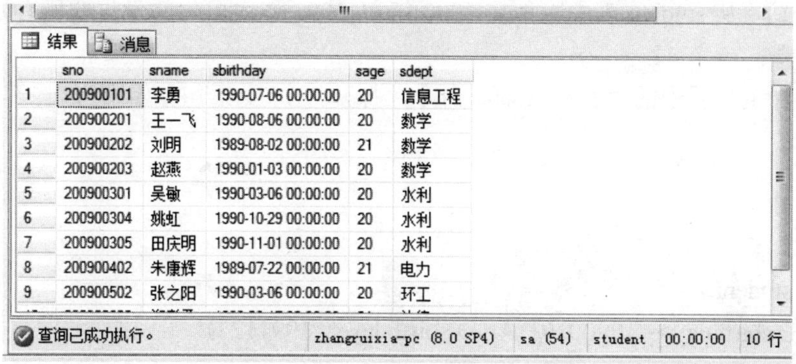

图 9-14　例 9-10 查询结果

9.1.3.2　使用逻辑运算符

当查询条件有多个时，应该使用逻辑运算符来连接表示多个条件的条件表达式，从而把多个条件表达式组合在一起，并跟于 WHERE 之后。逻辑运算符包括表示条件并列的 AND、表示条件选择的 OR 和表示条件否定的 NOT。

【例 9-11】 从 student 表中查询"数学"或"信息工程"或"法律"系的学生的 sno、sname 和 sdept 等信息。

操作步骤：

（1）选择工具栏中的"新建查询"命令，打开"SQL 语句编辑器"，在其中输入如下 T-SQL 语句：

USE student

SELECT sno,sname,sdept

FROM student

WHERE sdept='数学' OR sdept='信息工程' OR sdept='法律'

GO

（2）选择查询工具栏中的"执行"命令，执行查询，结果如图 9-15 所示。

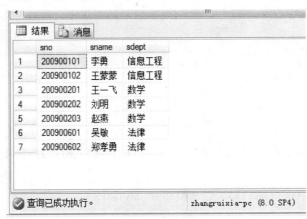

图 9-15　例 9-11 查询结果

【例 9-12】　从 student 表中查询在 1990 年和 1991 年内出生的学生的所有信息。

操作步骤：

（1）选择工具栏中的"新建查询"命令，打开"SQL 语句编辑器"，在其中输入如下 T-SQL 语句：

USE student
SELECT *
FROM student
WHERE sbirthday>='19900101' AND sbirthday<='19911231'
GO

（2）选择查询工具栏中的"执行"命令，执行查询，结果如图 9-16 所示。

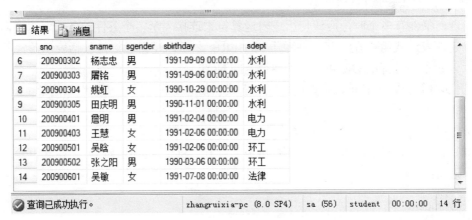

图 9-16　例 9-12 查询结果

注意：

当指定用于比较的数据是日期类型时，建议使用连在一起的数字字符串日期常量格式或者使用带有显示参数的 CONVERT 函数来把日期类型转换为指定格式的字符串类型，如查询出生日期为"1990-03-06"的学生的所有信息：

SELECT *

FROM student

WHERE sbirthday=CONVERT（DATETIME，'1990-03-06'，101）

【例 9-13】 从 student 表中查询非"水利"系所有男生的信息。

操作步骤：

（1）选择工具栏中的"新建查询"命令，打开"SQL 语句编辑器"，在其中输入如下 T-SQL 语句：

USE student

SELECT *

FROM student

WHERE NOT(sdept='水利')AND sgender='男'

GO

（2）选择查询工具栏中的"执行"命令，执行查询，结果如图 9-17 所示。

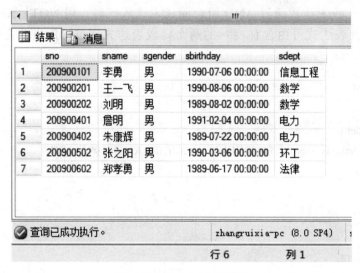

图 9-17 例 9-13 查询结果

注意：

（1）在使用逻辑运算符时，运算符的优先从高到低依次为 NOT、AND、OR。

（2）在用 AND 连接两个表达式时，只有当两个表达式均为真时，整个条件表达式为真；其他情况整个表达式均为假。

（3）在用 OR 连接两个表达式时，只有当两个表达式均为假时，整个条件表达式为假；其他情况整个表达式均为真。

9.1.3.3 使用谓词 BETWEEN

BETWEEN 用来引导范围搜索的条件，结果集中返回介于两个指定范围之间的所有值。

NOT BETWEEN 也用来引导范围搜索的条件，结果集中返回两个指定范围之外的所有值。

【例 9-14】 同例 9-12，从 student 表中查询在 1990 年和 1991 年内出生的学生的所有信息。

操作步骤：

（1）选择工具栏中的"新建查询"命令，打开"SQL 语句编辑器"，在其中输入如下 T-SQL 语句：

```
USE student
SELECT *
FROM student
WHERE sbirthday BETWEEN '19900101' AND '19911231'
GO
```

（2）选择查询工具栏中的"执行"命令，执行查询，结果如图 9-16 所示。

从查询结果上可以得知，用 BETWEEN 引导的范围搜索条件表达式可以用由含有>=和<=的两个比较表达式通过 AND 组合而成表达式代替。用 NOT BETWEEN 引导的范围搜索条件表达式可由含有>和<的两个比较表达式通过 OR 组合而成的表达式代替，如：

```
USE student
SELECT *
FROM student
WHERE sbirthday    NOT BETWEEN '19900101' AND '19911231'
```

与

```
USE student
SELECT *
FROM student
WHERE sbirthday<'19900101' OR sbirthday>'19911231'
```

两者的查询效果是一样的。

9.1.3.4 **使用谓词 IN**

IN 用来引导列表搜索条件，从而可以选择与列表中任意一个值匹配的行。

【例 9-15】 同例 9-11 从 student 表中查询"数学"或"信息工程"或"法律"系的学生的 sno 和 snamet 等信息。

操作步骤：

（1）选择工具栏中的"新建查询"命令，打开"SQL 语句编辑器"，在其中输入如下 T-SQL 语句：

```
USE student
SELECT sno,sname,sdept
FROM student
WHERE sdept IN('数学','信息工程','法律')
GO
```

（2）选择查询工具栏中的"执行"命令，执行查询，结果如图 9-15 所示。

注意：IN 引导的列表中的项目必须用逗号隔开，并且括在括号内；列表中各个项目之间是或的关系。

9.1.3.5 使用谓词 LIKE

LIKE 关键字用来实现字符串、日期和时间类数值的模糊搜索。

【例 9-16】 从 student 表中查询姓王的同学的 sno、sname 及 sdept 的信息。

操作步骤：

（1）选择工具栏中的"新建查询"命令，打开"SQL 语句编辑器"，在其中输入如下 T-SQL 语句：

```
USE student
SELECT sno,sname,sdept
FROM student
WHERE sname LIKE '王%'
GO
```

（2）选择查询工具栏中的"执行"命令，执行查询，结果如图 9-18 所示。

图 9-18 例 9-16 查询结果

LIKE 关键字后字符串，字符串中可以包含四种通配符（如表 9-2 所示）的任意组合。

表 9-2 通 配 符

通 配 符	含 义	实 例
%	包含零个或更多字符的任意字符串	'李%'：以"李"开头的任意字符串； '李%平'：以"李"开头并且以"平"结尾的任意字符串； '%平'：以"平"结尾的任意字符串
-	包含任何单个字符	'李_'：以"李"开头的包含两个字符的字符串； '11_9'：以"11"开头并且以"9"结尾包含四个字符的字符串
[]	包含指定范围或集合内的任何单个字符	'[adf]%c'：以"a"或"d"或"f"开头的任意字符串； '[0-9][a-d]0'：以 0~9 之间任意数字开头，第二个字符为 a~d 之间任意字母，以"0"结尾的长度为 3 的任意字符串
[^]	不包含在指定范围或集合内的任何单个字符	'[^a-e]dl'：不是以 a~e 之间任意字符开头并且以"dle"结尾长度为 4 的任意字符串； '%[^afg]'：不是以"a"或"f"或"g"结尾的任意字符串

【**例 9-17**】 从 student 表中查询王某的同学的 sno、sname 及 sdept 的信息。

操作步骤：

（1）选择工具栏中的"新建查询"命令，打开"SQL 语句编辑器"，在其中输入如下 T-SQL 语句：

图 9-19 例 9-17 查询结果

USE student
SELECT sno,sname,sdept
FROM student
WHERE sname LIKE '王_'
GO

（2）选择查询工具栏中的"执行"命令，执行查询，结果如图 9-19 所示。

【**例 9-18**】 从 student 表中查询除了姓王的同学的 sno、sname 及 sdept 的信息。

操作步骤：

（1）选择工具栏中的"新建查询"命令，打开"SQL 语句编辑器"，在其中输入如下 T-SQL 语句：

USE student
SELECT sno,sname,sdept
FROM student
WHERE sname LIKE '[^王]%'
GO

（2）选择查询工具栏中的"执行"命令，执行查询，结果如图 9-20 所示。

【**例 9-19**】 从 student 表中查询 sno 最后一位为 1、2、3 的同学的 sno、sname 及 sdept 的信息。

	sno	sname	sdept
6	200900303	屠铭	水利
7	200900304	姚虹	水利
8	200900305	田庆明	水利
9	200900401	詹明	电力
10	200900402	朱康辉	电力
11	200900501	吴晗	环工
12	200900502	张之阳	环工
13	200900601	吴敏	法律
14	200900602	郑孝勇	法律

查询已成功执行。　　　　zhangruixia-pc (8.0 SP4)

图 9-20 例 9-18 查询结果

操作步骤：

（1）选择工具栏中的"新建查询"命令，打开"SQL 语句编辑器"，在其中输入如下 T-SQL 语句：

```
USE student
SELECT sno,sname,sdept
FROM student
WHERE sno LIKE '%[1-3]'
GO
```

（2）选择查询工具栏中的"执行"命令，执行查询，结果如图 9-21 所示。

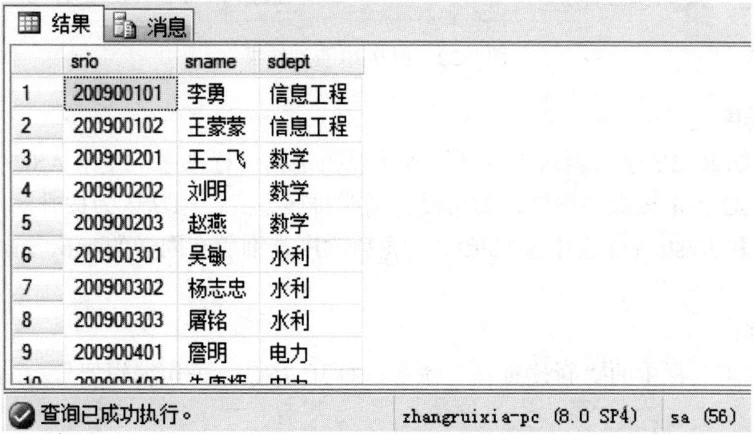

图 9-21 例 9-19 查询结果

【例 9-20】 从 student 表中查询 sbirthday 在 1990 年出生的学生的所有信息。

操作步骤：

（1）选择工具栏中的"新建查询"命令，打开"SQL 语句编辑器"，在其中输入如下 T-SQL 语句：

```
USE student
SELECT *
FROM student
WHERE sbirthday LIKE '%1990%'
GO
```

（2）选择查询工具栏中的"执行"命令，执行查询，结果如图 9-22 所示。

注意：当搜索日期或时间的一部分时，建议使用 LIKE 关键字。因为 datetime 类型可能包含各种日期部分，SQL Server 首先把数据转换为 datetime 格式然后再转换为 varchar 格式。

请思考上例中 WHERE 条件表达式若改写为 sbirthday LIKE '1990%'是否能实现正确查询。

图 9-22　例 9-20 查询结果

9.1.4　查询排序

使用 ORDER BY 子句可对查询结果集按照指定列进行排序，使用 ASC 指定按升序排序，使用 DESC 指定按降序排序，如果没有指明排序方式，则默认为按升序排序。

【例 9-21】从 student 表中按 sbirthday 先后次序查询所有同学的 sno、sname、sbirthday 及 sdept 信息。

操作步骤：

（1）选择工具栏中的"新建查询"命令，打开"SQL 语句编辑器"，在其中输入如下 T-SQL 语句：

```
USE student
SELECT sno,sname,sbirthday,sdept
FROM student
ORDER BY sbirthday
GO
```

（2）选择查询工具栏中的"执行"命令，执行查询，结果如图 9-23 所示。

	sno	sname	sbirthday	sdept
1	200900602	郑孝勇	1989-06-17 00:00:00	法律
2	200900402	朱康辉	1989-07-22 00:00:00	电力
3	200900202	刘明	1989-08-02 00:00:00	数学
4	200900203	赵燕	1990-01-03 00:00:00	数学
5	200900301	吴敏	1990-03-06 00:00:00	水利
6	200900502	张之阳	1990-03-06 00:00:00	环工
7	200900101	李勇	1990-07-06 00:00:00	信息工程
8	200900201	王一飞	1990-08-06 00:00:00	数学
9	200900304	姚虹	1990-10-29 00:00:00	水利

图 9-23　例 9-21 查询结果

【例 9-22】 从 student 表中按 sbirthday 升序和学号降序查询所有女同学的 sno、sname、sbirthday 的信息。

操作步骤：

（1）选择工具栏中的“新建查询”命令，打开“SQL 语句编辑器”，在其中输入如下 T-SQL 语句：

```
USE student
SELECT sbirthday,sno,sname
FROM student
WHERE sgender='女'
ORDER BY sbirthday,sno DESC
GO
```

（2）选择查询工具栏中的“执行”命令，执行查询，结果如图 9-24 所示。

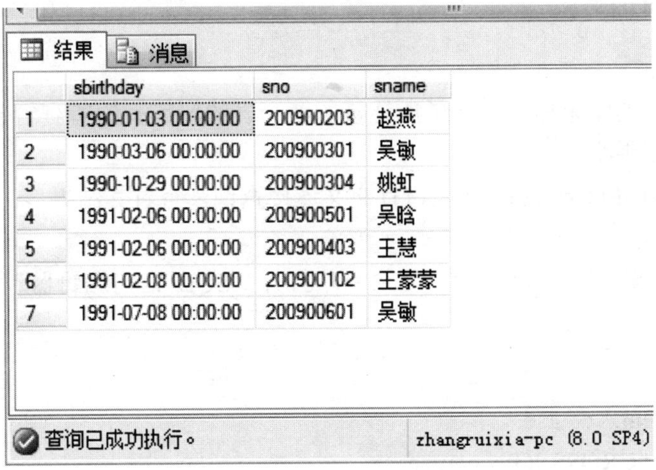

	sbirthday	sno	sname
1	1990-01-03 00:00:00	200900203	赵燕
2	1990-03-06 00:00:00	200900301	吴敏
3	1990-10-29 00:00:00	200900304	姚虹
4	1991-02-06 00:00:00	200900501	吴晗
5	1991-02-06 00:00:00	200900403	王慧
6	1991-02-08 00:00:00	200900102	王蒙蒙
7	1991-07-08 00:00:00	200900601	吴敏

图 9-24　例 9-22 查询结果

注意：

（1）当 ORDER BY 子句中指定了多个排序列时，这多个排序列按照在 ORDER BY 子句中的位置进行嵌套排列，既先按照第一列排序，再按照第二列排序等。

（2）ORDER BY 子句中不能使用 text、ntext 和 image 类型的列。

9.2 连 接 查 询

在实际应用中，所需要的数据往往不是存在于一个表中，而是分别存在于多个表中，此时可联合多个表进行查询，涉及多个表的查询称为连接查询。在 Miscrosoft SQL Server 中连接查询按照表中数据的组合方式可分为交叉连接查询、内连接查询及外连接查询。

在探讨表的连接查询之前，先讲述一下使用表的别名，从而方便以后 SELECT 语句的书写。

9.2.1 使用表的别名

SELECT 语句的可读性可通过为表指定别名来提高。指派表的别名有两种方式,一种是使用 AS 关键字,即采用"表名 AS 别名"的形式,另一种不使用 AS 关键字,即采用"表名别名"的形式,如下 T-SQL 语句,为 student 指派了别名 s。

USE student

SELECT s.sno,s.sname,s.sdept

FROM student as s

如果为表指派了别名,那么在该 T-SQL 语句中对该表的所有显式引用都必须使用别名,而不能使用表名。例如,上面的 SELECT 语句若改写为如下 T-SQL 语句将产生语法错误,因为该语句在已指派别名的情况下又使用了表名。

USE student

SELECT student.sno,student.sname,s.sdept

FROM student as s

9.2.2 交叉连接查询

交叉连接查询的结果集中包含了所连接的两个表的所有行的所有组合情况,其实际即为两个表的笛卡尔乘积。

【例 9-23】 对 student 表和 sc 表进行交叉连接查询,查看其结果。

操作步骤:

(1)选择工具栏中的"新建查询"命令,打开"SQL 语句编辑器",在其中输入如下 T-SQL 语句:

USE student

SELECT student.*,course.*

FROM student CROSS JOIN course

GO

(2)选择查询工具栏中的"执行"命令,执行查询,结果如图 9-25 所示。

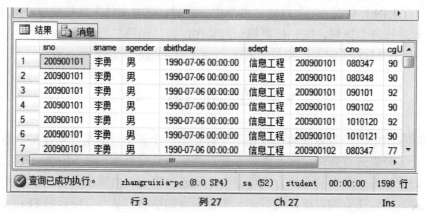

图 9-25 例 9-23 查询结果

　　在上例查询结果中共包含了 1598 行数据，它由 student 表中的 17 行数据和 sc 表中的 94 行数据交叉连接而成。

　　在表的连接查询中，当要查询同名字段时，需要指明该字段所属的表，即以"表名.列名"的格式给出，为了简化表名，可以给出表的别名。如例 9-23 中的 T-SQL 语句当使用表的别名时，可以简化为如下 T-SQL 语句：

```
USE student
SELECT s.*,c.*
FROM student as s CROSS JOIN sc as c
GO
```

9.2.3　内连接查询

　　内连接也称为自然连接，是指把两个表中的数据进行连接查询，结果集中仅包含那些满足连接条件的数据行。内连接查询是数据库查询中经常应用到的查询方式。

9.2.3.1　使用 JOIN 和 ON 关键字指定连接条件

　　【例 9-24】查询 student 表中所有学生的 sno、sname、sdept 和 sc 表中相应的 cno、cgrade。

　　分析：

　　student 表与 sc 表有相同的字段 sno，查询 student 表中学生的 sno、sname、sdept 和 sc 表中相应的 cno、cgrade，即从 student 表和 sc 表查询 sno 相同的 sno、sname、sdept、cno、cgrade，也就是说相同的 sno 是两表的连接条件。

　　操作步骤：

　　（1）选择工具栏中的"新建查询"命令，打开"SQL 语句编辑器"，在其中输入如下 T-SQL 语句：

```
USE student
SELECT s.sno,sname,sdept,cno,cgrade
FROM student AS s INNER JOIN sc
ON s.sno=sc.sno
GO
```

　　（2）选择查询工具栏中的"执行"命令，执行查询，结果如图 9-26 所示。

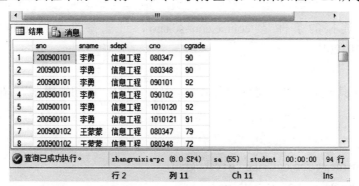

图 9-26　例 9-24 查询结果

注意：

（1）使用 JOIN 和 ON 关键字指定连接条件时，其中 INNER 可以省略，ON 用于给出两个表的连接条件。

（2）内连接条件中的两列应该具有相同的数据类型。

（3）在使用内连接时，包含 NULL 的列不与任何值匹配，因此不包含在结果集中。

（4）可以使用 WHERE 子句指定连接条件。

9.2.3.2 使用 WHERE 子句指定连接条件

使用 WHERE 子句指定连接条件，即把连接条件写在 WHERE 子句内。注意在使用 WHERE 子句指定连接条件时，也不需要使用 JOIN 关键字了，而是把连接的两个表以逗号分开写于 FROM 子句中。

【例 9-25】 使用 WHERE 子句改写例 9-24 中的 T-SQL 语句。

操作步骤：

（1）选择工具栏中的"新建查询"命令，打开"SQL 语句编辑器"，在其中输入如下 T-SQL 语句：

```
USE student
SELECT s.sno,sname,sdept,cno,cgrade
FROM student AS s,sc
WHERE s.sno=sc.sno
GO
```

（2）选择查询工具栏中的"执行"命令，执行查询，结果仍如图 9-26 所示。

9.2.3.3 内连接的条件查询

内连接的条件查询实际上是在两个表内连接的基础上进行条件过滤。由于在进行内连接的条件查询时，实际上存在两种条件，一种是内连接的条件，称为内连接条件；另一种是两个表内连接后查询集应满足的条件，称为过滤条件。因此在内连接的条件查询时，应该区分这两种条件，一般情况下，内连接条件写于 ON 子句中，过滤条件写于 WHERE 子句中。

【例 9-26】 在 course 表和 sc 表中查询 cno 是 1010120 的课程的 cname、sno、cgUsual、cgTest、cgrade。

分析：内连接的条件是 course.cno=sc.cno，过滤条件是 sc.cno='1010120' 或者 course.cno='1010120'。

操作步骤：

（1）选择工具栏中的"新建查询"命令，打开"SQL 语句编辑器"，在其中输入如下 T-SQL 语句：

```
USE student
SELECT cname,sc.sno,cgUsual,cgTest,cgrade
FROM course AS c INNER JOIN sc
```

```
ON c.cno=sc.cno
WHERE c.cno='1010120'
GO
```

（2）选择查询工具栏中的“执行”命令，执行查询，结果仍如图 9-27 所示。

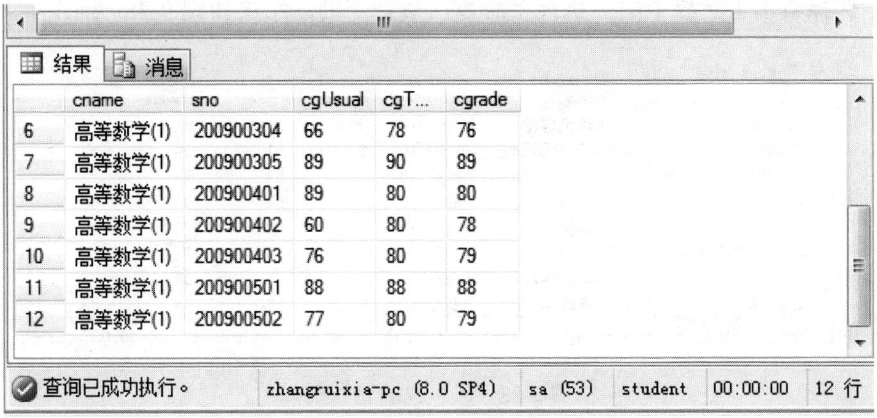

	cname	sno	cgUsual	cgT...	cgrade
6	高等数学(1)	200900304	66	78	76
7	高等数学(1)	200900305	89	90	89
8	高等数学(1)	200900401	89	80	80
9	高等数学(1)	200900402	60	80	78
10	高等数学(1)	200900403	76	80	79
11	高等数学(1)	200900501	88	88	88
12	高等数学(1)	200900502	77	80	79

图 9-27　例 9-26 查询结果

例 9-26 也可使用下述 T-SQL 语句实现，即把内连接条件和过滤条件都写在 WHERE 子句中。此时，不能再使用 JOIN 和 ON 关键字。

```
USE student
SELECT cname,sc.sno,cgUsual,cgTest,cgrade
FROM course AS c,sc
WHERE c.cno=sc.cno and c.cno='1010120'
GO
```

9.2.3.4　多表内连接查询

两个以上的表的内连接查询是在两个表内连接查询的基础上，依次对多个表两两实现内连接查询。

【例 9-27】 在 course 表、sc 表及 student 表中查询所有学生的 sno、sname 及其参加考试的 cname、cgUsual、cgTest、cgrade。

分析：sno 和 sname 是 student 表中的列，cgUsual、cgTest、cgrade 是 sc 表中的列，cname 是 scourse 中的列；其中 student 与 sc 拥有相同列 sno，因此 student 与 sc 进行内连接，sno 可作为其内连接条件；sc 与 course 拥有相同列 cno，因此 sc 与 course 进行内连接，cno 可作为其内连接条件。

操作步骤：

（1）选择工具栏中的“新建查询”命令，打开“SQL 语句编辑器”，在其中输入如下 T-SQL 语句：

```
USE student
```

SELECT s.sno,sname,cname,sc.sno,cgUsual,cgTest,cgrade

FROM student AS s INNER JOIN sc ON s.sno=sc.sno

JOIN course as c ON sc.cno = c.cno

GO

（2）选择查询工具栏中的"执行"命令，执行查询，结果如图 9-28 所示。

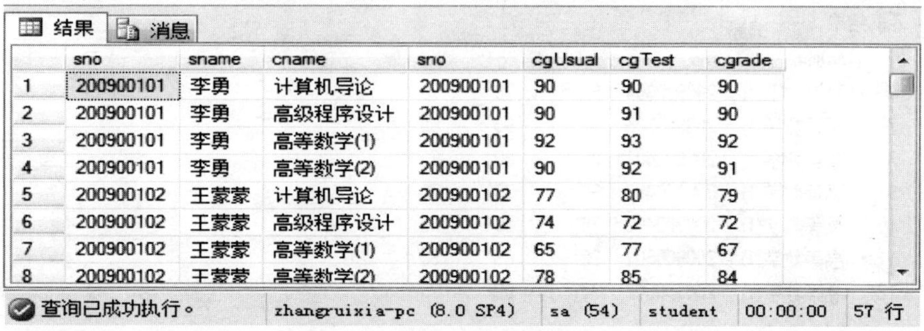

	sno	sname	cname	sno	cgUsual	cgTest	cgrade
1	200900101	李勇	计算机导论	200900101	90	90	90
2	200900101	李勇	高级程序设计	200900101	90	91	90
3	200900101	李勇	高等数学(1)	200900101	92	93	92
4	200900101	李勇	高等数学(2)	200900101	90	92	91
5	200900102	王蒙蒙	计算机导论	200900102	77	80	79
6	200900102	王蒙蒙	高级程序设计	200900102	74	72	72
7	200900102	王蒙蒙	高等数学(1)	200900102	65	77	67
8	200900102	王蒙蒙	高等数学(2)	200900102	78	85	84

查询已成功执行。　　zhangruixia-pc (8.0 SP4)　　sa (54)　　student　　00:00:00　　57 行

图 9-28　例 9-27 查询结果

9.2.4　外连接查询

在内连接中参与连接的多个表地位是平等的，结果集中仅包括满足连接条件的数据行。而外连接则是以一个表为主表，结果集中包含主表中的所有数据行以及从表中满足连接条件的数据行，如果从表中不存在与主表匹配的行，则对应位置以空置填入。按照主表的位置，外连接可分为左连接、右连接和完全连接。

9.2.4.1　左连接

左连接查询即以查询语句中左边的表为主表，其查询的结果集中将包括左表中的所有数据行以及右表中与其匹配的行，如果左表中的某一行在右表中没有匹配行，对应位置则以 NULL 置入。若 a 表与 b 表进行左连接查询则要在 FROM 子句中实现两个表的左连接操作，即 FROM 子句中写入： a LEFT OUTER JOIN b，并在 ON 子句中写入连接条件。

【例 9-28】 将 course 表定义为主表，将其与 sc 表进行左连接，查询每门课程的 cno、cname、及参加该课程考试的 sno、cgUsual、cgTest、cgrade。

分析：course 表与 sc 表拥有相同列 cno，所以 cno 作为两表的连接条件。

操作步骤：

（1）选择工具栏中的"新建查询"命令，打开"SQL 语句编辑器"，在其中输入如下 T-SQL 语句：

USE student

SELECT c.cno,c.cname,sno,cgUsual,cgTest,cgrade

FROM course AS c LEFT OUTER JOIN sc ON c.cno=sc.cno

GO

（2）选择查询工具栏中的"执行"命令，执行查询，结果如图 9-29 所示。

本例的 T-SQL 语句还可以改写为使用 WHERE 子句建立连接条件的形式：

```
USE student
SELECT c.cno,c.cname,sno,cgUsual,cgTest,cgrade
FROM course AS c,sc
WHERE c.cno*=sc.cno
GO
```

在使用 WHERE 子句进行左连接时，要使用符号*=，表示左连接。

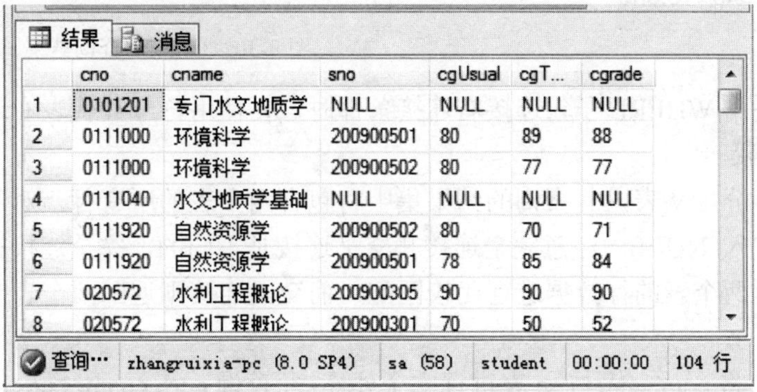

图 9-29　例 9-28 查询结果

9.2.4.2 　右连接

右连接查询与左连接查询相对应，它是以查询语句中右边的表为主表，其查询的结果集中将包括右表中的所有数据行以及左表中与其匹配的行，如果右表中的某一行在左表中没有匹配行，对应位置则以 NULL 置入。若 a 表与 b 表进行右连接查询则要在 FROM 子句中实现两个表的右连接操作，即 FROM 子句中写入：　a RIGHT OUTER JOIN b，并在 ON 子句中写入连接条件。

【例 9-29】　将 sc 表定义为主表，将其与 course 表进行右连接，查询每门课程的 cno、cname、及参加该课程考试的 sno、cgUsual、cgTest、cgrade。

分析：要求查询每门课程的 cno、cname、及参加该课程考试的 sno、cgUsual、cgTest、cgrade，所以课程的 cno 是连接条件。

操作步骤：

（1）选择工具栏中的"新建查询"命令，打开"SQL 语句编辑器"，在其中输入如下 T-SQL 语句：

```
USE student
SELECT c.cno,c.cname,sno,cgUsual,cgTest,cgrade
FROM sc RIGHT OUTER JOIN course AS c ON c.cno=sc.cno
GO
```

（2）选择查询工具栏中的"执行"命令，执行查询，结果如图 9-30 所示。

本例的 T-SQL 语句还可以改写为使用 WHERE 子句建立右连接条件的形式：

USE student

SELECT c.cno,c.cname,sno,cgUsual,cgTest,cgrade

FROM course AS c,sc

WHERE sc.cno=*c.cno

GO

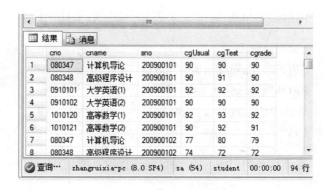

图 9-30 例 9-29 查询结果

注意：当使用 WHERE 子句连接右连接条件时，要使用符号=*代表右连接。

9.2.4.3 完全连接

完全连接不分主从表，其查询的结果集中将包含两个表的所有行，对于没有匹配的行的对应位置将置入 NULL。注意完全连接和交叉连接是不同的，完全连接在进行查询时要根据连接条件对两个表的行数据进行比较匹配，而交叉连接则返回两个表中行与行的任意组合。

【例 9-30】 将 course 表与 sc 表进行完全外连接，查询 cno、cname、no、cgUsual、cgTest、cgrade。

操作步骤：

（1）选择工具栏中的"新建查询"命令，打开"SQL 语句编辑器"，在其中输入如下 T-SQL 语句：

USE student

SELECT c.cno,c.cname,sno,cgUsual,cgTest,cgrade

FROM   course AS c FULL OUTER   JOIN   sc ON c.cno=sc.cno

GO

（2）选择查询工具栏中的"执行"命令，执行查询，结果如图 9-31 所示。

	cno	cname	sno	cgUsual	cgT...	cgrade
1	0101201	专门水文地质学	NULL	NULL	NULL	NULL
2	0111000	环境科学	200900501	80	89	88
3	0111000	环境科学	200900502	80	77	77
4	0111040	水文地质学基础	NULL	NULL	NULL	NULL
5	0111920	自然资源学	200900502	80	70	71
6	0111920	自然资源学	200900501	78	85	84
7	020572	水利工程概论	200900305	90	90	90
8	020572	水利工程概论	200900301	70	50	52

查询… zhangruixia-pc (8.0 SP4)   sa (58)   student   00:00:00   104 行

图 9-31 例 9-30 查询结果

9.3 数据汇总查询

在现实数据库系统中，经常在多个表连接查询的基础上完成对数据的汇总查询。

9.3.1 使用聚合函数

聚合函数对一组值执行计算并返回单一的值。在 SQL Server 中常用的聚合函数如表 9-3 所示。

表 9-3 聚 合 函 数

函 数 名 称	功 能	函 数 名 称	功 能
COUNT	统计个数	VAR	统计值得方差
SUM	求和	VARP	统计所有涉及值得方差
AVG	求平均值	STDEV	统计值得偏差
MAX	求最大值	STDEVP	统计所有涉及值得偏差
MIN	求最小值		

在表 9-3 中，除 COUNT（*）外，聚合函数忽略空值。

如 COUNT 函数，其语法为：COUNT（{ [ALL | DISTINCT] expression |*}），参数中 ALL 表示对所有的值进行聚合函数运算，ALL 是默认设置；DISTINCT 表示指定 COUNT 返回唯一非空值的数量；expression 是一表达式，其类型是除 text、ntext、image 之外的任意类型；*指定应该计算所有行以返回表中行的总数。COUNT（*）不需要任何参数，而且不能与 DISTINCT 一起使用，它对每行分别进行计数，包括含有空值的行。COUNT 函数返回类型为 int。

如 SUM 函数，其语法为：SUM（[ALL | DISTINCT] expression），参数中 ALL 表示对所有的值进行聚合函数运算，ALL 是默认设置；DISTINCT 表示指定 SUM 返回唯一值的和；expression 是常量、列或函数，或者是算术运算、按位与运算、字符串运算符任意表达式的组合。返回类型：以最精确的 expression 数据类型返回所有表达式值的和。

其他函数与 SUM 函数类似，具体用法可参阅 SQL Server 联机丛书。

【例 9-31】 查询"大学英语（1）"参加考试的人数，最高成绩，最低成绩，成绩总和，平均成绩。

分析：统计"大学英语（1）"参加考试的人数、最高成绩、最低成绩、成绩总和及平价成绩，应该是对 sc 表的成绩列 cgtest 分别应用聚合函数 COUNT、MAX、MIN、SUM、AVG；由于是要统计关于课程"大学英语（1）"的考试数据，但 sc 表中有课程号 cno 列而没有课程名 cname 列，所以需要对 sc 表和 course 表进行内连接的条件查询，内连接条件是 sc.cno=course.cno，过滤条件是 course.cname='大学英语（1）'。

操作步骤：

（1）选择工具栏中的"新建查询"命令，打开"SQL 语句编辑器"，在其中输入如下 T-SQL 语句：

USE student

SELECT COUNT(cgtest)AS '参加考试人数',MAX(cgTest)AS '大学英语(1)最高成绩',
MIN(cgTest)AS '大 学 英 语 (1) 最 低 成 绩',SUM(cgTest)AS '大 学 英 语 (1) 总 成 绩',
AVG(cgTest)AS '大学英语(1)平均成绩'

FROM sc INNER JOIN course as c

ON sc.cno = c.cno

WHERE cname = '大学英语(1)'

GO

（2）选择查询工具栏中的"执行"命令，执行查询，结果如图 9-32 所示。

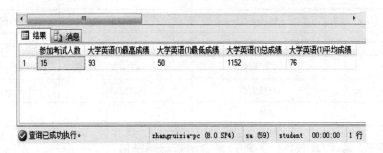

图 9-32　例 9-31 查询结果

【例 9-32】 查询信息工程系"高等数学（1）"的平均成绩。

分析：要查询信息工程系"高等数学（1）"的平均成绩，系别信息存于 student 表，课程名信息存于 course 表，成绩信息存于 sc 表，所以需要在对三个表内连接的基础上进行统计，即 course 表与 sc 表内连接、sc 表与 student 表内连接。

操作步骤：

（1）选择工具栏中的"新建查询"命令，打开"SQL 语句编辑器"，在其中输入如下 T-SQL 语句：

USE student

SELECT AVG(cgrade)AS '信息工程系高等数学(1)的平均成绩'

FROM course AS c INNER JOIN sc ON sc.cno = c.cno

INNER JOIN student AS s ON s.sno = sc.sno

WHERE cname = '高等数学(1)' AND sdept='信息工程'

GO

（2）选择查询工具栏中的"执行"命令，执行查询，结果如图 9-33 所示。

【例 9-33】 统计"高等数学（1）"成绩在 80 分以上的学生人数。

操作步骤：

（1）选择工具栏中的"新建查询"命令，打开"SQL 语句编辑器"，在其中输入如下 T-SQL 语句：

```
USE student
SELECT COUNT(sc.sno)
FROM course AS c INNER JOIN sc ON sc.cno = c.cno
WHERE cname = '高等数学(1)' AND cgrade>=80
GO
```

图 9-33　例 9-32 查询结果

（2）选择查询工具栏中的"执行"命令，执行查询，结果如图 9-34 所示。

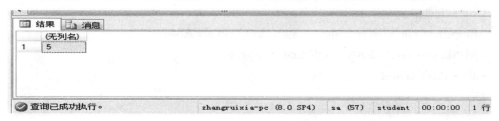

图 9-34　例 9-33 查询结果

【例 9-34】　分别使用 COUNT 和 COUNT（*）统计 course 表中课程的门数。

操作步骤：

（1）选择工具栏中的"新建查询"命令，打开"SQL 语句编辑器"，在其中输入如下 T-SQL 语句：

```
USE student
SELECT COUNT(ccredit)AS 'COUNT()',COUNT(*)AS 'COUNT(*)'
FROM course
GO
```

（2）选择查询工具栏中的"执行"命令，执行查询，结果如图 9-35 所示。

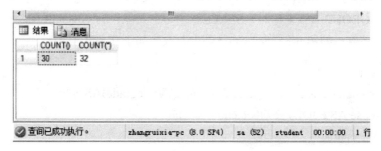

图 9-35　例 9-34 查询结果

COUNT 函数用来统计查询的行数，其中 COUNT 后跟列名用来统计该列不包含 NULL 的行数，COUNT（*）用来统计表中符合条件的所有的行数。

9.3.2 分组统计查询

要实现分组统计需要使用 GROUP BY 子句。在没有使用 GROUP BY 子句的情况下，SELECT 中使用聚合函数只产生一个统计值，若要按照某一列值分别进行统计，则要使用 GROUP BY 子句，结果集中将按该列的每个非重复值分别进行统计，并在结果集中显示统计数据。

9.3.2.1 使用单列分组

【例 9-35】 根据课程分组，统计 cgrade 的总分和平均分。

操作步骤：

（1）选择工具栏中的"新建查询"命令，打开"SQL 语句编辑器"，在其中输入如下 T-SQL 语句：

```
USE student
SELECT cname,SUM(cgrade)AS 'sum',AVG(cgrade)AS 'avg'
FROM course AS c JOIN sc ON c.cno = sc.cno
GROUP BY cname
GO
```

（2）选择查询工具栏中的"执行"命令，执行查询，结果如图 9-36 所示。

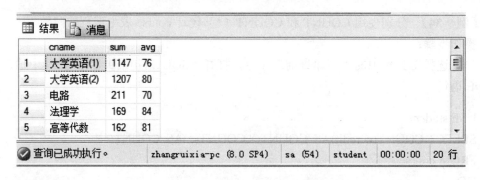

图 9-36 例 9-35 查询结果

注意：

（1）使用 GROUP BY 子句时，SELECT 子句中只能包含 GROUP BY 子句中的列名或所使用的聚合函数。如例 9-35 的 T-SQL 语句若改为如下 T-SQL 语句。

```
USE student
SELECT c.cno,cname,SUM(cgrade)AS 'sum',AVG(cgrade)AS 'avg'
FROM course AS c JOIN sc ON c.cno = sc.cno
GROUP BY cname
GO
```

若执行上述 T-SQL 语句，系统会报告如下错误：

服务器：消息 8120，级别 16，状态 1，行 2

列 'c.cno' 在选择列表中无效，因为该列既不包含在聚合函数中，也不包含在 GROUP BY 子句中。

（2）不能对 ntext、text、image 或 bit 列使用 GROUP BY 或 HAVING 子句，除非它们所在的函数返回的值具有其他数据类型。

（3）分组的列中包含多个 NULL 时，这些 NULL 将被认为是一组的。

（4）GROUP BY 子句中必须使用列的名称。

9.3.2.2 使用多列分组

GROUP BY 子句中可以加入多个不同列，从而实现多列分组，即先按照第一列分组，然后在第一列分组的基础上按照第二列分组，…，最后按照最终的分组进行统计显示。

【例 9-36】 根据课程和系别分组，统计 cgrade 的总分和平均分。

操作步骤：

（1）选择工具栏中的"新建查询"命令，打开"SQL 语句编辑器"，在其中输入如下 T-SQL 语句：

```
USE student
SELECT cname,sdept,SUM(cgrade)AS 'sum',AVG(cgrade)AS 'avg'
FROM course AS c JOIN sc ON c.cno = sc.cno
JOIN student as s ON s.sno = sc.sno
GROUP BY cname,sdept
GO
```

（2）选择查询工具栏中的"执行"命令，执行查询，结果如图 9-37 所示。

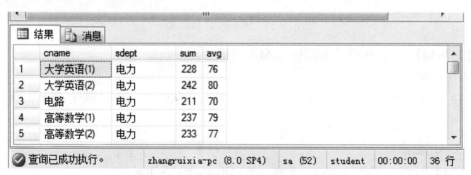

图 9-37 例 9-36 查询结果

在例 9-36 中，先以 cname 分组，在 cname 分组的基础上，也即在每个 cname 分组内再以 sdept 进行分组，共产生 36 种分组。

9.3.2.3 在 GROUP BY 子句中使用 ALL 关键字

若在 GROUP BY 子句前加入 WHERE 子句，则分组只对满足 WHERE 条件式的行进行分组，统计函数也只统计满足 WHERE 条件式的行的相关信息；若要求 GROUP BY 子句对所有行都纳入分组之中，则需在 GROUP BY 子句中使用关键字 ALL，那些不符合 WHERE 子句条件式的行在使用统计函数时将返回 NULL。比较例 9-37 与例 9-38。

【例 9-37】 根据课程名分组，统计除“大学英语（1）”之外所有课程的 cgrade 的总分和平均分。

操作步骤：

（1）选择工具栏中的“新建查询”命令，打开“SQL 语句编辑器”，在其中输入如下 T-SQL 语句：

```
USE student
SELECT cname,SUM(cgrade)AS 'sum',AVG(cgrade)AS 'avg'
FROM course AS c JOIN sc ON c.cno = sc.cno
WHERE cname<>'大学英语(1)'
GROUP BY cname
GO
```

（2）选择查询工具栏中的“执行”命令，执行查询，结果如图 9-38 所示。

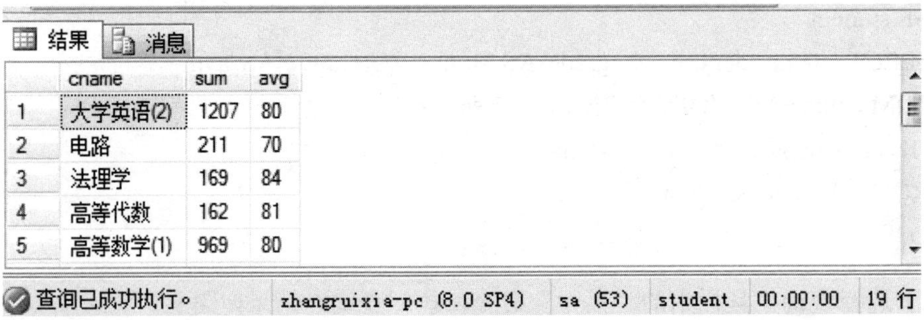

	cname	sum	avg
1	大学英语(2)	1207	80
2	电路	211	70
3	法理学	169	84
4	高等代数	162	81
5	高等数学(1)	969	80

图 9-38　例 9-37 查询结果

【例 9-38】 在例 9-37 中分组使用 ALL 关键字。

操作步骤：

（1）选择工具栏中的“新建查询”命令，打开“SQL 语句编辑器”，在其中输入如下 T-SQL 语句：

```
USE student
SELECT cname,SUM(cgrade)AS 'sum',AVG(cgrade)AS 'avg'
FROM course AS c JOIN sc ON c.cno = sc.cno
WHERE cname<>'大学英语(1)'
GROUP BY ALL cname
GO
```

（2）选择查询工具栏中的“执行”命令，执行查询，结果如图 9-39 所示。

	cname	sum	avg
1	大学英语(1)	NULL	NULL
2	大学英语(2)	1207	80
3	电路	211	70
4	法理学	169	84
5	高等代数	162	81

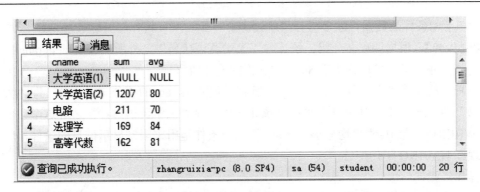

图 9-39 例 9-38 查询结果

9.3.3 分组统计过滤查询

分组统计过滤，在分组统计之后把满足过滤条件的分组信息显示出来，不满足过滤条件的分组信息则不显示，过滤条件用 HAVING 子句表示。

【例 9-39】 根据课程名分组，统计所有课程的 cgrade 的总分和平均分，显示出平均分小于 80 分的课程的统计信息。

操作步骤：

（1）选择工具栏中的“新建查询”命令，打开“SQL 语句编辑器”，在其中输入如下 T-SQL 语句：

```
USE student
SELECT cname,SUM(cgrade)AS 'sum',AVG(cgrade)AS 'avg'
FROM course AS c JOIN sc ON c.cno = sc.cno
GROUP BY   cname
HAVING AVG(cgrade)<80
GO
```

（2）选择查询工具栏中的“执行”命令，执行查询，结果如图 9-40 所示。

	cname	sum	avg
1	大学英语(1)	1147	76
2	电路	211	70
3	数学分析(1)	150	75
4	数学分析(2)	137	68
5	数字电子技术	226	75

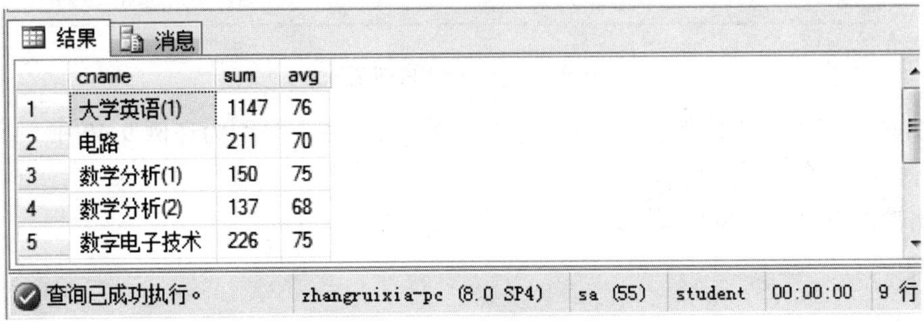

图 9-40 例 9-39 查询结果

通过 HAVING 子句，仅显示满足 HAVING 条件的分组信息；HAVING 子句与 WHERE 子句不同，使用 HAVING 子句是在分组统计后来确定显示的分组信息，即仅满足 HAVING 子句的分组信息才显示；而使用 WEHRE 子句是用来确定参与分组统计的行，即仅满足

WHERE 子句条件的数据行才参与分组统计。

【例 9-40】 根据课程名分组,统计除"大学英语(1)"之外所有课程的 cgrade 的总分和平均分,并显示出平均分小于 80 分的课程的统计信息。

分析:统计除"大学英语(1)"之外所有课程的 cgrad 的总分与平均分,即"大学英语(1)"的 cgrade 不参与总分和平均分统计,所以除"大学英语(1)"之外这个条件应该写于 WHERE 子句中;"平均分小于 80 分"这个条件是用来限制显示信息的条件,所以其应出现在 HAVING 子句中。

操作步骤:

(1)选择工具栏中的"新建查询"命令,打开"SQL 语句编辑器",在其中输入如下T-SQL 语句:

```
USE student
SELECT cname,SUM(cgrade)AS 'sum',AVG(cgrade)AS 'avg'
FROM course AS c JOIN sc ON c.cno = sc.cno
WHERE cname<>'大学英语(1)'
GROUP BY   cname
HAVING AVG(cgrade)<80
GO
```

(2)选择查询工具栏中的"执行"命令,执行查询,结果如图 9-41 所示。

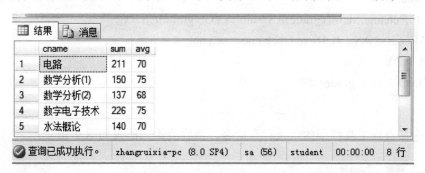

图 9-41 例 9-40 查询结果

例 9-40 的查询结果比例 9-39 的查询结果少一行,主要是因为在例 9-40 中不统计关于"大学英语(1)"的一些信息。

试比较以下两个 T-SQL 语句。

T-SQL 1:

```
USE student
SELECT cname,SUM(cgrade)AS 'sum',AVG(cgrade)AS 'avg'
FROM course AS c JOIN sc ON c.cno = sc.cno
WHERE cname NOT LIKE '大学%'
GROUP BY cname
```

T-SQL2：

SELECT cname,SUM(cgrade)AS 'sum',AVG(cgrade)AS 'avg'

FROM course AS c JOIN sc ON c.cno = sc.cno

GROUP BY cname

HAVING cname NOT LIKE '大学%'

虽然上述两个语句的执行结果一样，但执行效率是不一样的，T-SQL1 的执行效率要高于 T-SQL2。所以建议将所有分组之前能确定的条件放入 WHERE 子句中，将分组之后能确定的条件放入 HAVING 子句中。

9.3.4 明细汇总查询

使用 GROUP BY 子句的统计查询仅显示汇总信息，没有明细信息，而使用 COMPUTE 子句或 COMPUTE BY 子句则即可显示汇总信息又可显示明细信息。

9.3.4.1 使用 COMPUTE 子句

使用 COMPUTE 子句进行查询统计，统计信息出现在 COMPUTE 子句中。

【例 9-41】 查询参与"大学英语（1）"考试的 sno、cgUsual、cgTest、cgrade，并统计其 cgrade 的总分和平均分。

操作步骤：

（1）选择工具栏中的"新建查询"命令，打开"SQL 语句编辑器"，在其中输入如下 T-SQL 语句：

USE student

SELECT sc.sno,sc.cgUsual,sc.cgTest,sc.cgrade

FROM course AS c JOIN sc ON c.cno = sc.cno

WHERE cname='大学英语(1)'

COMPUTE SUM(cgrade),avg(cgrade)

GO

（2）选择查询工具栏中的"执行"命令，执行查询，结果如图 9-42 所示。

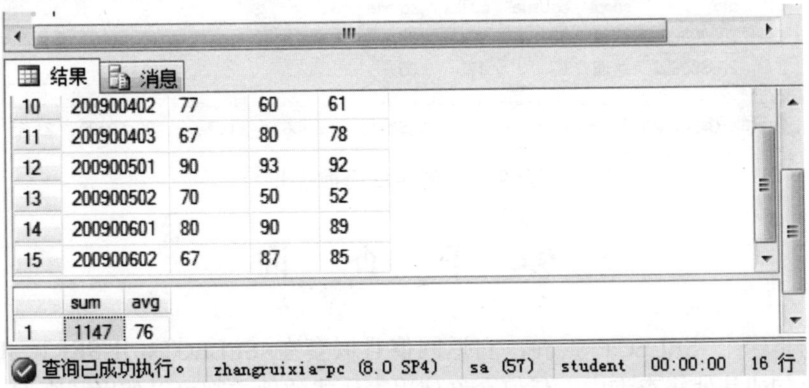

图 9-42 例 9-41 查询结果

9.3.4.2 使用 COMPUTE BY 子句

使用 COMPUTE BY 子句可以实现分组显示明细并按分组进行汇总。

【例 9-42】 查询参与"大学英语（1）"考试的 sno、sdept、cgUsual、cgTest、cgrade，并按班级统计其 cgrade 的总分和平均分。

操作步骤：

（1）选择工具栏中的"新建查询"命令，打开"SQL 语句编辑器"，在其中输入如下 T-SQL 语句：

```
USE student
SELECT sc.sno,sdept,sc.cgUsual,sc.cgTest,sc.cgrade
FROM course AS c JOIN sc ON c.cno = sc.cno
JOIN student AS s ON s.sno = sc.sno
WHERE cname='大学英语(1)'
ORDER BY sdept
COMPUTE SUM(cgrade),avg(cgrade)by sdept
GO
```

（2）选择查询工具栏中的"执行"命令，执行查询，结果如图 9-43 所示。

注意：

（1）在使用 COMPUTE BY 之前需要使用 ORDER BY 子句对汇总依据列进行排序。

（2）在 COMPUTE BY 子句中出现的列，必须在 ORDER BY 子句中出现过，且顺序要一致。

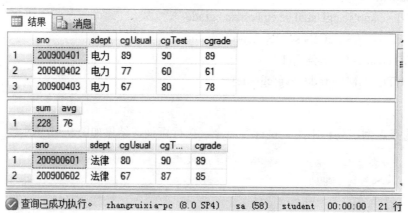

图 9-43　例 9-42 查询结果

9.4 子 查 询

子查询是一个 SELECT 查询，它返回值且嵌套在 SELECT、INSERT、UPDATE、DELETE 语句或其他子查询中。任何允许使用表达式的地方都可以使用子查询。子查询根据返回值的个数可分为返回单个值的子查询和返回多个值的子查询。

9.4.1 返回单值的子查询

当子查询返回单个值时，可以使用比较运算符来连接父查询与返回值。

【例 9-43】 查询与"王慧"同系别的学生的 sno、sname、sgender。

分析：使用子查询获得"王慧"的系别，该子查询出现在 WHERE 的条件表达式中。

操作步骤：

（1）选择工具栏中的"新建查询"命令，打开"SQL 语句编辑器"，在其中输入如下 T-SQL 语句：

```
USE student
SELECT sno,sname,sgender
FROM student
WHERE sdept=
        (SELECT sdept
        FROM student
        WHERE sname='王慧')
GO
```

（2）选择查询工具栏中的"执行"命令，执行查询，结果如图 9-44 所示。

此例也可以不用子查询来实现，如下 T-SQL 语句：

```
USE student
SELECT s2.sno,s2.sname,s2.sgender
FROM student as s1,student as s2
WHERE s1.sname ='王慧' and s2.sdept = s1.sdept
GO
```

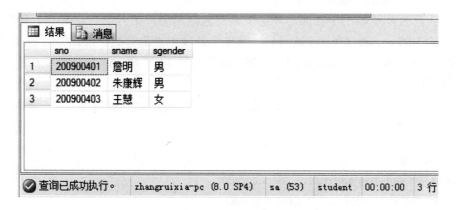

图 9-44 例 9-43 查询结果

【例 9-44】 查询"王慧"的"高等数学（1）"的 cgUsual、cgTest 及 cgrade。

分析：cgUsual、cgTest、cgrade 是 sc 表中的信息，但 sc 表中不包含"王慧"和"高等数学（1）"这些信息，所以需要通过子查询获得"王慧"的 sno 和"高等数学（1）"的 cno，以此作为 cgUsual、cgText 和 cgrade 的查询条件。

操作步骤：

（1）选择工具栏中的"新建查询"命令，打开"SQL 语句编辑器"，在其中输入如下 T-SQL 语句：

```
USE student
SELECT cgUsual,cgTest,cgrade
FROM sc
WHERE cno=(SELECT cno from course
              WHERE cname='高等数学(1)')--高等数学(1)的 cno
        and sno=(SELECT sno FROM student
              WHERE sname='王慧')--王慧的 sno
GO
```

（2）选择查询工具栏中的"执行"命令，执行查询，结果如图 9-45 所示。

例 9-44 也可以不用子查询来实现，如下 T-SQL 语句：

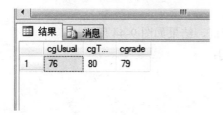

图 9-45 例 9-44 查询结果

```
USE student
SELECT cgUsual,cgTest,cgrade
FROM sc,student as s,course as c
WHERE c.cname='高等数学(1)'and sc.cno = c.cno
          and s.sname='王慧' and s.sno = sc.sno
GO
```

【例 9-45】 查询课程"高等数学（1）"cgrade 高于"王慧"的"高等数学（1）"cgrade 的学生的 sno、sname、sdept 及 cgrade。

分析：此题涉及多个子查询，外层子查询包括两个：第一个是获得"王慧"的"高等数学（1）"的 cgrade（类似例 9-44），第二个是获得"高等数学（1）"的 cno。第一个子查询内也包含两个子查询，分别为获得"高等数学（1）"的 cno 和获得"王慧"的 sno。

操作步骤：

（1）选择工具栏中的"新建查询"命令，打开"SQL 语句编辑器"，在其中输入如下 T-SQL 语句：

```
USE student
SELECT s.sno,sname,sgender,s.sdept,cgrade
FROM student as s join sc on s.sno = sc.sno
WHERE cgrade>
          (SELECT cgrade --第一个外层子查询:获得王慧的高等数学(1)cgrade

          FROM sc
```

```
        WHERE cno=(SELECT cno from course
                    --第一个内层子查询:获得高等数学(1)的 cno
                WHERE cname='高等数学(1)'
        and   sno=(SELECT sno FROM student
                    --第二个内层子查询:获得王慧的 sno
                WHERE sname='王慧'))
    and cno=(SELECT cno from course
            --第二个外层子查询:获得高等数学(1)的 cno
        WHERE cname='高等数学(1)')
GO
```

（2）选择查询工具栏中的"执行"命令，执行查询，结果如图 9-46 所示。

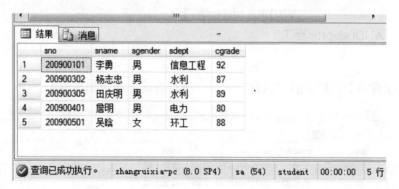

图 9-46　例 9-45 查询结果

此例也可以不用子查询来实现，如下 T-SQL 语句：

```
USE student
SELECT s.sno,s.sname,s.sgender,s.sdept,sc.cgrade
FROM student as s join sc
on s.sno = sc.sno
join course as c
on c.cno = sc.cno,course as c2,student as s2,sc as sc2
WHERE sc.cgrade> sc2.cgrade and sc2.sno = s2.sno
and s2.sname='王慧' and c2.cname = '高等数学(1)' and sc2.cno = c2.cno  and  c.cname='高
等数学(1)'
GO
```

9.4.2　返回多值的子查询

当子查询返回多个值时，可以用 ANY 或 ALL 谓词、IN 谓词以及 EXISTS 谓词。

9.4.2.1　使用 ANY 或 ALL 谓词

可以用 ALL 或 ANY 关键字修饰引入子查询的比较运算符。以 > 比较运算符为例，

>ALL 表示大于每一个值，即大于最大值。例如，>ALL（1，2，3）表示大于 3。>ANY 表示至少大于一个值，即大于最小值。因此 >ANY（1，2，3）表示大于 1。

【例 9-46】 查询其他系中比“环工”系某一学生年龄小的学生的 sname、sage、sdept。

操作步骤：

（1）选择工具栏中的“新建查询”命令，打开“SQL 语句编辑器”，在其中输入如下 T-SQL 语句：

```
USE student
SELECT sno,sname,sbirthday,sdept
FROM student
WHERE sbirthday>ANY(SELECT sbirthday
                    FROM student
                    WHERE sdept='环工')
      AND(sdept!='环工')
GO
```

（2）选择查询工具栏中的“执行”命令，执行查询，结果如图 9-47 所示。

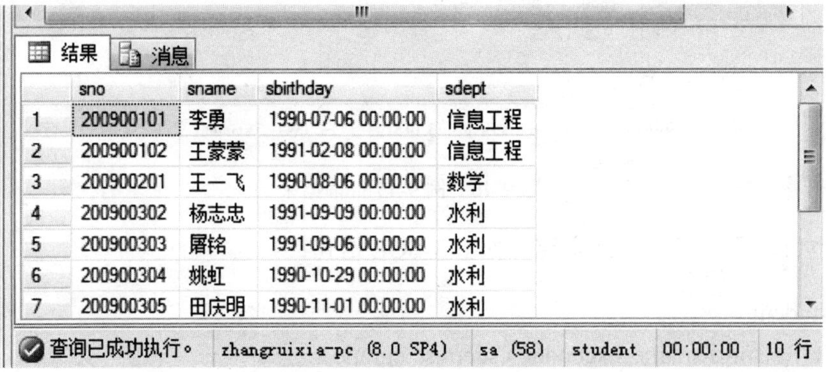

	sno	sname	sbirthday	sdept
1	200900101	李勇	1990-07-06 00:00:00	信息工程
2	200900102	王蒙蒙	1991-02-08 00:00:00	信息工程
3	200900201	王一飞	1990-08-06 00:00:00	数学
4	200900302	杨志忠	1991-09-09 00:00:00	水利
5	200900303	屠铭	1991-09-06 00:00:00	水利
6	200900304	姚虹	1990-10-29 00:00:00	水利
7	200900305	田庆明	1990-11-01 00:00:00	水利

图 9-47　例 9-46 查询结果

【例 9-47】 查询其他系中比“环工”系所有学生年龄小的学生的 sname、sage、sdept。

操作步骤：

（1）选择工具栏中的“新建查询”命令，打开“SQL 语句编辑器”，在其中输入如下 T-SQL 语句：

```
USE student
SELECT sno,sname,sbirthday,sdept
FROM student
WHERE sbirthday>ALL(SELECT sbirthday
                    FROM student
                    WHERE sdept='信息工程')
```

（2）选择查询工具栏中的"执行"命令，执行查询，结果如图9-48所示。

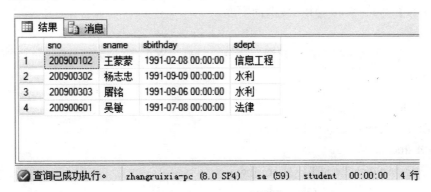

图9-48　例9-47查询结果

【例9-48】　查询其他系中与"环工"系某一学生年龄相同的学生的 sname、sage、sdept、sbirthday。

操作步骤：

（1）选择工具栏中的"新建查询"命令，打开"SQL 语句编辑器"，在其中输入如下 T-SQL 语句：

USE student

SELECT sno,sname,sbirthday,sdept

FROM student

WHERE sbirthday = ANY(SELECT sbirthday

　　　　　　　　　　　FROM student

　　　　　　　　　　　WHERE sdept='环工')

　　　AND sdept!='环工'

GO

（2）选择查询工具栏中的"执行"命令，执行查询，结果如图9-49所示。

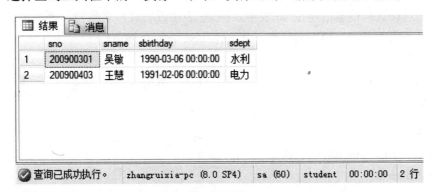

图9-49　例9-48查询结果

9.4.2.2　使用 IN 谓词

在"使用 WHERE 限定的行查询"中说明了 IN 关键字在 WHERE 字句中用来指定列

表搜索条件, 其中的列表也可以通过子查询引入。

【例 9-49】 同例 9-48 使用 IN 谓词实现。

操作步骤:

(1) 选择工具栏中的"新建查询"命令, 打开"SQL 语句编辑器", 在其中输入如下 T-SQL 语句:

```
USE student
SELECT sno,sname,sbirthday,sdept
FROM student
WHERE sbirthday IN(SELECT sbirthday
                   FROM student
                   WHERE sdept='环工')
      AND sdept!='环工'
GO
```

(2) 选择查询工具栏中的"执行"命令, 执行查询, 结果如图 9-49 所示。

此例也可以不使用子查询实现, T-SQL 语句如下所示:

```
USE student
SELECT s1.sno,s1.sname,s1.sbirthday,s1.sdept
FROM student as s1,student as s2
WHERE s1.sbirthday=s2.sbirthday AND s2.sdept='环工'
      AND s1.sdept!='环工'
GO
```

【例 9-50】 查询选修"大学英语 (1)"的学生的 sno、sname、sdept。

分析: sno、sname、sdept 是 student 表中的信息, 但 student 表中没有学生选修课程的信息, 所以要获得选修"大学英语 (1)"的 sno 作为 student 表的查询条件, 这可以通过子查询实现; 选修课程信息出现在 sc 表中, 但 sc 表中没有课程名信息, 所以可通过子查询获得课程名"大学英语 (1)"的信息, 从而作为 sc 表的查询条件。

操作步骤:

(1) 选择工具栏中的"新建查询"命令, 打开"SQL 语句编辑器", 在其中输入如下 T-SQL 语句:

```
USE student
SELECT sno,sname,sdept
FROM student
    WHERE sno in(SELECT sno    --子查询:获得选修大学英语(1)的学生的学号
                 FROM sc
                 WHERE cno=(SELECT cno --子查询:获得大学英语(1)的课程号
```

FROM course

WHERE cname='大学英语(1)'))

GO

（2）选择查询工具栏中的"执行"命令，执行查询，结果如图 9-50 所示。

此例还可以使用连接查询实现，如下 T-SQL 语句

USE student

SELECT s.sno,sname,sdept

FROM student AS S JOIN sc ON s.sno=sc.sno

JOIN course AS c ON c.cno = sc.cno

WHERE c.cname='大学英语(1)'

GO

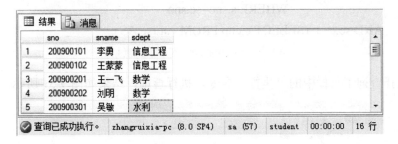

图 9-50　例 9-50 查询结果

9.4.2.3　使用 EXISTS 谓词

由 EXITSTS 引导的子查询称为相关子查询，即子查询的条件依赖于父查询的某个属性值。使用 EXISTS 关键字引入一个子查询时，就相当于对于父查询得到的每一数据行进行一次存在测试，即测试符合父查询当前行数据的某个属性的数据是否存在，若存在则显示当前父查询所得到的行数据，若不存在则不显示。由于子查询实际上不产生任何数据，它只返回 TRUE 或 FALSE 值，所以子查询的列表达式通常用"*"。

【例 9-51】同例 9-50 用 EXISTS 子查询实现。

操作步骤：

（1）选择工具栏中的"新建查询"命令，打开"SQL 语句编辑器"，在其中输入如下T-SQL 语句：

USE student

SELECT s.sno,s.sname,s.sdept

FROM student AS s

WHERE EXISTS (SELECT * FROM sc

　　　　　　WHERE s.sno=sc.sno

　　　　　AND sc.cno=(SELECT c.cno

　　　　　　FROM course AS c

WHERE c.cname='大学英语(1)'))

GO

（2）选择查询工具栏中的"执行"命令，执行查询，结果如图 9-50 所示。

【例 9-52】 查询没有选修"大学英语（1）"的学生的 sno、sname、sdept。

操作步骤：

（1）选择工具栏中的"新建查询"命令，打开"SQL 语句编辑器"，在其中输入如下 T-SQL 语句：

```
USE student
SELECT s.sno,s.sname,s.sdept
FROM student AS s
WHERE NOT EXISTS(SELECT * FROM sc
                 WHERE s.sno=sc.sno
              AND sc.cno=(SELECT c.cno FROM course AS c
                 WHERE c.cname='大学英语(1)'))
```

（2）选择查询工具栏中的"执行"命令，执行查询，结果如图 9-51 所示。

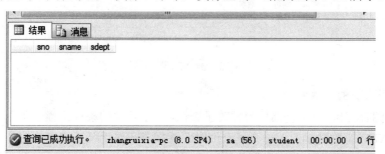

图 9-51 例 9-52 查询结果

【例 9-53】 查询所有学生都选修的课程的 cno 及 cname。

分析：查询所有学生都选修的课程的 cno 及 cname，实际上既是对于每一个 cno 及其 cname，若不存在学生不选修，则 cno 和 cname 符合条件，所以父查询的 WHERE 子句应进行存在性测试，即使用谓词 EXITES；子查询应该查询没有选修 cno 的学生信息，而选修 cno 的学生的 sno 很容易通过子查询得到，所以没有选修 cno 的学生信息可通过在 WHERE 条件式中使用谓词 not in 来实现。

操作步骤：

（1）选择工具栏中的"新建查询"命令，打开"SQL 语句编辑器"，在其中输入如下 T-SQL 语句：

```
USE student
SELECT c.cno,c.cname
FROM course AS c
```

WHERE   not EXISTS (SELECT * --子查询:获得没有选修 cno 的学生的信息

　　　　　　　　　FROM student AS s

　　　　　　　　　WHERE s.sno not in(SELECT sc.sno

　　　　　　　　　　　　　　　--子查询:获得选修 cno 的学号

　　　　　　　　　　　　　　　FROM sc

　　　　　　　　　　　　　　　WHERE sc.cno = c.cno))

GO

（2）选择查询工具栏中的"执行"命令，执行查询，结果如图 9-52 所示。

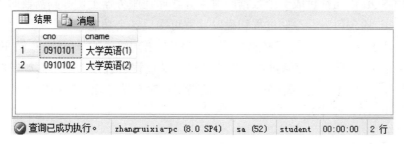

图 9-52　例 9-53 查询结果

9.5　联 合 查 询

联合查询即将两个或更多查询的结果组合为单个结果集，该结果集包含联合查询中的所有查询的全部行。联合查询使用"UNION"关键字将多个查询结果组合为单个结果集，使用 UNION 组合的结果集都必须具有相同的结构。而且它们的列数必须相同，并且相应的结果集列的数据类型必须兼容。

【例 9-54】 将 student 表中的 sno、sname 及 couse 表中的 cno、cname 组成一组数据。

操作步骤：

（1）选择工具栏中的"新建查询"命令，打开"SQL 语句编辑器"，在其中输入如下 T-SQL 语句：

USE student
SELECT sno,sname
FROM student
UNION
SELECT cno,cname
FROM course
GO

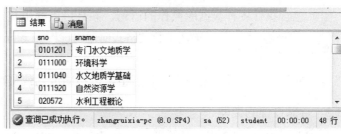

图 9-53　例 9-54 查询结果

（2）选择查询工具栏中的"执行"命令，执行查询，结果如图 9-53 所示。

第 10 章　存储过程和触发器

数据库操作既可以通过图形界面来完成，也可以通过编写 Transact-SQL 语句完成。而在实际应用中，DBA 更倾向于通过编写 T-SQL 语句来完成相应的操作。那么，能否将一些经常使用的 T-SQL 语句打包成一个数据库对象并存储在服务器上，等到需要时，就调用或触发这些 T-SQL 语句包呢？存储过程和触发器就可实现这个功能。

存储过程和触发器是由一组预先编译好的 T-SQL 语句组成的子程序，存储在服务器上，用来满足更高的应用要求。存储过程由用户通过存储过程名直接调用，而触发器是一种特殊的存储过程，它不是由用户直接调用，而是当用户对数据进行相应操作（包括 INSERT、UPDATE 或 DELETE 操作）时被触发，自动执行。

10.1　存　储　过　程

10.1.1　存储过程的概念

使用 SQL Server 2005 创建应用程序时，T-SQL 编程语言是应用程序和 SQL Server 数据库之间的主要编程接口。使用 T-SQL 程序时，可用两种方法存储和执行程序：

（1）可以将程序存储在本地，并设计向 SQL Server 发送命令并处理结果的应用程序。

（2）也可以将程序以存储过程（Stored Procedure）形式存储在 SQL Server 服务器中，并创建执行存储过程并处理结果的应用程序。

存储过程是一种数据库对象，是为了实现某个特定任务，将一组预编译 SQL 语句以一个存储单元的形式存储在服务器上，供用户调用。存储过程在第一次执行时进行编译，然后将编译好的代码保存在高速缓存中便于以后调用，这样可以提高代码的执行效率。

SQL Server 中的存储过程与其他编程语言中的函数类似，原因是存储过程可以：

（1）包含执行各种数据库操作的语句，并且可以调用其他的存储过程。

（2）接受输入参数并以输出参数的格式向调用过程（Calling Procedure）或批处理（Batch）返回多个值。

（3）向调用过程或批处理返回状态值，以指明成功或失败（以及失败的原因）。

10.1.2　存储过程的类型

在 SQL Server 2005 中，存储过程主要有 5 类。其中有两类重要的存储过程：系统存储过程和扩展存储过程。这些存储过程为用户管理数据库、获取系统信息、查看系统对象提供了很大的帮助。

1. 系统存储过程

在 SQL Server 中存在 200 多个系统存储过程（System Stored Procedures），这些存储过

程的使用，使用户很容易管理数据库。在安装 SQL Server 2005 数据库系统时，系统存储过程被安装在 master 数据库中，并且初始化状态只有系统管理员拥有使用权。所有的系统存储过程都是以 sp_开头。

通过系统存储过程，SQL Server 2005 中的许多管理性或信息性的活动（如了解数据库对象、数据库信息）都可以被有效地完成。在使用以 sp_开头的系统存储过程时，SQL Server首先在当前数据库中寻找，如果没有找到，则再到 master 数据库中查找并执行。虽然存储在 master 数据库中，但是绝大部分系统存储过程可以在任何数据库中执行，而且在使用时不用在名称前加数据库名。

系统存储过程所能完成的操作多达千百项。常用的系统存储过程如表 10-1 所示。

表 10-1　　　　　　　　　　　　　常用的系统存储过程

系统存储过程	功　　能	系统存储过程	功　　能
sp_help	提供有关数据库对象的信息	sp_addgroup	在当前数据库中创建用户组（角色）
sp_helptext	显示数据库对象的定义文本	sp_addlogin	创建新的 SQL Server 登录
sp_depends	显示有关数据库对象依赖关系的信息	sp_addtype	创建新的用户自定义数据类型
sp_rename	给数据库对象重命名	sp_monitor	显示 CPU、I/O 的使用信息
sp_renamedb	给数据库重命名		

2. 扩展存储过程

扩展存储过程（Extended Stored Procedure）是用户可以使用外部程序语言（如 C 语言）编写的存储过程。显而易见，通过扩展存储过程，可以弥补 SQL Server 2005 不足之处并按需要自行扩展其功能。扩展存储过程在使用和执行上与一般的存储过程完全相同。可以将参数传递给扩展存储过程，扩展存储过程也能够返回结果和状态值。

扩展存储过程的名称通常以 xp_开头，以动态链接库（DLLS）的形式存在，能让 SQL Server 2005 动态装载和执行。扩展存储过程只能存放在系统数据库 master 中。

3. 本地存储过程

本地存储过程（Local Stored Procedures）是用户自行创建并存储在用户数据库中的存储过程。事实上，一般所说的存储过程指的就是本地存储过程。

用户创建的存储过程是由用户创建并能完成某一特定功能（如查询用户所需数据信息）的存储过程。

4. 临时存储过程

临时存储过程（Temporary Stored Procedures）通常分为局部临时存储过程（又称：本地临时存储过程）和全局临时存储过程。创建局部临时存储过程时，以"#"作为过程名称的第一个字符；创建全局临时存储过程时，以"##"作为过程名称的前两个字符；临时存储过程存放在 tempdb 数据库中。

对于本地临时存储过程，只有创建它并连接的用户能够执行它，一旦该用户断开与 SQL Server 2005 的连接，本地临时存储过程会自动删除。

对于全局临时存储过程，一旦创建，以后连接到 SQL Server 2005 的任何用户都能够执行它，而且不需要特定的权限。当创建全局临时存储过程的用户断开与 SQL Server 2005 的连接，SQL Server 2005 将检查是否有其他用户正在执行该全局临时存储过程，如果没有，便立即将全局临时存储过程删除；如果有，SQL Server 2005 会让正在执行中的操作继续进行，但是不再允许任何其他用户执行全局临时存储过程，等到所有未完成的操作执行完毕后，全局临时存储过程会自动删除。

无论创建的是局部临时存储过程还是全局临时存储过程，只要 SQL Server 一停止运行，它们将不复存在。

5. 远程存储过程

远程存储过程（Remote Stored Procedures）位于远程服务器上，通常，可以使用分布式查询和 EXECUTE 命令执行一个远程存储过程。

10.1.3　使用存储过程的好处

1. 减少网络通信量

调用一个行数不多的存储过程与直接调用 SQL 语句的网络通信量可能不会有很大的差别，可是如果存储过程包含上百行 SQL 语句，那么其性能绝对比一条一条的调用 SQL 语句要高得多。因为存储过程位于服务器上，调用的时候只需传递存储过程的名称以及参数，不用每次访问都传递很长的 SQL 语句。

2. 执行速度更快

当执行批处理和 T-SQL 程序代码时，SQL Server 必须先检查语法是否正确，然后进行编译、优化后再执行。因此，如果要执行的 T-SQL 程序代码非常庞大，执行前的处理过程将会耗费一些时间。

而对于存储过程，在创建时就进行了语法检查、编译并加以优化，将来使用的时候就不用重新编译，立即执行即可，自然速度会比较快。顾名思义，存储过程就是预先编译和优化并存储于数据库中的过程。

3. 模块化的程序设计

存储过程一旦创建完成并存储于数据库中，即可在应用程序中反复调用，因此，利用存储过程完成某些例行操作是最恰当不过了。另外，各个用于完成特定操作的存储过程均独立放置，因此，根本不需担心当修改存储过程时会影响应用程序的程序代码，即应用程序和数据库的编码工作可以分别独立进行，而不会相互压制。

4. 较好的安全机制

对于存储过程，数据库管理员可以设置哪些用户有操作它们的权限，而不必给予用户直接操作数据库对象的权限。另外，存储过程可以加密，这样用户就无法阅读存储过程中的 T-SQL 语句。从而，可达到较完善的安全控制和管理。

10.1.4　创建和执行简单存储过程

10.1.4.1　使用 SQL Server Management Studio 中的对象资源管理器创建简单存储过程

步骤如下：

（1）在对象资源管理器中，连接到 SQL Server 2005 数据库引擎实例，再展开该实例。

（2）展开"数据库"、存储过程所属的数据库以及"可编程性"。

（3）右键单击"存储过程"，再单击"新建存储过程"。

（4）在"查询"菜单上，单击"指定模板参数的值"。

（5）在"指定模板参数的值"对话框中，"值"列包含参数的建议值。接受这些值或将其替换为新值，再单击"确定"。

（6）在查询编辑器中，使用过程语句替换 SELECT 语句。

（7）若要测试语法，请在"查询"菜单上，单击"分析"。

（8）若要创建存储过程，请在"查询"菜单上，单击"执行"。

（9）若要保存脚本，请在"文件"菜单上，单击"保存"。接受该文件名或将其替换为新的名称，再单击"保存"。

【例 10-1】 使用对象资源管理器在 stud_course 数据库中创建一个名为"选课情况 1"的存储过程。该存储过程返回"sc"表中"1"号课程的选课情况。

操作步骤如下：

（1）在对象资源管理器中，连接到 SQL Server 2005 数据库引擎实例，再展开该实例。

（2）依次展开"数据库"、stud_course 数据库和"可编程性"。

（3）右键单击"存储过程"，再单击"新建存储过程"。

（4）在"查询"菜单上，单击"指定模板参数的值"。

在"指定模板参数的值"对话框中，输入表 10-2 中所示的参数值。

表 10-2　　　　　　　　　　"选课情况 1"存储过程所对应的参数值

参　　数	值	参　　数	值
Author	zhangrui	Description	返回"1"号课程的选课情况
Create Date	2010-9-13	Procedure_name	选课情况 1

单击"确定"。

在查询编辑器中，使用以下语句替换 SELECT 语句：

```
SELECT sno,cno,cgrade
FROM sc
WHERE cno='1';
```

若要测试语法，请在"查询"菜单上，单击"分析"。如果返回错误消息，则请将这些语句与上述信息进行比较，并视需要进行更正。

若要创建存储过程，请在"查询"菜单上，单击"执行"，结果如图 10-1 所示。

若要保存脚本，请在"文件"菜单上，单击"保存"。输入新的文件名，再单击"保存"。

说明：当 SET NOCOUNT 为 ON 时，不返回计数（表示受 Transact-SQL 语句影响的行数）。当 SET NOCOUNT 为 OFF 时，返回计数。

若要运行存储过程，请在工具栏上单击"新建查询"。

在查询窗口中，输入下列语句：

```
USE stud_course;
GO
```

EXECUTE 选课情况 1;

GO

在"查询"菜单上，单击"执行"。执行结果如图 10-2 所示。

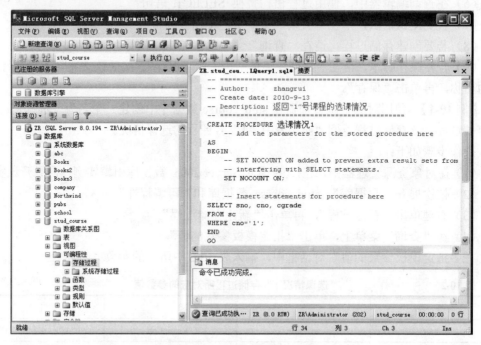

图 10-1　在对象资源管理器中创建"选课情况 1"存储过程

图 10-2　执行"选课情况 1"存储过程

10.1.4.2 使用 T-SQL 语句创建简单存储过程

使用 T-SQL 语句创建简单存储过程的语法格式为：

CREATE PROC[EDURE] procedure_name

AS

sql_statement

GO

执行简单存储过程的语法格式为：

EXEC[UTE] procedure_name

【例 10-2】 使用 T-SQL 语句创建例 10-1 中的存储过程。

形式一：

```
USE stud_course
GO
IF OBJECT_ID('选课情况 1','P')IS NOT NULL
    DROP PROCEDURE  选课情况 1;
GO
CREATE PROCEDURE 选课情况 1
AS
    SET NOCOUNT ON;
    SELECT sno,cno,cgrade
FROM sc
WHERE cno='1'
GO
```

说明：OBJECT_ID（'object_name'，'object_type'）中的两个参数分别表示"数据库对象名"和"数据库对象的类型"，若 OBJECT_ID（'选课情况 1'，'P'）IS NOT NULL，表示存储过程"选课情况 1"存在。

形式二：

```
USE stud_course
GO
IF EXISTS(SELECT name FROM sysobjects
WHERE name='选课情况 1' AND type= 'P')
    DROP PROCEDURE  选课情况 1;
GO
CREATE PROCEDURE  选课情况 1
AS
    SET NOCOUNT ON;
    SELECT sno,cno,cgrade
```

```
FROM sc
WHERE cno='1'
GO
```

创建存储过程前，应注意下列事项：

（1）CREATE PROCEDURE 语句不能与其他 SQL 语句在单个批处理中组合使用。

（2）要创建过程，必须具有数据库的 CREATE PROCEDURE 权限。数据库所有者具有默认的创建存储过程的权限，它可把该权限传递给其他的用户。

（3）存储过程的名称必须遵守标识符规则。

（4）只能在当前数据库中创建存储过程。

10.1.5　创建和执行带参数的存储过程

由于视图没有定义参数，对于行的筛选只能绑定在视图定义中，灵活性不大。而存储过程提供了参数，大大提高了系统开发的灵活性。

向存储过程设定输入、输出参数的主要目的是通过参数向存储过程输入和输出信息来扩展存储过程的功能。通过设定参数，可以多次使用同一存储过程并按用户要求查找所需的结果。

使用 T-SQL 语句创建带参数的存储过程的语法格式为：

```
CREATE PROC[EDURE] procedure_name
[{ @parameter data_type }[=default ] [ OUTPUT ]] [,…n ]
[ WITH{ RECOMPILE | ENCRYPTION | RECOMPILE ,ENCRYPTION } ]
AS
sql_statement
```

各参数的含义如下：

（1）procedure_name 是要创建的存储过程的名字，存储过程的命名必须符合命名规则，在一个数据库中对其所有者而言，存储过程的名字必须唯一。

（2）@parameter 是存储过程的参数。在 Create Procedure 语句中，可以声明一个或多个参数。当调用该存储过程时，用户必须给出所有的参数值，除非定义了参数的缺省值。若参数的形式以@parameter=value 出现，则参数的次序可以不同，否则用户给出的参数值必须与参数列表中参数的顺序保持一致。若某一参数以@parameter=value 形式给出，那么其他参数也必须以该形式给出。一个存储过程至多有 1024 个参数。

（3）Data_type 是参数的数据类型。

（4）Default 是指参数的缺省值。如果定义了缺省值，那么即使不给出参数值，则该存储过程仍能被调用。缺省值必须是常数，或者是空值。

（5）OUTPUT 表明该参数是一个输出参数。用 OUTPUT 参数可以向调用者返回信息。Text 类型参数不能用作 OUTPUT 参数。

（6）RECOMPILE 指明 SQL Server 并不保存该存储过程的执行计划，该存储过程每执行一次都又要重新编译。

（7）ENCRYPTION 表明 SQL Server 加密了 syscomments 表，该表的 text 字段是包含有

Create procedure 语句的存储过程文本，使用该关键字无法通过查看 syscomments 表来查看存储过程内容。

（8）AS 指明该存储过程将要执行的动作。

（9）Sql_statement 是包含在存储过程中的 SQL 语句。

另外应该指出，一个存储过程的最大尺寸为 128M，用户定义的存储过程必须创建在当前数据库中。

下面将给出几个例子，用来详细介绍如何创建包含有各种保留字的存储过程。

10.1.5.1 创建和执行带输入参数的存储过程

在例 10-1 中，存储过程"选课情况 1"只能对"cno=1"这个给定的课程号所对应的选课情况进行查询。若要使用户能够对任意给定的课号进行选课情况的查询，查询的课号应该是可变的，这时就要使用输入参数。

1. 使用对象资源管理器创建带输入参数的存储过程

【例 10-3】 使用对象资源管理器在 stud_course 数据库中创建一个名为"选课情况"的存储过程，该存储过程可以根据给定的课号返回与该课号所对应的选课情况。

操作步骤如下：

（1）在对象资源管理器中，连接到 SQL Server 2005 数据库引擎实例，再展开该实例。

（2）依次展开"数据库"、stud_course 数据库和"可编程性"。

（3）右键单击"存储过程"，再单击"新建存储过程"。

（4）在"查询"菜单上，单击"指定模板参数的值"。

在"指定模板参数的值"对话框中，输入表 10-3 中所示的参数值。

表 10-3　　　　　　　　　"选课情况"存储过程所对应的参数值

参　数	值	参　数	值
Author	zhangrui	Procedure_name	选课情况
Create Date	2010-9-13	@Param1	@cnumber
Description	返回给定课号所对应的选课情况	@Datatype_For_Param1	nvarchar（10）
		Default_Value_For_Param1	NULL

单击"确定"。

在查询编辑器中，使用以下语句替换 SELECT 语句：

```
SELECT sno,cno,cgrade
FROM sc
WHERE cno=@cnumber;
```

若要测试语法，请在"查询"菜单上，单击"分析"。若要创建存储过程，请在"查询"菜单上，单击"执行"。如图 10-3 所示。

2. 使用 T-SQL 语句创建带输入参数的存储过程

【例 10-4】 使用 T-SQL 语句创建例 10-3 中的存储过程。

分析：在例 10-1 中 AS 后面的语句为 SELECT sno，cno，cgrade FROM sc WHERE cno='1'，将课号"1"用变量代替：SELECT sno，cno，cgrade FROM sc WHERE cno=@cnumber，其中变量名"@cnumber"取代了值"1"。

由于使用了变量，所以需要定义该变量，定义课号为长度为 10 的字符串，则在 AS 之前定义变量@cnumber nvarchar（10），若该变量默认值为 NULL，则该语句写为：@cnumber nvarchar（10）=NULL。

图 10-3　在对象资源管理器中创建名为"选课情况"的存储过程

在 SQL Server Management Studio 查询窗口中输入下列 SQL 语句，并运行。

```
USE stud_course
GO
IF OBJECT_ID('选课情况','P')IS NOT NULL
    DROP PROCEDURE  选课情况;
GO
CREATE PROCEDURE  选课情况
@cnumber nvarchar(10)=NULL
AS
    SELECT sno,cno,cgrade
    FROM sc
    WHERE cno=@cnumber
GO
```

3. 执行带输入参数的存储过程

在执行带输入参数的存储过程时，通过语句@parameter=value 给出参数的值。当存储过程含有多个参数时，参数值可以按任意顺序设定，对于允许空值和具有默认值的输入参数可以不给出参数的值。

另外，在执行带输入参数的存储过程时，也可省略"@parameter="而直接给出参数的值 value，但当存储过程含有多个输入参数时，值的顺序必须与定义参数的顺序一致。

其语法格式为：

EXEC procedure_name

[@parameter=]vaule

[,…n]

【例 10-5】 执行存储过程"选课情况"，分别查询 1 号课程和 2 号课程的选课情况。

在 SQL Server Management Studio 查询窗口中运行下列 SQL 语句：

```
USE stud_course
GO
EXEC  选课情况  @cnumber='1'
GO
EXEC  选课情况  '2'
GO
```

执行结果如图 10-4 所示。

图 10-4 执行名为"选课情况"的存储过程

10.1.5.2　创建和执行带输出参数的存储过程

如果需要从存储过程返回一个或多个值，可以通过在创建存储过程的语句中定义输出参数来实现，方法为在 CREATE PROCEDURE 语句中使用 OUTPUT 关键字。

输出参数语法格式为：

@parameter data_type [=default] OUTPUT

1. 创建带输出参数的存储过程

【例 10-6】 创建存储过程 xuanke_num，要求能根据给出的课号，统计选修了该课程的学生人数。

```
USE stud_course
GO
IF OBJECT_ID('xuanke_num','P')IS NOT NULL
    DROP PROCEDURE xuanke_num;
GO
CREATE PROCEDURE xuanke_num
@cnumber nvarchar(10),@num smallint OUTPUT
AS
    SET @num=
(
    SELECT count(*)
    FROM sc
    WHERE cno=@cnumber
)
PRINT @num
GO
```

2. 执行带输出参数的存储过程

【例 10-7】 执行存储过程 xuanke_num。

由于在存储过程中使用了参数@cnumber 和@num，所以测试时，要先定义相应的变量（变量名可与定义存储过程时使用的参数名相同，也可不同），对于输入参数@cnumber 需要赋值，而输出参数@num 不需要赋值，它是从存储过程中获得的返回值，供用户进一步使用。

```
DECLARE @cnumber nvarchar(10),@num smallint
SET @cnumber='1'
EXEC xuanke_num @cnumber,@num
```

执行结果如图 10-5 所示，共有 3 名学生选修了 1 号课程。

图 10-5　执行存储过程 xuanke_num

10.1.6　查看、修改、删除和重命名存储过程

10.1.6.1　查看存储过程

1. 使用对象资源管理器

查看存储过程（未加密的）创建的脚本的方法是：双击某数据库，依次展开"可编程性"→"存储过程"，就可看到本数据库中所有的存储过程；然后右键单击某存储过程，选择"编写存储过程脚本为"→"CREATE 到"→"新查询编辑窗口"，如图 10-6 所示。

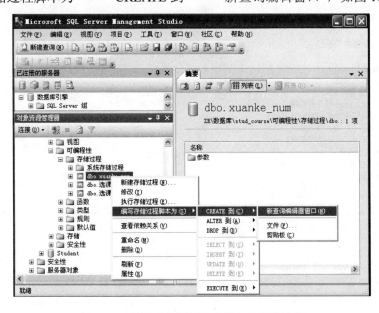

图 10-6　使用对象资源管理器查看存储过程

如图 10-6 所示，通过交互式菜单能对存储过程实现"查看依赖关系"、"重命名"、"删除"等操作，"属性"菜单能查看到存储过程的多种相关信息。

2. 使用系统存储过程和目录视图

有几种系统存储过程和目录视图可提供有关存储过程的信息。使用它们可以查看用于创建存储过程的 T-SQL 语句，获得有关存储过程的信息（如存储过程的架构、创建时间及其参数）。

若要查看存储过程的定义：sys.sql_modules、OBJECT_DEFINITION、sp_helptext。

查看有关存储过程的信息：sys.objects、sys.procedures、sys.parameters、sys.numbered_procedures、sys.numbered_procedure_parameters、sp_help。

查看存储过程的依赖关系：sys.sql_dependencies、sp_depends。

查看有关扩展存储过程的信息：sp_helpextendproc。

【例 10-8】 使用命令查看存储过程"xuanke_num"的定义文本。

可执行系统存储过程 sp_helptext，如图 10-7 所示。

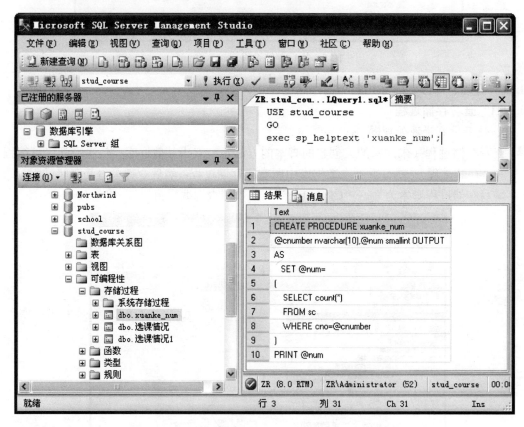

图 10-7 使用系统存储过程 sp_helptext 查看存储过程

或者直接查询 sys.sql_modules 目录视图：

USE stud_course;
GO

SELECT definition FROM sys.sql_modules
WHERE object_id = OBJECT_ID('xuanke_num')

结果如图 10-8 所示。

图 10-8 使用目录视图 sys.sql_modules 查看存储过程

或者查询 OBJECT_DEFINITION 函数：

USE stud_course;
GO
select object_definition(object_id('xuanke_num'))

注意：如果在创建存储过程时使用了 WITH ENCRYPTION 选项，那么无论是使用对象资源管理器，还是系统存储过程 sp_helptext，都无法查看到存储过程的源代码，但是使用目录视图 sys.sql_modules 可以查看到。

【例 10-9】 使用命令查看有关存储过程"xuanke_num"的信息。

可以使用 sys.objects 目录视图：

use stud_course
go
select * from sys.objects
where name='xuanke_num' and type='p'

或者使用 sp_help 系统存储过程：

```
use stud_course
go
exec sp_help 'xuanke_num'
```

10.1.6.2 修改存储过程

修改存储过程通常是指编辑它的参数和 T-SQL 语句。

1. 使用对象资源管理器

修改存储过程的脚本的方法是：双击某数据库，依次展开"可编程性"→"存储过程"，就可看到本数据库中所有的存储过程；然后右键单击某存储过程，选择"编写存储过程脚本为"→"ALTER 到"→"新查询编辑窗口"，如图 10-9 所示。

在右边窗格就可以看到修改当前存储过程所对应的脚本，在此就可对其参数进行编辑，之后单击"分析"按钮确保所编写的代码语法无误，最后单击"执行"按钮，完成存储过程的参数和 T-SQL 语句的修改。

图 10-9 使用对象资源管理器修改存储过程

2. 使用 ALTER PROCEDURE 命令

语法如下：

```
ALTER PROC[EDURE] procedure_name
[@parameter data_type [=DEFAULT] [OUTPUT]] [,…,n]
[WITH ENCRYPTION]
[WITH RECOMPILE]
```

AS

sql_statement

【例 10-10】 修改存储过程"选课情况",对该存储过程指定加密选项。

在 SQL Server Management Studio 查询窗口中输入下列 SQL 语句,并运行。

```
USE stud_course
GO
ALTER PROCEDURE  选课情况
@cnumber nvarchar(10)=NULL
WITH ENCRYPETION
AS
    SELECT sno,cno,cgrade
    FROM sc
    WHERE cno=@cnumber
GO
```

10.1.6.3 删除存储过程

删除存储过程有两种方法。

1. 使用对象资源管理器

【例 10-11】 使用对象资源管理器删除存储过程"选课情况"。

右键单击存储过程"选课情况",选择"删除"命令,然后在弹出的"删除对象"对话框中单击"确定"按钮即可。如图 10-10 所示。

图 10-10 删除存储过程"选课情况"

2. 使用 DROP PROCEDURE 命令

【例 10-12】 使用 T-SQL 语句删除存储过程"选课情况"。

USE stu_course

GO

DROP PROC xuanke_num

10.1.6.4 重命名存储过程

对存储过程重命名有两种方法。

1. 使用对象资源管理器

方法与删除存储过程类似，在此不再赘述。

2. 使用命令方式

【例 10-13】 使用命令把存储过程"选课情况"更名为"xuan_cno_1"。

USE stud_course

GO

EXEC sp_rename '选课情况','xuan_cno_1'

执行完该命令之后，在对象资源管理器中右击"存储过程"，选择"刷新"，即可看到更名后的存储过程。

10.1.7 存储过程的重新编译

在存储过程中所有的查询只在编译时进行优化。当在数据库中执行了会影响数据库的统计操作（比如创建索引，或其他操作）之后，可能会降低已编译的存储过程的效率。通过对存储过程重新编译，可以重新优化查询。

SQL Server 2005 提供了 3 种重新编译的方法。

1. 在创建存储过程时使用 WITH RECOMPILE 子句

【例 10-14】 使用 WITH RECOMPILE 子句重新创建例 10-6 中的存储过程 xuanke_num，使其在每次运行时重新编译和优化。

USE stud_course

GO

IF OBJECT_ID('xuanke_num','P')IS NOT NULL

   DROP PROCEDURE xuanke_num;

GO

CREATE PROCEDURE xuanke_num

@cnumber nvarchar(10),@num smallint OUTPUT

WITH RECOMPILE

AS

   SET @num=

(

   SELECT count(*)

```
        FROM sc
        WHERE cno=@cnumber
)
PRINT @num
GO
```

注意：此方法并不常用，因为每次执行存储过程时都要重新编译，从整体上降低了存储过程的执行速度。

2. 在执行存储过程时设定重新编译选项

通过在执行存储过程时设定重新编译，可以让 SQL Server 2005 在这次执行存储过程时重新编译该存储过程。

其语法格式为：

```
EXEC procedure_name WITH RECOMPILE
```

【例 10-15】 以重新编译的方式重新执行存储过程 xuanke_num。

```
USE stud_course
GO
DECLARE @cnumber nvarchar(10),@num smallint
SET @cnumber='1'
EXEC xuanke_num @cnumber,@num WITH RECOMPILE
```

注意：此方法一般在存储过程创建之后，当数据发生显著变化时使用。

3. 通过系统存储过程 sp_recompile 设定重新编译选项

其语法格式为：

```
EXEC sp_recompile object_name
```

其中，object_name 为当前数据库中数据库对象（存储过程、触发器、表或视图）的名称。

【例 10-16】 使用 sp_recompile 重新编译 xuanke_num。

```
EXEC sp_recompile xuanke_num
```

执行结果显示：

已成功地标记对象'xuanke_num'，以便对它重新进行编译。

【例 10-17】 对 stud_course 数据库中 sc 表上的所有存储过程和触发器进行重新编译。

```
EXEC sp_recompile sc
```

10.2 触 发 器

SQL Server 2005 提供了两种主要机制来强制执行业务规则和数据完整性：约束和触发器。就本质而言，触发器也是一种存储过程，是一种特殊类型的存储过程。触发器只要满足一定的条件，就可以触发完成各种简单和复杂的任务，可以帮助我们更好地维护数据库中数据的完整性。本节要重点理解触发器的特点和作用，掌握创建和管理触发器的方法。

10.2.1　触发器概述

在 SQL Server 2005 数据库系统中，存储过程和触发器都是 SQL 语句和流程控制语句的集合。就本质而言，触发器也是一种存储过程，主要通过 DML 或 DDL 语言事件触发而被执行，不能直接被调用，也不能传递或接受参数，而存储过程可以通过存储过程名而被直接调用。

当对某一表或视图进行 DML（INSERT、UPDATE、DELETE）操作，或在数据库中执行 DDL（CREATE、ALTER、DROP）操作时，SQL Server 2005 就会自动执行触发器所定义的 SQL 语句，从而确保对数据的处理必须符合由这些 SQL 语句所定义的规则。触发器的主要作用就是其能够实现由主键和外键所不能保证的复杂的参照完整性和数据的一致性。除此之外，触发器还有许多其他不同的功能。

10.2.2　触发器的类型

SQL Server 2005 具有不同类型的触发器，可以完成不同的功能。按照触发事件的不同，主要包括两大类：DML 触发器和 DDL 触发器。

10.2.2.1　DML 触发器

当数据库中发生数据操作语言（DML）事件时，将调用 DML 触发器。DML 事件包括在指定表或视图中修改数据的 INSERT 语句、UPDATE 语句或 DELETE 语句。DML 触发器可以查询其他表，还可以包含复杂的 T-SQL 语句。系统将触发器和触发它的语句作为可在触发器内回滚的单个事务对待，如果检测到错误（例如，磁盘空间不足），则整个事务就自动回滚。

根据触发时机的不同，DML 触发器又分为以下两种。

1. AFTER 触发器

在执行了 INSERT、UPDATE 或 DELETE 语句操作之后执行 AFTER 触发器。AFTER 触发器即为 SQL Server 2005 之前版本介绍的触发器。该类触发器要求只有执行某一操作（如 INSERT、UPDATE 或 DELETE）之后，触发器才被触发，且只能在表上定义。可以为针对表的同一操作定义多个触发器。

2. INSTEAD OF 触发器

使用 INSTEAD OF 触发器可以代替通常的触发动作。还可为视图定义 INSTEAD OF 触发器，这些触发器能够扩展视图的更新操作。INSTEAD OF 触发器执行时并不执行触发该触发器的操作（INSERT、UPDATE、DELETE），而仅是执行触发器本身。

10.2.2.2　DDL 触发器

DDL 触发器是 SQL Server 2005 的新增功能。与 DML 触发器一样，DDL 触发器也是通过事件来激活并执行其中的 SQL 语句。但与 DML 触发器不同，它们不是在响应针对表或视图的 DML 操作时触发，而是在响应数据定义语言（DDL）语句时激发。这些语句包括 CREATE、ALTER、DROP、GRANT、DENY、REVOKE 和 UPDATE STATISTICS 等语句。DDL 触发器可用于管理任务，例如审核和控制数据库操作。

　　触发器的作用域取决于事件。例如，每当数据库中发生 CREATE TABLE 事件时，都会触发为响应 CREATE TABLE 事件创建的 DDL 触发器。每当服务器中发生 CREATE LOGIN 事件时，都会触发为响应 CREATE LOGIN 事件创建的 DDL 触发器。

　　注意：服务器作用域的 DDL 触发器显示在 SQL Server Management Studio 对象资源管理器中的"触发器"文件夹中。此文件夹位于"服务器对象"文件夹下。具有数据库作用域的 DDL 触发器位于 Database Triggers 文件夹中。此文件夹位于相应数据库的"可编程性"文件夹下。

　　DDL 触发器仅在触发它的 DDL 语句之后，才会被触发。DDL 触发器无法作为 INSTEAD OF 触发器使用。

10.2.3　触发器的功能

10.2.3.1　DML 触发器的功能

　　（1）触发器可通过数据库中的相关表实现级联更改；不过，通过级联引用完整性约束可以更有效地执行这些更改。

　　（2）相对于 CHECK 约束，触发器可以实现更为复杂的其他限制。DML 触发器可以防止恶意或错误的 INSERT、UPDATE 以及 DELETE 操作。另外 CHECK 约束只能根据逻辑表达式或同一表中的另一列来验证列值；如果应用程序要求根据另一个表中的列验证列值，则必须使用 DML 触发器。

　　（3）比较数据库修改前后数据的状态。触发器提供了访问由 INSERT、UPDATE 或 DELETE 语句引起的数据变化前后状态的能力。因此用户就可以在触发器中引用由于修改所影响的记录行。

　　（4）一个表中的多个同类 DML 触发器（INSERT、UPDATE 或 DELETE）允许采取多个不同的操作来响应同一个修改语句。

10.2.3.2　DDL 触发器的功能

　　（1）防止对数据库架构进行某些更改。

　　（2）使得数据库中发生某种情况以响应数据库架构中的更改。

　　（3）记录数据库架构中的更改或事件。

10.2.4　触发器的创建

　　SQL Server 2005 提供了两种创建触发器的方法。

10.2.4.1　使用对象资源管理器

　　下面举例说明使用图形化工具创建 DML 触发器的方法。

　　【例 10-18】　在"stud_course"数据库的"student"表中使用图形化工具创建一个 DML 触发器"trig_student"，当在"student"表中插入、修改和删除记录时，提示"student 表中数据已被修改！"。

　　操作步骤如下：

　　（1）启动 SQL Server Management Studio，连接到数据库实例，在"对象资源管理器"窗口中展开数据库实例。

图 10-11　使用对象资源管理器
创建 DML 触发器

（2）依次选择"数据库"→DML 触发器所在的数据库，这里选择"stud_course"→"表"→触发器所在的表，这里选择"dbo.student"→"触发器"右键快捷菜单的"新建触发器"选项，如图 10-11 所示。

（3）这时就在 SQL Server Management Studio 右边打开了"创建触发器"模板，其中已经加入了一些创建触发器的代码。

（4）在"创建触发器"模板中，直接修改代码，或者选择"查询"菜单→"指定参数的模板"选项，打开"指定模板参数的值"对话框。

（5）指定模板参数，根据题中要求，触发器名称 Trigger_Name 的值指定为 trig_student，触发器表 Table_Name 的值指定为 student，数据变动类型 Data_Modification_Statements 的值指定为 INSERT，UPDATE，DELETE，如图 10-12 所示。

图 10-12　指定模板中的参数

然后单击"确定"按钮，返回到创建触发器的模板窗口，此时内容已经改变。

（6）之后在模板里根据具体要求修改其他代码，添加提示信息代码，然后单击 SQL 编辑器工具栏上的"执行"按钮，完成触发器的创建，如图 10-13 所示。

10.2.4.2　使用 T-SQL 语句

1. 使用 T-SQL 创建 DML 触发器

语法格式如下：

```
CREATE TRIGGER [ schema_name . ]trigger_name
ON { table | view }
[ WITH ENCRYPTION ]
```

{ FOR | AFTER | INSTEAD OF } { [INSERT] [，] [UPDATE] [，] [DELETE] }

[NOT FOR REPLICATION]

AS

{ sql_statement　[;] [...n] }

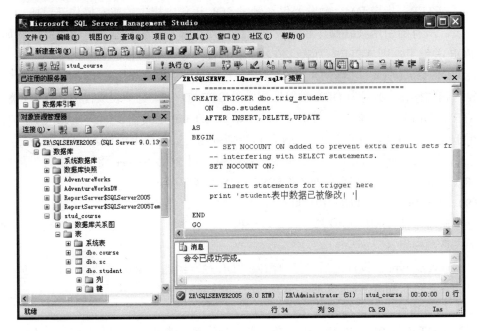

图 10-13　修改触发器中的其他代码

2. 使用 T-SQL 创建 DDL 触发器

语法格式如下：

CREATE TRIGGER trigger_name

ON { ALL SERVER | DATABASE }

[WITH ENCRYPTION]

{ FOR | AFTER } { event_type | event_group } [, ...n]

AS

{ sql_statement　[;] [...n] }

参数说明：

（1）schema_name：DML 触发器所属架构的名称。DML 触发器的作用域是为其创建该触发器的表或视图的架构。对于 DDL 触发器，无法指定 schema_name。

（2）trigger_name：触发器的名称。每个 trigger_name 必须遵循标识符规则，但 trigger_name 不能以#或##开头。

（3）table | view：对其执行 DML 触发器的表或视图，有时称为触发器表或触发器视图。可以根据需要指定表或视图的完全限定名称。视图只能被 INSTEAD OF 触发器引用。

（4）ALL SERVER：将 DDL 触发器的作用域应用于当前服务器。如果指定了此参数，则只要当前服务器中的任何位置上出现 event_type 或 event_group，就会激发该触发器。

（5）DATABASE：将 DDL 触发器的作用域应用于当前数据库。如果指定了此参数，则只要当前数据库中出现 event_type 或 event_group，就会激发该触发器。

（6）WITH ENCRYPTION：对 CREATE TRIGGER 语句的文本进行加密。使用 WITH ENCRYPTION 可以防止将触发器作为 SQL Server 复制的一部分进行发布。

（7）AFTER：指定 DML 触发器仅在触发 SQL 语句中指定的所有操作都已成功执行时才被激发。所有的引用级联操作和约束检查也必须在激发此触发器之前成功完成。如果仅指定 FOR 关键字，则 AFTER 为默认值。不能对视图定义 AFTER 触发器。

（8）INSTEAD OF：指定 DML 触发器是"代替"SQL 语句执行的，因此其优先级高于触发语句的操作。不能为 DDL 触发器指定 INSTEAD OF。对于表或视图，每个 INSERT、UPDATE 或 DELETE 语句最多可定义一个 INSTEAD OF 触发器。INSTEAD OF 触发器不可以用于使用 WITH CHECK OPTION 的可更新视图。如果将 INSTEAD OF 触发器添加到指定了 WITH CHECK OPTION 的可更新视图中，则 SQL Server 将引发错误。用户须用 ALTER VIEW 删除该选项后才能定义 INSTEAD OF 触发器。

（9）{ [DELETE] [，] [INSERT] [，] [UPDATE] }：指定触发事件，这些语句对表或视图进行尝试时激活 DML 触发器。必须至少指定一个选项。在触发器定义中允许使用上述选项的任意顺序组合。

（10）event_type：执行之后将导致激发 DDL 触发器的 T-SQL 语言事件的名称。

（11）event_group：预定义的 T-SQL 语言事件分组的名称。执行任何属于 event_group 的 T-SQL 语言事件之后，都将激发 DDL 触发器。

（12）NOT FOR REPLICATION：指示当复制代理修改涉及触发器的表时，不应执行触发器。

（13）sql_statement：触发条件和操作。触发器条件指定其他标准，用于确定尝试的 DML 或 DDL 语句是否导致执行触发器操作。尝试 DML 或 DDL 操作时，将执行 T-SQL 语句中指定的触发器操作。

【例 10-19】　在数据库"stud_course"中建立一个表"test_table"，创建一个 DML 触发器"test_trig"，当在表"test_table"中插入、修改和删除数据时，自动显示表中的记录。并用相关数据进行测试。

建表和触发器的语句如下：

```
USE stud_course
GO
--创建表 test_table
CREATE TABLE test_table
(
t1 int,
t2 char(10)
)
GO
```

```
--创建触发器 test_trig
CREATE TRIGGER test_trig
ON test_table
AFTER INSERT,UPDATE,DELETE
AS
    SELECT * FROM test_table
GO
```

测试该触发器,执行下面的语句:

```
INSERT INTO test_table VALUES (1, '刘德华')
```

执行结果,在消息框中显示"1 行受影响",在结果框中显示表"test_table"中的记录:

```
t1                      t2
----------------        ----------------
1                       刘德华
```

再执行下面的语句:

```
UPDATE test_table SET t2='周杰伦' WHERE t1=1
```

在结果框中显示出表"test_table"中的记录为:

```
t1                      t2
----------------        ----------------
1                       周杰伦
```

【例 10-20】 在数据库"stud_course"中创建 DDL 触发器 safety,防止数据库中的任一表被修改或删除。

创建触发器的语句如下:

```
USE stud_course
GO
CREATE TRIGGER safety
ON DATABASE
FOR ALTER_TABLE,DROP_TABLE
AS
    PRINT '您必须使 safety 触发器无效,才能执行对表的修改或删除操作!'
    ROLLBACK;
GO
```

说明:该触发器时具有数据库作用域的 DDL 触发器,在对象资源管理器中位于"stud_course"数据库的"可编程性"→"数据库触发器"节点下。

--测试触发器(删除表 student,看触发器 safety 是否起作用)

```
DROP TABLE student;
```

执行结果如图 10-14 所示。

图 10-14　测试 DDL 触发器 "safety"

10.2.5　inserted 表和 deleted 表

DML 触发器有两种特殊的表：deleted 表和 inserted 表。SQL Server 2005 会自动创建和管理这两种表。可以使用这两种驻留内存的临时表来测试特定数据修改的影响以及设置 DML 触发器操作条件。但不能直接修改表中的数据或对表执行数据定义语言（DDL）操作，例如 CREATE INDEX。

在 DML 触发器中，inserted 和 deleted 表主要用于执行以下操作：

（1）扩展表之间的引用完整性。

（2）在以视图为基础的基表中插入或更新数据。

（3）检查错误并采取相应的措施。

（4）找出数据修改前后表的状态差异并基于该差异采取相应的措施。

deleted 表用于存储 DELETE 和 UPDATE 语句所影响的行的副本。在执行 DELETE 或 UPDATE 语句的过程中，行从触发器表中删除，并传输到 deleted 表中。deleted 表和触发器表通常没有相同的行。

inserted 表用于存储 INSERT 和 UPDATE 语句所影响的行的副本。在执行插入或更新事务过程中，新行会同时添加到 inserted 表和触发器表中。inserted 表中的行是触发器表中的新行的副本。

UPDATE 操作类似于在删除操作之后执行插入操作。首先，旧行被复制到 deleted 表中，然后，新行被复制到触发器表和 inserted 表中。

SQL Server 2005 不允许在 AFTER 触发器的 inserted 和 deleted 表中引用 text、ntext 或 image 列。但会包括这些数据类型，这只是为了向后兼容。但是允许 INSTEAD OF 触发器引用这些列。

【例 10-21】　编写一段 T-SQL 语句说明在对具有触发器的表进行操作时，inserted 和 deleted 表中数据的变化。

```
USE stud_course
GO
--如果 test_trig 触发器存在，则删除
IF OBJECT_ID（'test_trig'，'TR'）IS NOT NULL
    DROP TRIGGER test_trig;
GO
--创建 test_trig 触发器
CREATE TRIGGER test_trig
ON test_table
FOR INSERT，UPDATE，DELETE
AS
PRINT 'inserted 表：'
SELECT * FROM inserted
PRINT 'deleted 表：'
SELECT * FROM deleted
GO
--测试该触发器，查看 inserted 和 deleted 表中的数据
INSERT INTO test_table VALUES（2，'张飞'）
inserted 表：
t1                    t2
----------------      ----------------
2                     张飞
（1 行受影响）
deleted 表：
t1                    t2
----------------      ----------------
（0 行受影响）
UPDATE test_table SET t2='关羽' WHERE t1=2
inserted 表：
t1                    t2
----------------      ----------------
2                     关羽
```

（1 行受影响）

deleted 表：

t1	t2
2	张飞

（1 行受影响）

DELETE test_table WHERE t1=2

inserted 表：

t1	t2

（0 行受影响）

deleted 表：

t1	t2
2	关羽

（1 行受影响）

在 INSTEAD OF 触发器上使用 inserted 和 deleted 表。

INSTEAD OF 触发器引用的 inserted 和 deleted 表与 AFTER 触发器引用的 inserted 和 deleted 表遵守相同的规则。inserted 和 deleted 表的格式与在其上定义 INSTEAD OF 触发器的基表的格式相同。inserted 和 deleted 表中的每一列都直接映射到基表中的列。

当 INSERT、UPDATE 或 DELETE 语句引用具有 INSTEAD OF 触发器的视图时，SQL Server 2005 数据库引擎将调用该触发器，而不是对任何表采取任何直接操作。

在视图上定义的 INSTEAD OF 触发器引用的 inserted 和 deleted 表的格式与定义该视图的 SELECT 语句的选择列表的格式一致。例如：

```
CREATE VIEW EmployeeNames(EmployeeID,LName,FName)
AS
SELECT e.EmployeeID,c.LastName,c.FirstName
FROM AdventureWorks.HumanResources.Employee e
JOIN AdventureWorks.Person.Contact c
ON e.ContactID = c.ContactID
```

此视图的结果集有 3 列：一个 int 列和两个 nvarchar 列。传递给在该视图上定义的 INSTEAD OF 触发器的 inserted 和 deleted 表也有一个名为 EmployeeID 的 int 列、一个名为 LName 的 nvarchar 列和一个名为 FName 的 nvarchar 列。

10.2.6　管理触发器

SQL Server 2005 为用户提供了多种查看触发器信息的方法。

10.2.6.1　查看触发器信息

1. 使用对象资源管理器查看触发器

查看触发器创建的脚本的方法是：双击某数据库，依次展开"表"→"触发器"，就可看到在该表上创建的所有触发器；然后右键单击某触发器，选择"编写存储过程脚本为"→"CREATE 到"→"新查询编辑窗口"。

具有数据库作用域的 DDL 触发器，查看方法是：双击某数据库，依次展开"可编程性"→"数据库触发器"，就可看到所有触发器；然后右键单击某触发器，选择"编写存储过程脚本为"→"CREATE 到"→"新查询编辑窗口"。

【例 10-22】　查看触发器"test_trig"，如图 10-15 所示。

图 10-15　使用对象资源管理器查看 test_trig 触发器相关信息

如图 10-15 所示，通过交互式菜单能对触发器实现"查看依赖关系"、"删除"、"启动/禁用"等操作。

【例 10-23】　查看触发器"safety"，如图 10-16 所示。

2. 使用系统存储过程

系统存储过程 sp_help、sp_helptext、sp_depends 和 sp_helptrigger 分别提供有关触发器的不同信息。

通过 sp_help 系统存储过程，可以了解触发器的一般信息（名称、所有者、类型、创建时间）。

语法格式：

EXEC sp_help [[@objname =] 'name']

图 10-16 使用对象资源管理器查看 safety 触发器相关信息

【例 10-24】 使用系统存储过程 sp_help 查看触发器 "test_trig" 的信息。

EXEC sp_help 'test_trig'

用户还可以通过系统存储过程 sp_helptrigger 查看某张特定表上存在的触发器的某些相关信息。

语法格式：

EXEC sp_helptrigger table_name

【例 10-25】 使用系统存储过程 sp_helptrigger 查看基于 "test_table" 表创建的所有触发器的相关信息，如图 10-17 所示。

3. 使用系统表

用户还可以通过查询系统表 sys.objects 得到触发器的相关信息。

【例 10-26】 使用系统表 sys.objects 查看数据库 "stud_course" 上存在的触发器的相关信息。具体命令如下：

```
USE stud_course
GO
SELECT name FROM sys.objects
WHERE type='TR'
GO
```

执行后，将返回在数据库 "stud_course" 上定义的触发器的名称。

图 10-17　使用 sp_helptrigger 查看"test_table"表上的所有触发器

10.2.6.2　修改触发器

1. 使用对象资源管理器修改 DML 触发器

（1）启动 SQL Server Management Studio，连接到数据库实例，在"对象资源管理器"窗口中展开数据库实例。

（2）依次选择"数据库"→DML 触发器所在的数据库→"表"→DML 触发器所在的表→"触发器"右键快捷菜单的"修改"选项。

（3）这时就在 SQL Server Management Studio 右边打开了该触发器的代码编辑框，在这里可以查看触发器，也可以修改该触发器。如果是修改触发器，直接修改其代码，然后单击 SQL 编辑器工具栏上的按钮，完成该触发器的修改。如图 10-18 所示。

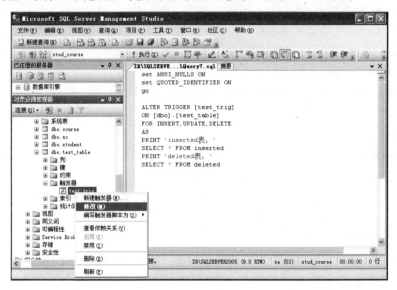

图 10-18　使用对象资源管理器修改触发器

2. 使用 T-SQL 修改 DML 触发器

ALTER TRIGGER [schema_name .]trigger_name

ON { table | view }

[WITH ENCRYPTION]

{ FOR | AFTER | INSTEAD OF } { [INSERT] [，] [UPDATE] [，] [DELETE] }

[NOT FOR REPLICATION]

AS

{ sql_statement 　[;] [...n] }

其中，各参数的含义与创建触发器中各参数含义相同。

【例 10-27】 修改数据库"stud_course"中的表"test_table"上创建的触发器"test_trig"，使得用户在执行增、删、改操作时，自动给出提示信息并撤销此次操作。

将其改为 INSTEAD OF 触发器，可实现题目要求，具体命令如下：

ALTER TRIGGER test_trig

ON test_table

INSTEAD OF INSERT,UPDATE,DELETE

AS

PRINT '执行的插入,修改,删除操作无效'

GO

3. 使用 sp_rename 命令重命名 DML 触发器

语法格式：

EXEC sp_rename 'old_trigger_name', 'new_trigger_name'

4. 修改 DDL 触发器

语法格式如下：

ALTER TRIGGER trigger_name

ON { ALL SERVER | DATABASE }

[WITH ENCRYPTION]

{ FOR | AFTER } { event_type | event_group } [, ...n]

AS

{ sql_statement 　[;] [...n] }

10.2.6.3　删除触发器

1. 使用对象资源管理器

首先在 SQL Server Management Studio 对象资源管理器中选择要删除的 DML 触发器或 DDL 触发器，在右键快捷菜单中选择"删除"选项，在打开的"删除对象"窗口中单击"确定"按钮即可删除该触发器。

【例 10-28】 使用对象资源管理器删除触发器"safety"，如图 10-19 所示。

2. 使用 T-SQL 语句

通过 DROP TRIGGER 语句，可以从当前数据库中删除一个或多个 DML 或 DDL 触发器。

图 10-19　使用对象资源管理器删除触发器

删除 DML 触发器语法格式如下：

    DROP TRIGGER schema_name.trigger_name [，...n] [;]

删除 DDL 触发器语法格式如下：

    DROP TRIGGER trigger_name [，...n] ON { DATABASE | ALL SERVER } [;]

【例 10-29】　使用 T-SQL 语句删除触发器"safety"。

DROP TRIGGER safety ON DATABASE

10.2.6.4　启用/禁用触发器

默认情况下，创建触发器后会启用触发器。禁用触发器不会删除该触发器，该触发器仍然作为对象存在于当前数据库中；但当执行编写触发器程序所用的任何 Transact-SQL 语句时，不会激发触发器。可以使用 ENABLE TRIGGER 重新启用 DML 和 DDL 触发器。还可以通过使用 ALTER TABLE 来禁用或启用为表所定义的 DML 触发器。

若要禁用 DML 触发器,用户必须至少对为其创建触发器的表或视图具有 ALTER 权限。

若要禁用服务器作用域（ON ALL SERVER）中的 DDL 触发器，用户必须对该服务器具有 CONTROL SERVER 权限。若要禁用数据库作用域（ON DATABASE）中的 DDL 触发器，用户必须至少对当前数据库具有 ALTER ANY DATABASE DDL TRIGGER 权限。

1. 使用对象资源管理器启用/禁用 DML 触发器

使用 SQL Server Management Studio 启用/禁用触发器的步骤与通过 SQL Server Management Studio 修改触发器的步骤类似，只要右键单击要启用/禁用的触发器，在弹出的快捷菜单中选择"启用"或"禁用"选项即可。

2. 使用 T-SQL 语句

语法格式：

DISABLE TRIGGER { [schema .] trigger_name [,...n] | ALL }

ON { object_name | DATABASE | ALL SERVER } [;]

【例 10-30】 禁用 DML 触发器 "test_trig"。

USE stud_course

GO

DISABLE TRIGGER test_trig

ON test_table

【例 10-31】 禁用 DDL 触发器 "safety"。

USE stud_course

GO

DISABLE TRIGGER safety

ON DATABASE

10.2.7 递归触发器和嵌套触发器

10.2.7.1 基本概念

1. 递归触发器

递归分两种，间接递归和直接递归。

举例解释如下，假如有表 1、表 2 名称分别为 T1、T2，在 T1、T2 上分别有触发器 G1、G2。

（1）间接递归：对 T1 操作从而触发 G1，G1 对 T2 操作从而触发 G2，G2 对 T1 操作从而再次触发 G1。

（2）直接递归：对 T1 操作从而触发 G1，G1 对 T1 操作从而再次触发 G1。

2. 嵌套触发器

如果一个触发器更改了包含另一个触发器的表，则第二个触发器将被触发，然后该触发器又可以调用第三个触发器，依此类推。

类似于间接递归，间接递归必然要形成一个"环"，而嵌套触发器不一定要形成一个环，它可以 T1->T2->T3…这样一直触发下去，这些触发器就是嵌套触发器，最多可以嵌套 32 级。

10.2.7.2 设置方法

1. 设置直接递归

默认情况下直接递归是"禁止"的，要设置为"允许"有两种方法：

（1）对象资源管理器。数据库上点右键->属性->选项，如图 10-20 所示。

（2）使用命令行方式：exec sp_dboption 'dbName', 'recursive triggers', true。

2. 设置间接递归、嵌套

默认情况下间接递归、嵌套递归是"允许"的，要设置为"禁止"有两种方法：

（1）企业管理器：注册上点右键->属性->服务器设置，如图 10-21 所示。

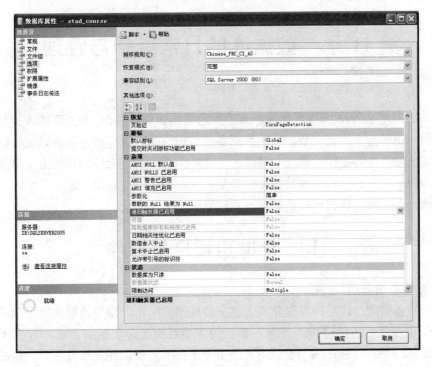

图 10-20　直接递归触发器设置

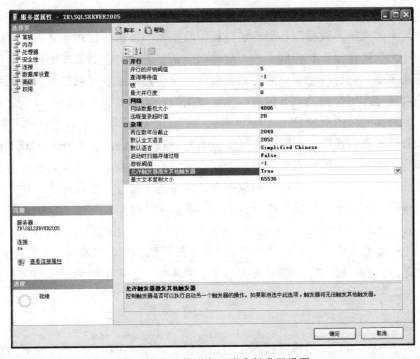

图 10-21　间接递归、嵌套触发器设置

（2）使用命令行方式：exec sp_configure 'nested triggers', 0，第二个参数为 1 则为允许。

第 11 章　数据库的日常维护与管理

本章介绍 SQL Server 2005 数据库日常维护的基础知识和操作。数据库的维护与管理涉及多方面的知识和技术，其中数据库的数据备份与还原、数据库的分离与附加、数据导入与导出等是比较常见的操作。因此本章通过 3 个小节分别讲述上述操作的方法以及与之相关的基础知识。先介绍数据库的数据库的恢复技术，即备份与还原；之后介绍移动数据库的技术，即分离和附加数据库、数据的导入和导出。

11.1　备份和还原数据库

11.1.1　数据库备份与还原的概念

数据库的备份就是在某种存储介质上建立数据库的副本，即将数据库的全部或者部分数据复制一份或者多份的过程。数据库备份的主要目的是为了预防灾难。数据库管理员（DBA，Database Administrator）要做的一个重要工作就是保证在灾难发生后，他的手中还有一份完好的数据库副本，原有数据一旦丢失或者破坏可以尽可能的恢复它。

数据库的还原就是装载已经存在的数据库备份，并利用数据库事务日志重建数据库的过程，可以简单的理解为数据库备份的逆过程。数据库的备份可以最大化的弥补数据库遭受的破坏、用户的错误操作和存储介质失效等问题带来的损失。数据库的备份直接影响到数据库还原的策略，它也决定了如何还原数据库。没有备份，一旦数据被破坏或者丢失，造成的损失可能是不可挽回的；有备份，一旦数据被破坏或者丢失，就可以利用备份进行数据库的还原，实施数据库恢复。

在实施数据库还原操作之前应该确保备份数据库的完整性。SQL Server 2005 提供了相关的工具和方法来辅助我们完成数据库备份副本的完整性检查，这些可以检验备份的数据库是否可以使用的。在进行数据库的还原操作过程中是不能使用数据库的，数据库还原操作成功后，现有数据库中的数据库就会被备份的数据库替换掉。

SQL Server 2005 的数据库备份和还原功能十分强大，使用起来也比较方便。数据库的备份和还原工作是数据库维护和管理的重要工作，涉及数据库的可靠性、完整性和可靠性，因此备份和还原过程严谨有序，接下来我们先讲解备份，之后讲解利用备份来实施数据库的还原。

11.1.2　恢复模式

SQL Server 2005 数据库的恢复技术主要是备份和还原，利用备份的副本和数据库事务日志来重建数据库中的数据。SQL Server 2005 的恢复模式是一个数据库的一个属性，控制着数据库备份和还原操作基本行为，备份和还原操作是在"恢复模式"下进行的。换句话说，恢复模式决定了事务日志记录方式，这种记录方式直接影响到数据库的备份和还原。例如，恢复模式控制了将事务记录在日志中的方式、事务日志是否需要备份以及可用的还原操作。

SQL Server 2005 可以选择的三种恢复模式，分别是：简单恢复模式、完整恢复模式和大容量日志恢复模式。

（1）简单恢复模式是指不备份事务日志，且使用的事务日志空间最小，通常仅用于测试和开发数据库或包含的大部分数据为只读的数据库。

（2）完整恢复模式是指包括数据库备份和事务日志备份，并提供全面保护，使数据库免受媒体故障影响，可在最大范围内防止出现故障时丢失数据。

（3）大容量日志恢复模式是指只对大容量操作进行最小记录。大容量日志恢复模式保护大容量操作不受媒体故障的危害，提供最佳性能并占用最小日志空间。

与完整恢复模式或大容量日志恢复模式相比，简单恢复模式更容易管理，但如果数据文件损坏，出现数据丢失的风险更高。与简单恢复模式相比，完整恢复模式和大容量日志恢复模式向数据提供更多的保护。

默认情况下，新建的数据库自动继承 model 数据库的恢复模式。我们也可以通过 SQL Server Management Studio 工具或 ALTER DATABASE 语句来更改。下面分别介绍两种方法。

（1）使用 SQL Server Management Studio 更改数据库的恢复模式。

1）启动 SQL Server Management Studio，在"对象资源浏览器"中，选择"数据库"，展开"数据库"节点。

2）右键点击"stud_course"数据库节点，在弹出菜单中选择"属性"，打开"数据库属性"对话框。

3）在"选择页"中选择"选项"选项，可以看到数据库的"恢复模式"，如图 11-1 修改数据库的恢复模式所示。

4）在"恢复模式"中有"完整"、"大容量日志"、"简单"三中恢复模式可选，选择后，点击"确定"按钮就完成了修改。

（2）使用 ALTER DATABASE 语句更改数据库的恢复模式。

使用 ALTER DABASE 语句来修改数据库的恢复模式，其语法格式如下：

ALTER　DATABASE　<database_name>

SET　RECOVERY { FULL | BULK_LOGGED | SIMPLE }

其中，database_name 参数是要修改的数据库的名称，FULL、BULK_LOGGED、SIMPLE 是可供选择的 3 种数据库的恢复模式，FULL 是完整恢复模式，BULK_LOGGED 是大容量日志恢复模式，SIMPLE 是简单恢复模式。

例如，把"stud_course"数据库通过 ALTER　DATABASE 语句修改成简单恢复模式：

ALTER　DATABASE　stud_course

SET　RECOVERY　SIMPLE

Go

图 11-1　修改数据库的恢复模式

11.1.3　数据库备份的类型

SQL Server 2005 提供了多种备份类型，如表 11-1 所示，其中最为常用的是：完整备份、差异备份、事务日志备份。

1. 完整备份

数据库的完整备份（Database-complete）是整个数据的备份，以前称为数据库备份，除了备份数据库外，还包括事务日志部分（以便可以恢复整个备份）。备份执行时，SQL Server 2005 做的事情是备份期间所发生的任何活动，同时备份所有事务日志中未提交的事务。一般情况下，数据库的完整备份会备份数据库到磁盘的某个用户指定文件中，相比其他备份方式需要较大的磁盘空间。

SQL Server 2005 使用备份过程中捕获的事务日志以保证数据的一致性。已备份的数据库与备份完成时的数据库状态相匹配，截去全部未提交的事务。当数据库恢复时，未提交的事务被回滚。

2. 差异备份

数据库的差异备份（Database-differential）又称增量备份，它只记录之前最近一次备份以来更改过的数据，包括事务日志。之前最近一次的数据备份称为差异备份的"基准"。在还原差异备份之前，必须先还原其基准备份。

差异备份执行时，SQL Server 2005 做的事情是：备份自从上次执行基准备份以来的数据库变化；备份基准备份创建以来的变化内容；备份在差异备份执行期间发生的任何活动和事务日志中所有未提交的事务。

3. 事务日志备份

事务日志备份（Transaction Log）是事务日志的复制，包括数据库发生的所有数据库变动前后的映象。只有完整恢复模式和大容量日志恢复模式支持事务日志备份。如果没有执行过一次完整备份数据库，不能进行事务日志备份。

事务日志备份执行时，SQL Server 2005 做的事情是：把从上一次成功备份事务日志到当前事务日志结束的所有事务日志备份起来，截取其中所有活动日志部分，删除不活动部分的日志信息。

事务日志的活动部分开始于最早打开事务的时间点，持续到事务日志的结束。

表 11-1   **SQL Server 2005 的备份类型**

备 份 类 型	简 单 描 述
完整备份	备份整个数据库，包括事务日志部分
差异备份	备份最后一次完整备份以来的变化的数据
事务日志备份	把数据库中数据的变化全部记录在日志中
文件及文件组备份	针对某些指定的文件或者文件组的备份
尾日志备份	备份日志尾部以捕获尚未备份的日志记录
部分备份	主文件组，每一个读写文件组和任何指定的只读文件组中数据的备份
仅复制备份	创建一个不打乱数据库计划恢复顺序的特殊备份

11.1.4 数据备份操作

1. 使用 SQL Server Management Studio 备份数据库

【例 11-1】 使用 SQL Server Management Studio 备份"stud_course"数据库。

（1）启动 SQL Server Management Studio，展开"stud_course"数据库。

（2）右击"stud_course"数据库，在弹出的菜单中选择"任务"子菜单，选择"备份"命令，系统弹出"备份数据库-stud_course"的备份窗口，如图 11-2 备份数据库窗口所示。

（3）在"数据库"下拉列表中选择要备份的数据库"stud_course"，默认被选择。

（4）在"备份类型"下拉列表中选择"完整"备份类型。

（5）在"名称"文本框中输入要备份的名称，默认是"stud_course-完整 数据库 备份"

（6）如果没有特殊要求，可以不用调整"备份集过期时间"，默认情况下"在以下天数后"被选中，"0 天"表示永不过期。

（7）若没有磁带设备，只能选择备份到"磁盘"，点击"添加"按钮可以选择备份目标，弹出窗口如图 11-3 选择备份目标所示。

（8）在文本框中输入"c:\stud_course.bak"，点击"确定"按钮，回到"备份数据库-stud_course"窗口。

（9）点击"确定"按钮，开始创建备份，备份结束后将弹出"备份完成"对话框，如图 11-4 备份完成对话框所示，点击"确定"按钮，退出备份。

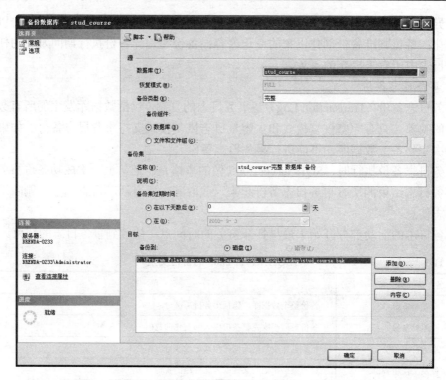

图 11-2 备份数据库窗口

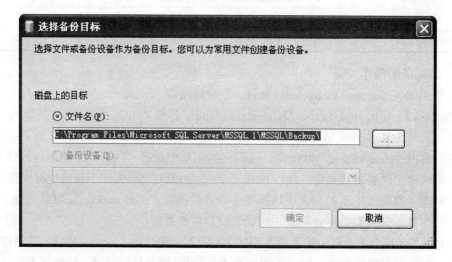

图 11-3 选择备份目标

图 11-4 备份完成对话框

注意：如果存在多个备份目标（SQL Server 2005 最多允许 64 个），在还原的时候就应该提供所有的备份目标，否则无法成功还原备份。如图 11-5 多个备份目标中存在 2 个备份目标，最好删除一个，保留"c:\stud_course.bak"。

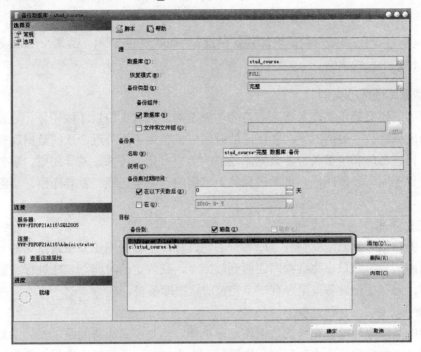

图 11-5　多个备份目标

2. 使用 Transact-SQL 语句备份数库

备份数据的 T-SQL 语法如下：

BACKUP DATABASE <database_name> TO <backup-device>

其中，database_name 是要备份的数据名称，backup-device 是由 sp_addumpdevice（SQL Server 的一个系统存储过程，作用是将备份设备到 SQL Server 中）创建的备份设备的逻辑名称。一般情况下，要先利用 sp_addumpdevice 创建备份设备，然后利用 BACKUP DATABASE 备份数据库。

【例 11-2】 使用 T-SQL 语句备份"stud_course"数据库。

（1）创建备份设备。

右键点击"stud_course"数据库，点击"新建查询"，打开查询窗口，输入以下代码：

use stud_course;

go

exec sp_addumpdevice 'disk', 'stud_course', 'c:\stud_course.bak'

--disk 表示是磁盘备份设备，stud_course 是逻辑设备名称，c:\stud_course.bak 是物理设备

go

（2）执行数据库备份。

再打开一个查询窗口，输入以下代码：

```
use stud_course
go
backup database stud_course to stud_course;
go
```

执行以上代码，将备份数据追加到备份设备"stud_course"中，查看'c:\stud_course.bak'将发现文件大小已经改变。

11.1.5　数据库还原的类型

数据库的还原是建立在数据库备份的基础上的，只有备份后才能还原。还原的方式取决于备份的方式。一般情况下，在还原的时候应该首先还原最近一次的数据库完整备份，然后还原日志备份和增量备份。数据库还原的类型有完全还原、差异还原、事务日志记录还原、文件还原、段落还原、页面还原等，常用的有完全还原、差异还原、事务日志记录还原等。

1. 完全还原

完整的数据库还原是完整数据库备份的逆过程，是数据库还原中最常见的一种方式。利用数据库的备份和日志将数据库还原到故障点，或特定的时间点。在进行完整的数据库还原之前，确保备份设备里至少有一个完整的数据库备份。

2. 差异还原

差异的数据库还原与完整的数据库还原类似，但是需要注意的是，差异的数据库还原需要按照备份的顺序来完成。例如，先进行一个完整备份，然后再进行一个差异备份。那么在还原的时候，也要先进行完整还原，再进行差异还原。

3. 事务日志记录还原

如果在备份时使用的是事务日志备份，那么在还原的时候就可以使用事务日志备份来进行还原。要进行事务日志还原，同样要先进行一个完整的数据库还原。因为事务日志备份也是基于最近一次数据库的完整备份的。

11.1.6　还原数据库操作

1. 使用 SQL Server Management Studio 还原数据库

【例 11-3】　利用例 11-1 中的数据备份"c:\stud_course.bak"还原数据库

（1）启动 SQL Server Management Studio，展开"stud_course"数据库，如果没有可建立一个同名的数据库。

（2）右击"stud_course"数据库，在弹出的菜单中选择"任务"子菜单，选择"还原"菜单，然后选择"数据库"命令，系统弹出"还原数据库-stud_course"的还原窗口，如图11-6 还原数据库属性窗口所示。

（3）选择"源设备"，并选择备份的文件"c:\stud_course.bak"，如图 11-7 指定备份文件所示。

（4）在图 11-6 还原数据库属性窗口中，选择"选项"显示还原选项窗口，如图 11-8 所示。设定必须的还原选项，点击"确定"即可进行数据库的还原。

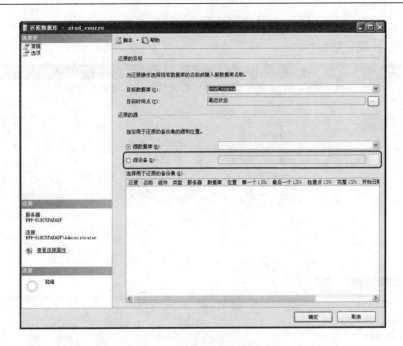

图 11-6　还原数据库属性窗口

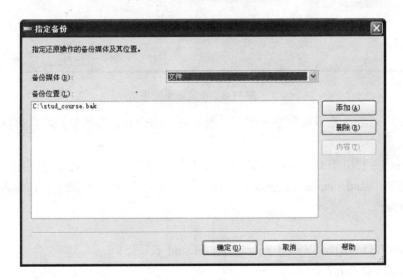

图 11-7　指定备份文件

2. 使用 Transact-SQL 语句还原数据库

还原数据库的 Transact-SQL 语法为:

RESTORE DATABASE <database_name> FROM <backup_device>

[WITH MOVE 'logical_file_name'　TO　'operating_system_file_name']

[WITH REPLACE]

WITH 子句可选, WITH MOVE 'logical_file_name' TO 'operating_system_file_name'指定应将给定的 logical_file_name 移动到 operating_system_file_name。 默认情况下,

logical_file_name 将还原到其原始位置。WITH REPLACE 表示如果数据库 database_name
已经存在则取代现有数据库。

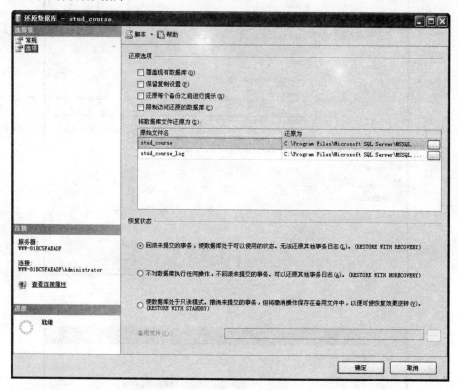

图 11-8　设定还原选项

　　另外使用 restore 命令恢复数据库，一般不必先创建要恢复的数据库，可以直接从备份
里恢复出来。

　　【例 11-4】　利用 Transact-SQL 把例 11-2 备份"stud_course"还原数据库。

　　右键点击"stud_course"数据库，点击"新建查询"，打开查询窗口，输入以下代码：

use master

go

RESTORE DATABASE stud_course FROM stud_course

WITH RECOVERY

Go

WITH RECOVERY 表明数据库将处于联机状态，如果使用 RECOVERY 选项，那么恢
复完成后，SQL Server 回滚被恢复数据库中所有未完成的事务，以保证数据库的一致性。
在恢复后用户就可以访问数据库。所以 RECOVERY 用来恢复最后一个备份。
NORECOVERY 则相反。默认为 RECOVERY。

11.1.7　还原损坏的页

　　为数据库中的数据文件（.mdf 或.ndf）分配的磁盘空间可以从逻辑上划分成页（从 0～
n 连续编号）。它是 SQL Server 2005 中数据存储的基本单位，磁盘 I/O 操作在页级执行。也

就是说，SQL Server 2005 读取或写入都是数据页，有时候会出现数据页被损坏的情况。

SQL Server 2005 为数据库提供了一个选项，如图 11-9 所示，该选项在数据库的属性窗口中，选项默认是"CHECKSUM"，SQL Server 2005 将在页读取或者写入磁盘时，都会计算整个页校验和，如果校验和之前存储的校验和不相否，表明该页面损坏。损坏的页会被放到 msdb 数据库中的 suspect_pages 表中。要修复该页，可以利用备份来还原。

下面的代码是完成还原损坏页的操作代码：

```
USE master
GO
RESTORE DATABASE stud_course PAGE=' 1:12，1:102'
FROM    DISK=' C:\stud_course.bak'    WITH    RECOVERY
GO
```

其中 PAGE 选项的指令语法为：PAGE = 'fileID:pageID [，...fileID:pageID]'，fileID 为文件的 ID，损坏的页的页 ID 为 pageID。上例中文件的 ID 为 1，损坏页的 ID 为 12 和 102。

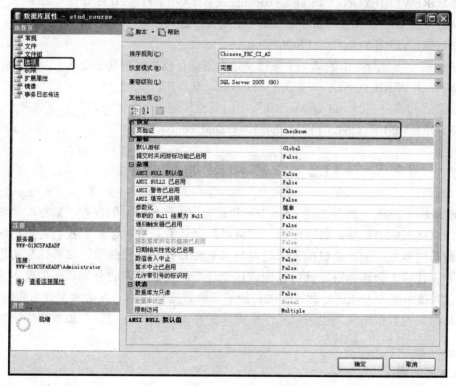

图 11-9 数据库选项

11.1.8 还原媒体错误

SQL Server 在执行还原操作之前先要删除现有的数据库中的数据，然后才会从还原的媒体中还原数据，这时候如果备份的媒体数据有错误或者备份媒体损坏，带来的灾难将是无法挽回的。

SQL Server 2005 在使用 RESTORE 命令进行数据还原时，提供了一个选项 WITH

CONTINUE_AFTER_ERROR，该选项可以跳过损坏的媒体，遇到错误后继续执行还原操作，把剩余的可以访问的媒体数据读取以完成数据的还原。还原操作完成后，数据库被置于紧急模式下，这时的数据库可以执行查询，如 SELECT 语句，但是不能对数据进行任何的更新操作。如果发现数据库是完好的并可以正常的运行，则可以将数据库改成多用户模式以供使用。如果不能正常运行，最坏的情况下，可以读取数据库中的数据，将读取的数据导出，来实施数据库中数据的恢复。

11.1.9　验证备份

SQL Server 2005 用户都可以使用 RESTORE VERIFYONLY 来验证备份的设备或者备份的数据库文件是否可用，RESTORE VERIFYONLY 命令在早期的 SQL Server 版本中只能用来验证备份的媒体标头是否正确，对于媒体的其他扇区的数据并不检查，SQL Server 2005 中执行该命令，不但检查媒体的标头是否完整，也会验证媒体的校验和，读取内部的页链，再重新计算并比较备份的校验和，从而保证备份是否完整可用。具体语法如下：

RESTORE VERIFYONLY FROM <backup_device>　[WITH FILE=id]

比如，要验证备份设备"stud_course"中的备份是否有效，可以执行下列命令：

RESTORE VERIFYONLY　FROM stud_course

或者检查一下备份集中的第 2 个备份集是否正确可以执行下列命令：

RESTORE VERIFYONLY　FROM stud_course WITH FILE=2

要检查备份文件"c:\stud_course.bak"中的备份集是否有效，可以执行下列命令：

RESTORE VERIFYONLY FROM DISK='c:\stud_course.bak'

11.2　分离和附加数据库

SQL Server 2005 中数据文件（*.mdf）和日志文件（*.ldf）们保存了数据库包含的所有信息，包括表中的数据、数据库用户信息以及其他数据库对象。当我们需要把这些文件移动到其他地方，也就是说能否通过对数据文件和日志文件的保存和转移来实现数据库的保存和转移，分离和附加就可以完成这个任务。但数据库的分离和附加仅限于用户数据库，系统数据库不能进行此操作的。能够实现数据库移动的方法除了分离和附加外，备份和还原以及数据库复制也可以实现数据库的移动。相对来讲，附加数据库更加直接和简单。

11.2.1　分离数据库

所谓分离就是将数据库从 SQL Server 2005 实例中删除，使其数据文件和日志文件在逻辑上脱离服务器。但是它并没有从磁盘中删除。经过分离后，数据库的数据文件和日志文件纯粹变成了操作系统中的文件，与服务器没有任何关联，但原有数据库的所有信息还保存在文件中。当我们想备份数据库或移动到其他地方时，只要保存和转移这些数据文件和日志文件即可。

分离数据库常见的有两种方法，一种是通过 SQL Server Management Studio，另外一种是通过执行 SQL Server 2005 的存储过程。

（1）通过 SQL Server Management Studio 分离数据库。

【例 11-5】 通过 SQL Server Management Studio 分离数据库"stud_course"。

1）启动 SQL Server Management Studio，展开"stud_course"数据库，右击"stud_course"数据库，在弹出的菜单中选择"任务"子菜单，选择"分离"。

2）系统弹出如图 11-10 所示，点击"确定"，系统会分离数据库"stud_course"完成后，图 11-10 所示窗口自动关闭，在 SQL Server Management Studio 的"对象资源管理器"中数据库"stud_course"将不再显示。

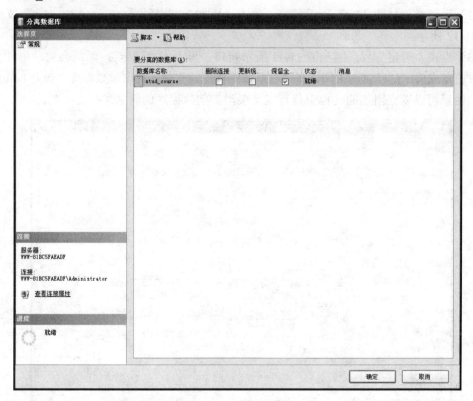

图 11-10　分离数据窗口

（2）SQL Server 2005 的存储过程分离数据库"stud_course"。

【例 11-6】 通过存储过程分离数据库"stud_course"。

新建查询窗口，输入如下代码：

```
exec sp_detach_db 'stud_course', 'true'
go
```

最好不要在数据库"stud_course"中新建查询窗口，否则系统报错，告诉你无法分离正在使用的数据库。另外移动分离后的数据库文件时，不要忘记同时移动日志文件，否则，没有日志文件的数据库文件附加数据库时会有很多问题。

数据库分离以后，由于已经脱离了数据库服务器，所以它已经不再为应用程序提供存取服务了。因此在分离数据库的时候一定要明确当前数据库是否正在处于服务状态中，否则可能会导致重大损失。

11.2.2　附加数据库

数据库被分离后，就可以像普通文件一样来回的移动了，要想把分离后的数据库增加的现有的数据库实例中，就要执行附加数据库的操作，附加成功的数据库可以和分离以前的数据库一样使用。附加数据库也是比较简单的，但要记得同时提供日志文件。

【**例 11-7**】　通过 SQL Server Management Studio 附加数据库"stud_course"。

（1）启动 SQL Server Management Studio，右击"对象资源管理器"中的"数据库"，在弹出的菜单中选择"附加"子菜单。

（2）系统弹出如图 11-11 所示窗口，单击"添加"，选择"c:\stud_course.mdf"文件，如图 11-12 所示。

（3）点击"确定"后，回到图 11-11 所示窗口，再点击"确定"，系统会自动附加数据库，附加完成后，窗口自动关闭，在"对象资源管理器"中，将出现数据库"stud_course"。当然，用户可以以在附加的过程中自行定义要附加的数据库的新名字。

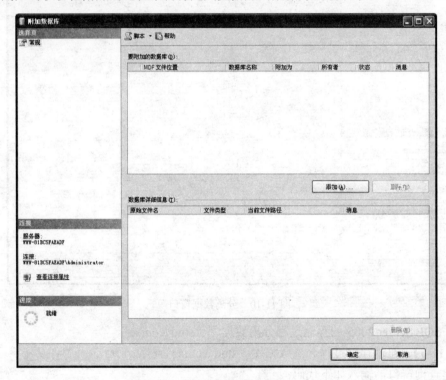

图 11-11　附加数据库窗口

【**例 11-8**】　通过存储过程来附加数据库"stud_course"。

新建查询，输入如下代码：

```
CREATE DATABASE stud_course_new ON
（filename='c:\stud_course.mdf'），
（filename='c:\stud_course_log.ldf'）
for ATTACH
GO
```

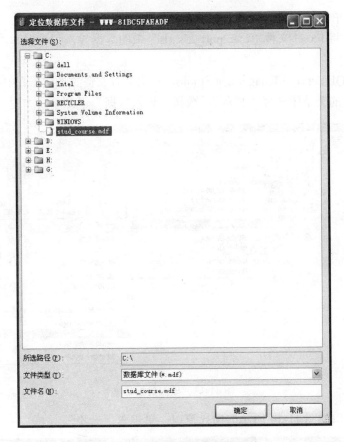

图 11-12 定位附加的数据库文件

11.3 数 据 的 导 入 和 导 出

11.3.1 导入、导出概述

数据库在使用过程中，有可能需要把其他数据环境中的数据传输到 SQL Server 2005 中，或者把 SQL Server 2005 中的数据传输到其他数据环境中使用，这时候就需要使用 SQL Server 2005 的导入数据、导出数据功能。

导入数据是从 SQL Server 2005 的外部数据源中检索数据，并将数据插入到 SQL Server 2005 表的过程。导出数据是将 SQL Server 2005 实例中的数据析取为某些用户制定格式的过程，例如将 SQL Server 2005 表的内容复制到 Microsoft Access 数据库中，或者从 Excel2003 中导入数据到 SQL Server 2005 中。

相对来讲，导出数据的发生频率较低。SQL Server 2005 提供多种工具和功能，使应用程序（如 Access、Microsoft Excel）可以直接连续并操作数据，而不必在操作数据前先将所有数据从 SQL Server 2005 实例复制到该工具中。

11.3.2 导入、导出数据

导入和导出数据是相互的逆过程，设置过程相似，这里给出一个 Excel 数据导入的例子，说明 Excel 中的数据是如何导入到数据库表中的。

【**例 11-9**】 将 Excel 文件"c:\export_xls.xls"中的数据导入到数据库"stud_course"的"student"表中。

（1）启动 SQL Server Management Studio，右击"对象资源管理器"中的"stud_course"数据库，在弹出的菜单中选择"任务"，选择"导入数据"子菜单，如图 11-13 所示。

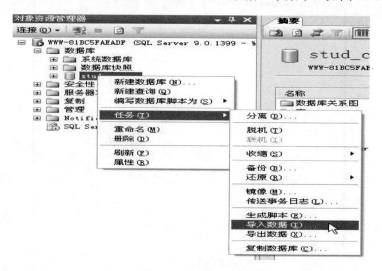

图 11-13 导入数据菜单

（2）弹出窗口如图 11-14 所示的向导窗口，单击"下一步"。

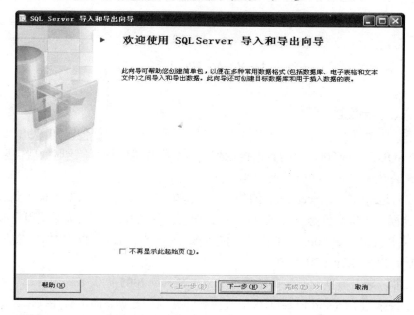

图 11-14 启动导入、导出向导

（3）选择数据源窗口中，选择"Microsoft Excel"，Excel 文件路径选择"c:\export_xls.xls"文件，Excel 版本选择"Microsoft Excel 97-2005"，如图 11-15 所示。

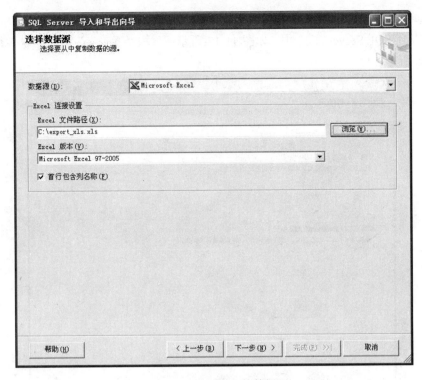

图 11-15　选择导入的数据源

（4）单击"下一步"选择导入数据到哪个数据库中，如图 11-16 所示。这里我们选择的目标为"SQL Native Client"，数据库为"stud_course"。

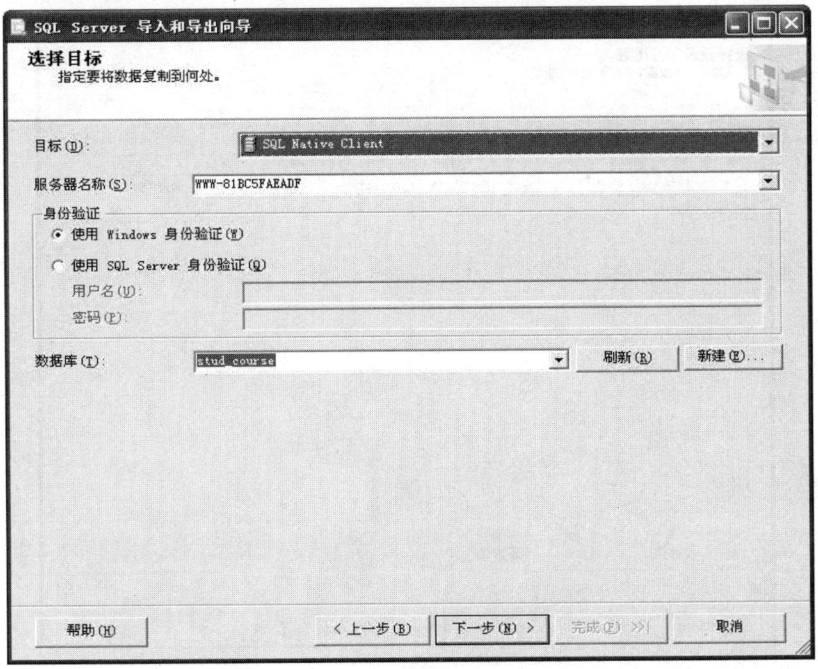

图 11-16　选择目标

（5）单击"下一步"选择要复制的表或者编写要传输数据的查询语句，这里选择的是复制一个表到 SQL Server 2005 中，如图 11-17 所示。单击"下一步"选择要导入数据的表，如图 11-18 所示。

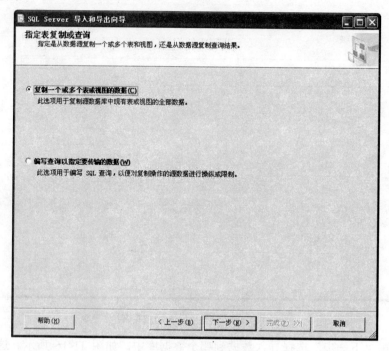

图 11-17　指定表复制或查询

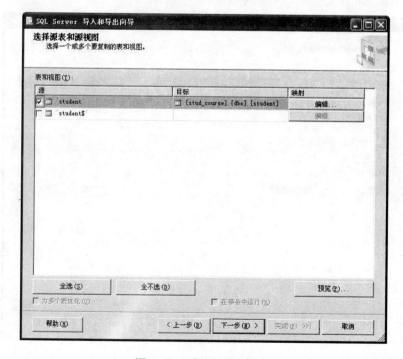

图 11-18　选择要导入的表

（6）单击"下一步"选择"立即执行"，单击"完成"，执行成功后如图11-19所示。

图 11-19　导入数据成功

第 12 章   数据库的安全性

12.1   SQL Server 2005 的安全机制

12.1.1   安全机制概述

不管是在本机使用 SQL Server 2005，还是远程使用 SQL Server 2005，都需要获得安装 SQL Server 2005 的计算机的许可以及 SQL Server 2005 自己的许可。换句话说，要想使用 SQL Server 2005，必须先取得安装 SQL Server 2005 的计算机的使用权，然后还要获得 SQL Server 2005 自己的使用权，我们称之为 SQL Server 2005 的登录管理。SQL Server 2005 还给每个登录的用户分配不同的角色来简化用户的管理。在 SQL Server 2005 中引入了安全对象和架构这样的新概念，这是 SQL Server 2005 对权限设置的一个重大改进，SQL Server 2005 允许对每个用户设置权限，以更小的粒度来保证数据库的安全。除此之外，SQL Server 2005 还提供了数据加密，所以 SQL Server 2005 的安全是通过登录管理、用户与角色管理、安全对象和架构、权限设置、数据加密来保证数据安全的。它们层次结构如图 12-1 所示。

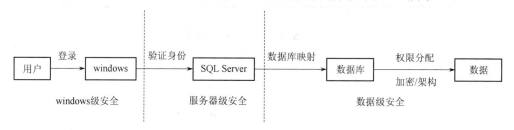

图 12-1   SQL Server 2005 安全结构

对于 windows 级的安全，即设置 windows 安全不在本书的讨论范围，本章就 SQL Server 2005 服务器级的安全和数据级安全进行讨论，分别说明如何登录 SQL Server 2005 服务器、设置用户和角色、权限管理和数据加密。

12.1.2   安全验证模式

安全验证模式讨论的是如何登录 SQL Server 2005 服务器的问题。一个用户要最终使用数据库中的数据，必须取得 windows 级的安全认证，即取得 windows 的使用权，之后进行第二级的认证，即 SQL Server 2005 的认证，只有是 SQL Server 2005 的合法用户才可能使用 SQL Server 2005，最后是验证合法用户对具体要访问的数据库对象是否有访问权。这三个认证是逐层递进的，只有通过了前面的验证才有可能通过后面的认证。SQL Server 2005 的认证有两种模式：一种是 Windows 身份验证模式，另外一种是混合验证模式。

Windows 身份验证模式是指 SQL Server 允许合法的 Windows 用户登录 SQL Server 服务器，这种 Windows 用户必须先登录 Windows 操作系统，然后以此用户的用户名和密码来登录 SQL Server。

混合验证模式是指 SQL Server 采用数据库和 Windows 操作系统共同认证登录用户的一种模式，在这种验证模式下，服务器首先验证 SQL Server 2005 的登录用户名和密码，如果验证成功则登录数据库服务器；否则，再进行是否为 Windows 用户的验证，如果是则登录，反之登录失败。

12.2 管理服务器的安全性

12.2.1 设置安全验证模式

SQL Server 2005 提供了两种安全验证模式，这两种安全验证模式可以通过 SQL Server Management Studio 设置。

【例 12-1】通过 SQL Server Management Studio 设置数据库的安全验证模式为混合验证模式。

（1）启动 SQL Server Management Studio，右击服务器，选择"属性"菜单，如图 12-2 所示。

（2）打开属性窗口，在"选择页"中选择"安全性"，如图 12-3 所示。

（3）选择"SQL Server 和 Windows 身份验证模式"，点击"确定"按钮。

（4）重新启动 SQL Server 后，即可实现混合验证模式。

图 12-2 属性菜单

12.2.2 创建登录账号

设置好验证模式后，就可以创建登录账号，无论是 SQL Server Management Studio 还是使用 SQL Server 的 T-SQL 和存储过程，都可以创建登录账号。必须特别说明的是 SQL Server 的登录账号只是完成服务器的连接工作，一旦登录连接成功，还要拥有对应权限的数据库的用户账号，才可以访问相应的数据库，否则只有服务器的操作权限，无法操作数据库。也就是说既要拥有登录 SQL Server 的账号，同时又要拥有 SQL Server 数据库用户账号，才可能使用相应的数据库。关于如何设置用户账号和给用户账号分配数据库权限，将在后续章节讲解。

创建登录账号比较简单，创建登录账号的 T-SQL 语句是：

CREATE LOGIN [Domain/User] FROM WINDOWS

CREATE LOGIN login_name   WITH PASSWORD='password'

分别是创建 Windows 登录和创建 SQLServer 登录账号。创建登录账号的存储过程语法如下：

sp_addlogin [@loginame =] 'login' [, [@passwd =] 'password']

[, [@defdb =] 'database'] [, [@deflanguage =] 'language'] [, [@sid =] sid]

[, [@encryptopt=] 'encryption_option']

图 12-3　服务器属性窗口

@loginame 参数为登录账号，@passwd 参数为登录密码，@defdb 参数为默认登录的数据库，@deflanguage 参数为使用的语言，@sid 参数为安全标示号，@encryptopt 参数为是否把密码加密存储。

图 12-4　新建登录名

【例 12-2】 通过 SQL Server Management Studio 设置数据库登录账号"testUser"。

（1）启动 SQL Server Management Studio，打开"安全性"，右键点击"登录名"，选择"新建登录名"菜单，如图 12-4 所示。

（2）打开新建登录名窗口后，可以选择"Windows 身份验证"，也可选择"SQL Server 和 Windows 身份验证"，如图 12-5 所示。

（3）如果选择"Windows 身份验证"，单击"搜索"按钮，弹出"选择用户和组"窗口，如图 12-6 所示，单击"高级"按钮，显示如图 12-7 所示，单击"立即查找"就可以选择 Windows 的用户作为登录 SQL Server 的用户了，如果没有"testUser"账号，可以通过 Windows 操作系统来建立，这里不再赘述。

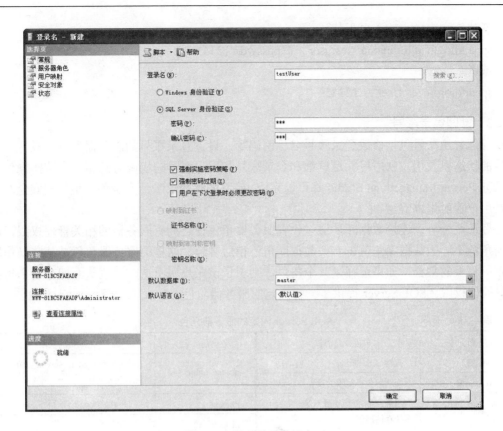

图 12-5　新建登录账号窗口

（4）如果选择了"SQLServer 和 Windows 身份验证"的话，如图 12-5 所示，输入用
登录名"testUser"，输入密码，单击"确定"
即可。

【例 12-3】通过存储过程设置数据库登录
账号"testUser"，密码为"123456"。

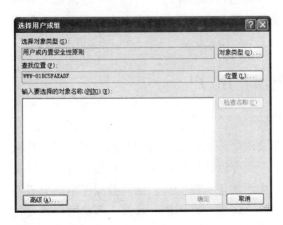

图 12-6　选择用户或组窗口

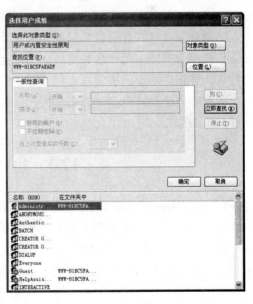

图 12-7　立即查找

新建查询窗口，输入以下代码：

sp_addlogin @loginame='testuser'，@passwd='123456'

或者

sp_addlogin 'testUser'，'123456'

12.2.3　管理登录账号

　　管理登录账号包括修改登录账号名称密码等，设置登录账号的服务器角色，设置登录账号的状态以及用户映射等，这些都和登录账号和用户账号的权限息息相关。这些操作通过 SQL Server Management Studio 都可以完成，接下来就登录账号的服务器角色和安全对象以及用户映射做讲解。

　　登录账号可以连接数据库，通过设置服务器角色使之拥有服务器的相关管理权限，服务器角色不同于数据库角色，有关数据库角色稍后讲解，这里的服务器角色是某些操作服务器的权限的集合，如果选择了某个角色，则表示该账户属于这一角色从而拥有这个角色所具有的权限。SQL Server 提供了一组固定的服务器角色，如表 12-1 所示。

表 12-1　　　　　　　　　　　　　SQL Server 固定的服务器角色

角 色 名	角色成员的权限	角 色 名	角色成员的权限
sysadmin	执行 SQL Server 中的任何活动	processadmin	管理在一个 SQL Server 实例中运行的进程
serveradmin	配置服务器范围的设置		
setupadmin	添加和删除连接服务器，并执行系统存储过程	dbcreator	创建并修改数据库
		diskadmin	磁盘管理
securityadmin	管理服务器登录名	bulkadmin	执行 BULK INSERT 语句

　　安全对象是 SQL Server 管理着可以通过权限进行保护的实体的分层集合，是控制用户对 SQL Server 进行访问的资源，在 12.4 节中讲解。

　　一个登录账号（登录名）只能连接到数据库服务器，要登录一个数据库，该登录账号必须依托相应数据库用户名和密码。实际上，在创建登录账号时可以为每个数据库建立一个默认的数据库用户，也可以在创建登录账号后再创建数据库用户。但一个登录账号对同一个数据库只能允许有一个数据库用户，如果要对同一个数据库创建多个用户则必须创建同样数量的账号。

12.3　角 色 与 用 户

12.3.1　SQL Server 2005 角色和用户的概述

　　12.2 节讲过，登录数据库服务器要提供登录账号，而且要映射到数据库用户上，数据库用户用以访问数据库，这样一来，登录的用户就可以访问数据库了。数据库用户和登录用户是实现 SQL Server 安全管理的一种机制。为了实现方便管理，还将数据库用户分成不同的角色，每一种角色包含若干相同类型的用户。这样一来创建、修改、删除用户就变得简单，在设置用户的权限方面，工作也大大简化。SQL Server 2005 中存在的角色有服务器角色、数据库角色、应用程序角色和定制的角色。服务器角色可分配给登录账号，而数据库角色、应用程序角色、定制的角色可分配给数据库用户，属于关于数据库的相关角色。表 12-2 给出了 SQL Server 2005 常用的一些数据库角色。

表 12-2   **SQLServer 常见的固定的数据库角色**

角 色 名	数 据 库 权 限
db_accessadmin	授权：ALTER ANY USER，CREATE SCHEMA，CONNECT，带 GRANT 选项
db_backupoperator	授权：BACKUO DATABASE，BACKUP LOG，CHECKPOINT
db_datareader	授权：SELECT
db_datawriter	授权：DELETE，INSERT，UPDATE
db_denydatareader	拒绝：SELECT
db_denydatawriter	拒绝：UPDATE，DELETE，INSERT
db_owner	授权：带 GRANT 选项的 CONTROL
db_securitryadmin	授权：ALTER ANY APPLICATION ROLE，ALTER ANY ROLE，CREATE SCHEMA，VIEW DEFINITION

只要将用户加入角色，即可获得相应的权限，我们还可以自定义角色，把具有相同权限的用户组织到该角色中，然后对该角色设置权限，之后该角色中的所有用户就具有了该角色的所有权限。比如用户只需要数据库的 select，update 权限，这时就要使用定制角色，生成定制数据库角色时，对其指定权限，然后将用户指定为这个角色，而固定数据库角色不需要指定权限。

如果用户通过应用程序访问数据库，这时应该使用应用程序角色，应用程序角色是一种比较特殊的角色。当我们打算让某些用户只能通过特定的应用程序间接地存取数据库中的数据，而不是直接地存取数据库数据时，就应该考虑使用应用程序角色。当某一用户使用了应用程序角色时，原来已被赋予该用户的所有数据库权限自动失效，他所拥有的只是应用程序角色被设置的权限。

12.3.2 角色管理

数据库角色可以通过 T-SQL 语句，也可以通过 SSMS（SQL Server Management Studio）来管理。创建数据库角色的语法为：

CREATE ROLE role_name [AUTHORIZATION owner_name]

role_name 是角色名称，AUTHORIZATION owner_name 是将要拥有新角色的数据库用户或角色。如果未指定用户，则执行创建角色命令的用户将拥有该角色。

【例 12-4】 通过 SQL Server Management Studio 建立数据库角色"testRole"。

（1）启动 SQL Server Management Studio，展开"stud_course"数据库，依此展开"安全性"、"角色"、"数据库角色"，右键单击"数据库角色"，选择"新建数据库角色"菜单，如图 12-8 所示。

图 12-8 新建数据库角色菜单

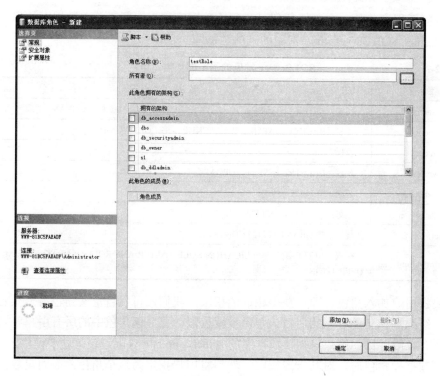

图 12-9　新建数据库角色窗口

（2）弹出"新建数据库角色"窗口，如图 12-9 所示，在"角色名称"中输入"testRole"。

（3）单击"添加"按钮，为该角色设置角色成员，显示"选择数据库用户或角色"窗口如图 12-10 所示的，单击"浏览"按钮，显示"查找对象"窗口，如图 12-11 所示，选择"testUser"用户。

（4）单击"确定"后完成增加角色成员，返回"新建数据库角色"的窗口，单击"确定"完成"testRole"角色的创建。

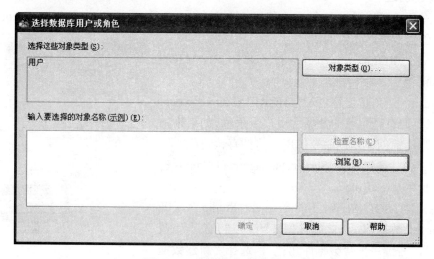

图 12-10　添加角色成员窗口

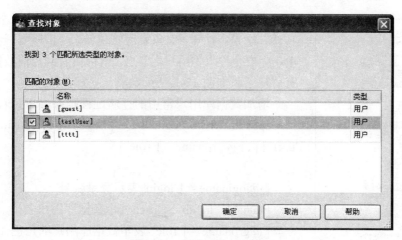

图 12-11　查找角色对象窗口

【例 12-5】　通过 T-SQL 建立数据库角色"testRole"。

新建查询窗口，输入以下代码即可：

create role roleTest

go

当然，我们也可以使用存储过程来完成角色的创建，创建角色存储过程是 sp_addrole，语法如下：

sp_addrole [@rolename =] 'role' [, [@ownername =] 'owner']

向角色中增加成员的存储过程是 sp_addrolemember，其语法如下：

sp_addrolemember [@rolename =] 'role', [@membername =] 'security_account'

【例 12-6】　通过存储过程，向数据库角色"testRole"中增加用户"testUser"。

新建查询窗口，输入以下代码即可：

exec sp_addrolemember 'testRole', 'testUser'

go

通过 SSMS 删除用户比较简单，选中要删除的角色，单击右键，选择"删除"菜单即可，这里不再赘述。删除角色的存储过程是 sp_droprole，删除角色成员，则使用 sp_droprol emember。

12.3.3　用户管理

以示区别，这里我们讲解的用户管理主要是数据库的用户管理，包括查看数据库用户、增加数据库用户、修改和删除数据库用户、设置数据库用户的权限等，有关设置数据库用户的权限，将在"12.4　权限管理"部分介绍。

可以使用 sp_helpuser 来查看相应数据库下的用户，显示如图 12-12 所示结果。

	UserName	GroupName	LoginName	DefDBName	DefSchemaName	UserID	SID
1	dbo	db_owner	NULL	NULL	dbo	1	0x0105000000000000
2	guest	public	NULL	NULL	guest	2	0x00
3	INFORMATION_SCHEMA	public	NULL	NULL	NULL	3	NULL
4	sys	public	NULL	NULL	NULL	4	NULL

图 12-12　sp_helpuser 查看数据库用户

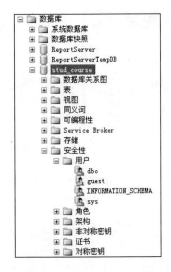

图 12-13 通过 SSMS 查看
数据库用户

当然我们也可以通过 SSMS 来查看当前数据库下的用户，具体方法是：打开"对象资源管理器"，打开要访问的数据库，单击"安全性"、"用户"节点，就可以看到当前数据库下的所有用户了，如图 12-13 所示。

增加数据库用户常用的存储过程是 sp_adduser，语法如下：

sp_adduser [@loginame =] 'login' [, [@name_in_db =] 'user'] [, [@grpname =] 'role']

其中：

[@loginame =] 'login' 表示登录账号

[@name_in_db =] 'user'表示数据库用户名

[@grpname =] 'role' 表示数据库用户的角色

【例 12-7】 通过 T-SQL 建立数据库用户"test_dbuser"。

打开数据库"stud_course"，新建查询，输入如下指令：

Sp_adduser 'testUser' , 'test_dbuser'
Go

其中，testUser 是在前面例子中我们建立的登录账号，Sp_adduser 必须指定登录账号才可以建立数据库用户。

【例 12-8】 通过 SQL Server Management Studio 建立数据库用户"test_dbuser"。

（1）启动 SQL Server Management Studio，展开"stud_course"数据库，依次展开"安全性"、"用户"，右键单击"用户"节点，选择"新建用户"菜单，如图 12-14 所示。

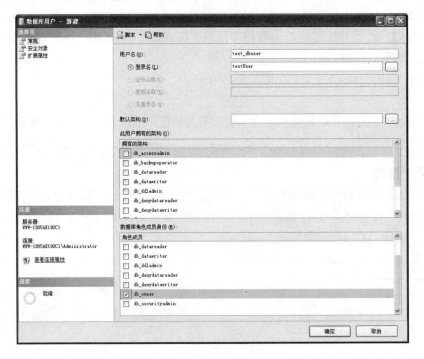

图 12-14 新建数据库用户

（2）输入用户名称"test_dbuser"，在"登录名"中选择或者输入登录账号"testUser"，登录名必须填写，为该用户设置一个"架构"，如果不填写的话，"架构"的名称默认和用户同名，也可以为该用户选择一个数据库角色。

（3）单击"确定"即可建立 test_dbuser 用户，单击"取消"按钮则放弃本次建立用户的操作。

12.4 权 限 管 理

12.4.1 SQL Server 2005 权限概述

登录了数据库的用户必须被授予相应的数据库访问权限，才能够访问数据库中的数据。这种权限可以设置给登录账号、服务器角色、数据库用户以及数据库角色。能够设置的权限主要分三类：对象权限、语句权限和预定义权限。

对象权限主要是对特定的数据库对象的操作，包括数据库、表、视图和存储过程等。对象权限决定了用户或者角色能对这些对象执行的操作。只有具备了相应的操作权限，才可对对象执行操作。对象的操作权限和作用的数据库对象如表 12-3 所示。

表 12-3　　　　　　　　　　　　　　对 象 权 限

操作权限	数据库对象	操作权限	数据库对象
INSERT	表、视图	DELETE	表、视图
SELECT	表、视图、列	REFERENCE	表
UPDATE	表、视图、列	EXECUTE	存储过程

语句的权限是指对创建数据库或者创建数据库中的其他内容所需的权限类型。具体讲，主要包括：BACKUP DATABASE、BACKUP LOG、CREATE DATABASE、CREATE FUNCTION、CREATE PROCEDURE 等。这些语句虽然也包括操作的对象，但是这些对象在执行该语句之前并不存在于数据库中。因此，语句权限是针对某个 SQL 语句的，而不是数据库中已经存在的特定对象。

预定义权限则是一种隐含权限，是指系统安装后有些用户或者角色不必授权，就有的权限。在 SQL Server2005 中，数据库对象的所有者和服务器固定的角色均具有隐含权限，可以对所拥有的对象执行一切活动。

设置权限的途径常见的有两种，一种是通过 Transact-SQL 来设置权限，另外一种是通过 SQL Server Management Studio 工具来设置权限，前者对于后者来讲功能更加强大，而后者则容易一些。

12.4.2 安全对象和架构

在 SQL Server 2005 中引入了安全对象和架构这样的新概念，这是 SQL Server2005 对权限设置的一个重大改进。所谓的安全对象就是 SQL Server 管理者可以通过权限进行保护的实体的分层集合，是控制用户对 SQLServer 进行访问的资源。通过创建一些嵌套层次结构，可以将某些安全对象包含在其他安全对象中，SQL Server 称之为"安全对象范围"。安全对象范围有服务器、数据库和架构，最突出的是服务器和数据库，但可以在更细的级别上设置离散权限。SQL Server 通过验证用户是否已获得适当的权限来控制用户对安全对象执行的操作。而引入架构可以提高权限的设置粒度，这使得访问安全对象的格式为：服务器名.数据库名.架构名.对象名。

架构是形成单个命名空间的数据库实体的集合。所谓的命名空间也是一个集合，其中的每个元素的名称都是唯一的。可以把架构理解为文件夹，且这种文件夹不允许嵌套，也就是说架构是一种容器，可以在其中放入数据库对象。数据库用户与所有者隐式绑定的方式会带来一些问题，如一个用户创建了某个数据库对象（如表），则在 SQL Server 2000 中该用户自动绑定到该数据库对象（如表）的所有者（DBO）。如果要删除该用户则提示该用户有一个数据库对象（如表对象），也就是说要删除用户，就必须先删除它所拥有的表，这显然是缺乏灵活性。因此在 SQL Server 2005 中就引入架构的概念，使用户和数据库对象分离。

SQL Server 2005 中的所有安全对象都必须指定存放的具体架构。任何用户都必须指定存放它的拥有对象的架构，如果不指定，默认存放的架构是 DBO。但是并没有授予数据库用户在 DBO 架构创建对象的权限，即用户只能使用（如查询）默认的 DBO 架构，用户并不是 DBO 架构的所有者。默认架构是服务器解析 DML 或 DDL 语句中指定的未限定的对象名称时搜索的架构。因此，当引用的对象包含在默认架构中时，不需要指定架构名。例如，如果 TABLE_NAME 包含在默认架构中，则语句 "SELECT*FROM TABLE_NAME" 可以成功执行。但当用户（具有创建表的权限，默认架构是 DBO，但没有拥有的架构，也不属于任何数据库角色）创建一个安全对象时如表，时则不能创建成功，原因是 DBO 架构是公有的，具体的一用户并不是这个架构的所有者。也就是说架构不隐式等效于数据库用户，而是将用户与架构的分离。同时架构本身也是安全对象，可以针对架构进行授权。因此在 SQL SERVER 2005 中引入的架构使得访问安全对象的格式为：服务器名.数据库名.架构名.对象名。

创建架构的 SQL 语句是：

CREATE SCHEMA

schema_name | AUTHORIZATION owner_name | schema_name AUTHORIZATION owner_name [table_definition | view_definition | grant_statement | revoke_statement | deny_statement]

参数说明如下：

schema_name：在数据库内标识架构的名称。

AUTHORIZATION owner_name ：指定将拥有架构的数据库级主体的名称。此主体还可以拥有其他架构，并且可以不使用当前架构作为其默认架构。

table_definition：指定在架构内创建表的 CREATE TABLE 语句。执行此语句的主体必须对当前数据库具有 CREATE TABLE 权限。

view_definition：指定在架构内创建视图的 CREATE VIEW 语句。执行此语句的主体必须对当前数据库具有 CREATE VIEW 权限。

grant_statement：指定可对除新架构外的任何安全对象授予权限的 GRANT 语句。

revoke_statement：指定可对除新架构外的任何安全对象撤销权限的 REVOKE 语句。

deny_statement：指定可对除新架构外的任何安全对象拒绝授予权限的 DENY 语句。

【例 12-9】创建架构 S1，所有者为用户 user1，同时创建表 S2，S2 属于架构 S1，该架构对用户 user2 有 SELECT 权限，拒绝 user3 的 SELECT。

CREATE SCHEMA S1

    AUTHORIZATION user1

    CREATE TABLE   S2（sno int,

                  Sname   varchar（20））

    GEANT SELECT TO user2

    DENY SELECT TO user3

拒绝权限，我们在 12.4.3 节讲解。当然我们也可以通过 SQLServer Management Studio 来完成这个工作。我们还可以通过 Alter Schema 修改架构，这里不再赘述。如果要修改架构中的权限，则在"架构属性"对话框中，选择"权限"页，单击"添加"为用户、角色或两者添加特定的权限即可，具体请参阅 12.4.3 节。

12.4.3 使用 Transact-SQL 设置权限

1. 授予权限

授予权限是通过 GRANT 语句来完成的。GRANT 的语法如下：

GRANT { ALL [PRIVILEGES] }

        | permission [（column [,...n]）] [,...n]

        [ON [class ::] securable] TO principal [,...n]

        [WITH GRANT OPTION] [AS principal]

GRANT 语句的完整语法非常复杂。上面的语法是经过了简化的语法结构，以突出说明其结构，各个参数说明如下：

ALL：如果是语句权限，则 ALL 指的是 BACKUP DATABASE、BACKUP LOG、CREATE DATABASE、CREATE DEFAULT、CREATE FUNCTION、CREATE PROCEDURE、CREATE RULE、CREATE TABLE 和 CREATE VIEW。如果是对象权限，则 ALL 指 DELETE、INSERT、REFERENCES、SELECT、EXECUTE 和 UPDATE。

PRIVILEGES：包含此参数以符合 SQL-92 标准。请不要更改 ALL 的行为。

permission：权限的名称。

column：指定表中将授予其权限的列的名称。需要使用括号"（ ）"。

class：指定将授予其权限的安全对象的类。需要范围限定符"::"。

securable：指定将授予其权限的安全对象。

TO principal：主体的名称。可为其授予安全对象权限的主体随安全对象而异。

WITH GRANT OPTION：指示被授权者在获得指定权限的同时还可以将指定权限授予其他主体。

AS principal：指定一个主体，执行该查询的主体从该主体获得授予该权限的权利。主体可能是用户、角色和组。

【例 12-10】 通过 T-SQL 授予用户"user1"建立数据库和建立表的权限。

如果没有 user1 用户，则应该先增加该用户，这里假定已经存在该用户。

USE master

GO

GRANT CREATE DATABASE，CREATE TABLE TO user1

GO

【例 12-11】 通过 T-SQL 授予用户"user2"、"user3"查询表 course 的权利，授予"user2"修改表 course 中 cname 列的权限。

USE　stud_course

GO

GRANT SELECT ON course to user2，user3

GO

GRANT UPDATE（cname）TO user2

2. 撤销权限

撤销权限使用 REVOKE，REVOKE 语句可用于删除已授予的权限

REVOKE [GRANT OPTION FOR] {

　　　[ALL [PRIVILEGES]]

　　　|permission [（column [,...n]）] [,...n] }

　　　[ON [class ::] securable]

　　　{ TO | FROM } principal [,...n]

　　　[CASCADE] [AS principal]

各个参数说明如下：

GRANT OPTION FOR：指示将撤销授予指定权限的能力。在使用 CASCADE 参数时，需要具备该功能。

ALL：如果是语句权限，则 ALL 指的是 BACKUP DATABASE、BACKUP LOG、CREATE DATABASE、CREATE DEFAULT、CREATE FUNCTION、CREATE PROCEDURE、CREATE RULE、CREATE TABLE 和 CREATE VIEW。如果是对象权限，则 ALL 指 DELETE、INSERT、REFERENCES、SELECT、EXECUTE 和 UPDATE。

PRIVILEGES：包含此参数以符合 SQL-92 标准。请不要更改 ALL 的行为。

permission：权限的名称。

column：指定表中将撤销其权限的列的名称。需要使用括号"（）"。

class：指定将撤销其权限的安全对象的类。需要范围限定符"::"。

securable：指定将撤销其权限的安全对象。

TO|FROM principal：主体的名称。可撤销其对安全对象的权限的主体随安全对象而异。

CASCADE：指示当前正在撤销的权限也将从其他被该主体授权的主体中撤销。使用 CASCADE 参数时，还必须同时指定 GRANT OPTION FOR 参数。

AS principal：指定一个主体，执行该查询的主体从该主体获得撤消该权限的权利。

【例 12-12】 通过 T-SQL 撤销用户"user2"修改表 course 中 cname 列的权利。

USE stud_course

REVOKE UPDATE（cname）on course FROM user2

GO

3. 拒绝权限

拒绝权限在一定程度上类似于撤销权限，但是这种设置拥有最高的优先级，也就是说只要指定了一个对象拒绝用户或者角色访问。那么，即使该用户被明确的授予某种权限，仍然不允许执行相应的操作。拒绝权限使用 DENY，DENY 语句可用于防止主体通过 GRANT 获得特定权限。

DENY 的语法如下：

DENY { ALL [PRIVILEGES] }

        | permission [（column [,...n]）] [,...n]

        [ON [class ::] securable] TO principal [,...n]

        [CASCADE] [AS principal]

各个参数说明如下：

ALL：拒绝 ALL 相当于拒绝下列权限。

如果是语句权限，则 ALL 指的是 BACKUP DATABASE、BACKUP LOG、CREATE DATABASE、CREATE DEFAULT、CREATE FUNCTION、CREATE PROCEDURE、CREATE RULE、CREATE TABLE 和 CREATE VIEW。如果是对象权限，则 ALL 指 DELETE、INSERT、REFERENCES、SELECT、EXECUTE 和 UPDATE。

PRIVILEGES：包含此参数以符合 SQL-92 标准。请不要更改 ALL 的行为。

permission：权限的名称。

column：指定拒绝将其权限授予他人的表中的列名。需要使用括号"（）"。

Class：指定拒绝将其权限授予他人的安全对象的类。需要范围限定符"::"。

securable：指定拒绝将其权限授予他人的安全对象。

TO principal：主体的名称。可以对其拒绝安全对象权限的主体随安全对象而异。

CASCADE：指示拒绝授予指定主体该权限，同时，对该主体授予了该权限的所有其他主体，也拒绝授予该权限。当主体具有带 GRANT OPTION 的权限时，为必选项。

AS principal：指定一个主体，执行该语句的主体从该主体获得拒绝授予该权限的权利。

授予权限将删除对所指定安全对象的相应权限的 DENY 或 REVOKE 权限。如果在包含该安全对象的更高级别拒绝了相同的权限，则 DENY 优先。但是，在更高级别撤销已授予权限的操作并不优先。

【例 12-13】 通过 T-SQL 拒绝用户"user2"、"user3"（用户若不存，先创建用户）创建数据库和创建表的语句权限。

USE master

DENY CREATE DATABASE，CREATE TABLE

TO user2，user3

GO

12.4.4　使用管理工具设置权限

1. 面向用户设置权限

（1）启动 SQL Server Management Studio，打开"对象资源管理器"，展开"stud_course"

数据库,依此展开"安全性"、"用户",右键单击要设置权限的用户,在弹出菜单中选择"属性",出现如图 12-15 所示的窗口,选择"安全对象"选项。

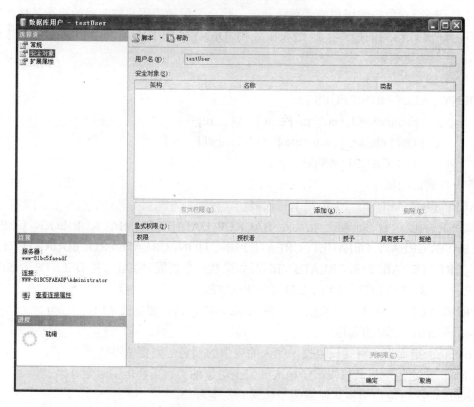

图 12-15 设置单一用户权限

(2)单击"添加"按钮,弹出添加对象窗口,如图 12-16 所示,选择"特定对象",单击"确定"按钮,弹出如图 12-19 所示,在图 12-19 所示窗口中,单击"对象类型",弹出如图 12-17 所示窗口,单击"浏览"按钮,弹出如图 12-18 所示窗口,选择一个表,确定后返回到图 12-19 所示窗口。

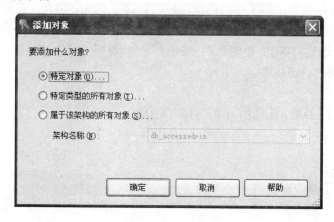

图 12-16 添加对象窗口

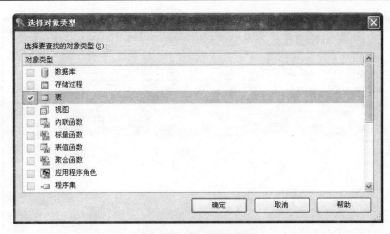

图 12-17 选择类型窗口

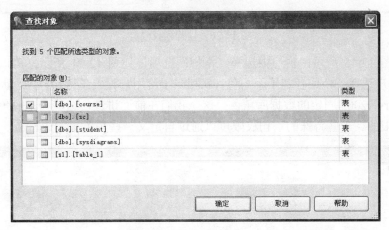

图 12-18 浏览对象窗口

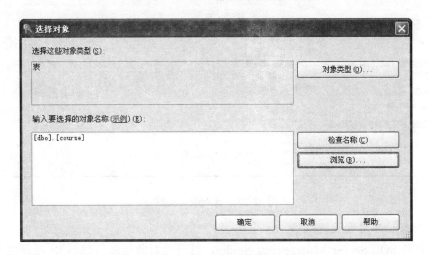

图 12-19 选择对象窗口

（3）添加对象完成后，返回到如图 12-15 所示的界面，就可以设置相应对象的权限了，单击下方的"列权限"，还可以把相应的权限的粒度控制到对应的列上，如图 12-20 所示。

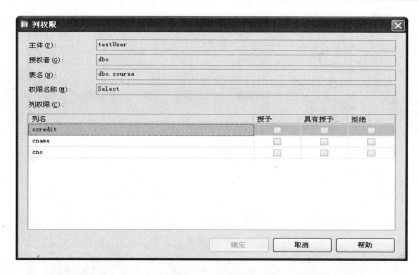

图 12-20　设置列权限

（4）在图 12-15 所示的窗口中选择"常规"选项，如图 12-21 所示，可以在"数据库角色"，给用户选择一个或者若干个角色，就相当于给用户设置了语句权限。因为这些角色都是 SQL Server2005 固定的数据库角色，这个我们在前面讲过，这些固定的角色默认是有相关语句权限的。一些特殊的语句权限可以通过自定义一些角色来完成。

图 12-21　设置语句权限

2. 面向数据库对象设置权限

（1）启动 SQL Server Management Studio，打开"对象资源管理器"，展开服务器和数据库，然后选择要设置权限的对象，可能是数据库、表、视图、架构等。这里我们以设置数据库权限为例，选择了"stud_course"数据库。

（2）右键单击"stud_course"数据库，在弹出菜单中选择"属性"，弹出如图 12-22 所示窗口。在"选项页"中选择"权限",单击"添加"按钮后,可以选择要设置的用户、角色等。如图 12-21 所示,设置了 testUser 连接数据库的权限。

(3)单击"确定"按钮,完成数据库对象"stud_course"的权限设置。

图 12-22   设置对象权限

12.5   数 据 加 密

SQL Server2005 之前的版本是不提供内部数据加密功能的,这给数据加密带来了一些不便,很多敏感数据需要加密的话,一般都将借助于第三方的工具来完成。SQL Server2005 则使得这一问题变得简单,因为它已经提供了内部加密方法,这种功能除了提供多层次的密钥和丰富的加密算法外,最大的好处是用户可以选择数据服务器管理密钥,它提供的加密方法简单、易用、稳定。SQL Server 2005 服务器支持的加密算法如下:

1. 对称式加密(Symmetric Key Encryption)

对称式加密方式对加密和解密使用相同的密钥。通常,这种加密方式在应用中难以实施,因为用同一种安全方式共享密钥很难。但当数据储存在 SQL Server 中时,这种方式很理想,你可以让服务器管理它。SQL Server 2005 提供 RC4、RC2、DES 和 AES 系列加密算法。

2. 非对称密钥加密(Asymmetric Key Encryption)

非对称密钥加密使用一组公共/私人密钥系统,加密时使用一种密钥,解密时使用另一种密钥。公共密钥可以广泛的共享和透露。当需要用加密方式向服务器外部传送数据时,这种加密方式更方便。SQL Server 2005 支持 RSA 加密算法以及 512 位、1024 位和 2048 位的密钥强度。

3. 数字证书（Certificate）

数字证书是非对称加密的一种方式。证书是一个数字签名的安全对象，它将公钥邦定到持有相应私钥的用户、设备或服务上，认证机构负责颁发和签署证书，一个机构可以使用证书并通过数字签名将一组公钥和私钥与其拥有者相关联。一个机构可以对 SQL Server 2005 使用外部生成的证书，或者可以使用 SQL Server 2005 自己生成的证书。

12.5.1　数据加密层次结构

SQL Server 2005 采用多级密钥来保护它内部的密钥和数据，如图 12-23 所示。图 12-23

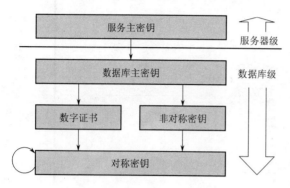

图 12-23　数据加密层次结构

中服务主密钥用以保护数据库主密钥，而数据库主密钥用以保护数字证书和非对称密钥，位于底层的堆成密钥则被数字证书和非对称密钥保护，也可以用来保护对称密钥，图中的实心箭头用以说明这一点。

服务主密钥是在安装 SQL Server2005 实例的时候系统自动生成的一个对称密钥，通过它数据库引擎来加密连接服务器的密码、连接字符串、账号凭证以及所有的数据库主密钥。我们可以通过 BACKUP

SERVICE MASTER KEY 语句将服务主密钥备份起来，语法如下：

BACKUP SERVICE MASTER KEY TO FILE = ' path_to_file '

ENCRYPTION BY PASSWORD = 'password';

FILE 用来指定备份文件的名称，ENCRYPTION 用来指定加密文件的密码。例如将服务主密钥备份到"c:\pw.txt"文件中，且加密密码为"123456"，则备份语句为：

BACKUP SERVICE MASTER KEY TO FILE = 'c:\pw.txt'

ENCRYPTION BY PASSWORD = '123456';

还原服务主密码的语句为 RESTORE SERVICE MASTER KEY，语法为：

RESTORE SERVICE MASTER KEY FROM FILE = 'path_to_file'

DECRYPTION BY PASSWORD = 'password' [FORCE]

FILE 用来指定存储服务主密钥文件的名称，ENCRYPTION 用来指定解密文件的密码，FORCE 用来强制替换现有的服务主密码。

加密层次的下一层是数据库级的数据库主密钥，这是一个可选的对称加密密钥，用来加密数据库中的证书和密钥，创建数据库主密钥的方法是：

CREATE MASTER KEY ENCRYPTION BY PASSWORD = 'password'

运行该语句必须取得相应数据库的 CONTROL 权限，一旦数据库主密钥建立，则该密钥的一个副本被存储到 master 数据库中，并利用服务主密钥对该密钥加密，同时将该密钥的另外一个副本保存在数据库中，用密钥进行加密。下面是对"stud_course"数据库建立数据库主密钥：

USE stud_course

CREATE MASTER KEY ENCRYPTION BY PASSWORD = '123456'

GO

SQL Server2005 加密层次的下一层是对数据加密，在这一级中有两种加密方法选择，一个是对称加密，另外一个是非对称加密。前者加解密速度快，常用与加解密常用的数据，要使用对称加密，则先建立对称加密的密钥，方法如下：

CREATE SYMMETRIC KEY key_name [AUTHORIZATION owner_name]

WITH <key_options> [, ... n]

ENCRYPTION BY <encrypting_mechanism> [, ... n]

其中，owner_name 用以指定拥有该密钥的用户或者角色；encrypting_mechanism 则可以指定加密本对称密钥的方法，可以是密码、存在的证书名称、存在的对称密钥或者存在的非对称密钥；key_options 则用来指定加密算法，如 ALGORITHM =DES。

同样，我们可以通过下面的语句来建立非对称加密密钥：

CREATE ASYMMETRIC KEY Asym_Key_Name

WITH ALGORITHM = { RSA_512 | RSA_1024 | RSA_2048 }

ENCRYPTION BY PASSWORD = 'password'

其中 ALGORITHM 用来指定加密算法。

当然可以通过相应的 ALTER 语句来修改我们已经建立的对称密钥和非对称密钥，密钥建立后，对于对称加密可以使用 EncryptByKey 函数进行加密，用 DecryptByKey 函数解密，这些函数以加密的数据和密钥为参数，返回加密后的数据。对于非对称加密则使用 EncryptByAsmKey 函数和 DecryptByAsmKey 函数。

在数据级加密的层次中，还有一个加密强度最强的数字证书，它遵循 X.509 标准并支持 X.509 V1 字段，数字证书虽然非常安全，但是相对加密的开销较大，创建证书的语法如下：

CREATE CERTIFICATE certificate_name

WITH SUBJECT = 'certificate_subject_name'

START_DATE = 'mm/dd/yyyy' | EXPIRY_DATE = 'mm/dd/yyyy'

SUBJECT = 'certificate_subject_name' 则是根据 X.509 标准中的定义，术语"主题"是指证书的元数据中的字段。主题的长度最多可以为 4096 个字节。将主题存储到目录中时，如果主题的长度超过 4096 个字节，则主题会被截断，但是包含证书的二进制大型对象（BLOB）将保留完整的主题名称。START_DATE 和 EXPIRY_DATE 则分别是证书开始日期和过期日期。

利用证书加解密数据则使用函数 EncryptByCert 和 DecryptByCert，这两个函数的用法和 EncryptByKey、DecryptByKey 是类似的。

12.5.2　加密和解密数据

我们对数据的加密的最常见用法是加密数据列。加密数据的一般步骤为：第一，创建数据库主密钥；第二，创建用于加密的对称密钥，当然也可以是非对称密钥，前者效率更高；第三，打开对称密钥，利用加密函数对数据加密；第四，关闭打开的对称密钥或者非对称密钥。

解密的过程是先打开对称密钥或者非对称密钥，利用解密函数解密数据列，最后再关闭打开的密钥。

【例 12-14】假如数据库"stud_course"的表"student"中存在列 sno、sname、sgender、sage、sdept、cardNo，其中 cardNo 是"校园一卡通账号"列，现在需要加密 cardNo 数据；同时有用户 User1，拥有对称密钥，并且拥有相应的表 student 的操作权限，现在 User1 利用对称密钥加密。

（1）打开 SMSS，依次打开"对象资源浏览器"、"stud_course"库，单击"新建查询"。

（2）建立数据库主密钥，输入以下语句：

CREATE MASTER KEY ENCRYPTION BY PASSWORD ='123456'

（3）创建数字证书，这里我们利用数字证书来加密 User 的对称密钥，输入以下语句：

CREATE CERTIFICATE User1_Cert

　　　AUTHORIZATION User1

　　　WITH SUBJECT = 'Student Information',

　　　START_DATE = '12/1/2010',

　　　EXPIRY_DATE = '4/30/2011'

（4）如果 User1 没有对称密钥则建立，如果存在则跳过这一步，输入以下语句为 User1 用户建立对称密钥：

CREATE SYMMETRIC KEY　 Key_User1

AUTHORIZATION User1

WITH ALGORITHM = TRIPLE_DES

ENCRYPTION BY CERTIFICATE User1_Cert　　　-- 利用数字证书加密对称密钥

（5）以 User1 的身份登录，并打开刚刚建立的对称密钥：

EXECUTE AS LOGIN = 'User1'

OPEN SYMMETRIC KEY Key_User1 DECRYPTION BY CERTIFICATE User1_Cert

（6）对数据列加密，这里我们插入一个新的学生信息，学号为 2010005，姓名为马三丰，性别为男，年龄为 21 岁，所在系 CS（计算机科学系），卡号为 20100051378690，加密卡号，输入以下语句：

Insert into student values（'2010005', '马三丰', '男', '21', 'CS', EncryptByKey（KEY_GUID（'Key_User1'），'20100051378690'））

（7）关闭打开的对称密钥

CLOSE SYMMETRIC KEY Key_User1

如果需要解密，则使用 DecryptByKey 函数即可，这里我们查询刚刚插入的学生记录，SQL 语句如下：

OPEN SYMMETRIC KEY Key_User1 DECRYPTION BY CERTIFICATE User1_Cert

select cast（DecryptByKey（cardNo）as char）from student where sno='2010005'

CLOSE SYMMETRIC KEY Key_User1

需要说明的是解密之前也要打开对称密钥，否则无法解密。

第13章 数据库实验安排

13.1 数据库管理实验

13.1.1 实验目的

（1）熟悉 SQL Server 2005 中 SQL Server Management Studio 的环境。

（2）了解 SQL Server 2005 数据库的逻辑结构和物理结构。

（3）掌握数据库创建、修改、查看、删除的方法。

13.1.2 实验准备

（1）安装 SQL Server 2005。

（2）复习 SQL Server 2005 中关于数据库管理的相关知识。

13.1.3 实验要求

（1）使用向导管理数据库。

（2）使用 T-SQL 语言管理数据库。

（3）将实验内容在 SQL Server 2005 环境中调试，并总结实验的要点、分析实验中出现的问题及其解决方法、提交实验报告。

13.1.4 实验内容

设有一个图书借阅管理系统，其数据库名为"bookborrow"，主文件初始化大小为 5MB，最大容量为 100MB，数据库自动增长，增长方式按 5%比例增长；日志文件初始化大小为 1MB，最大容量 20MB，每次增长 1MB。数据库逻辑文件名为"book_data"，物理文件名为"book_data.mdf"，存放在"D:\SQL_Example"。

（1）使用向导创建 bookborrow 数据库。

（2）使用向导按下列要求修改 bookborrow：主文件最大容量不限，每次增长量为 5MB；为 bookborrow 添加一个次数据文件 book_data2，物理文件名为 book_data2.ldf，文件参数设置为默认方式；为 bookborrow 添加一个日志文件 book_log1，物理文件名为 book_log1.log，初始化大小为 2MB，最大容量为 100MB，每次增长 5MB。

（3）使用向导查看 bookborrow 的基本信息。

（4）使用向导删除 bookborrow。

（5）使用 T-SQL 语句完成（1）、（2）的任务。

（6）使用存储过程察看数据库的基本信息，使用存储过程查看数据库的日志文件所占用的空间情况。

13.2　表　管　理　实　验

13.2.1　实验目的

（1）熟悉 SQL Server 2005 中 SQL　Server Management Studio 的环境。

（2）了解表的结构特点。

（3）了解 SQL Server 的基本数据类型。

（4）掌握表创建、修改、查看、删除的方法。

13.2.2　实验准备

（1）创建 bookborrow 数据库。

（2）复习 SQL Server 2005 中关于表管理的相关知识。

13.2.3　实验要求

（1）使用向导创建、修改、查看、删除表。

（2）使用 T-SQL 语言创建、修改、查看、删除表。

（3）将实验内容在 SQL Server 2005 环境中调试，并总结实验的要点、分析实验中出现的问题及其解决方法、提交实验报告。

13.2.4　实验内容

（1）在 13.1 建立的数据库 bookborrow 中，有表 13-1～表 13-4。

表 13-1　　　　　　　　　　　　　book 表（图书信息表）

字段名称	类　型	宽　度	允许空值	主　键	说　明
bno	char	10	Not null	是	书号
bname	varchar	50	Not null		书名
bclass	char	12			类别
publisher	varchar	50			出版社
author	varchar	20			作者
price	money				定价
year	int				购买年份

表 13-2　　　　　　　　　　　　barcode（图书条形码信息表）

字段名称	类　型	宽　度	允许空值	主　键	说　明
code	char	10	Not null	是	条形码
bno	char	10	Not null		书号
address	varchar	10	Not null		存放位置
isin	boolean		Not null		是否在馆

表 13-3   **reader 表（读者信息表）**

字段名称	类　型	宽　度	允许空值	主　键	说　明
rno	char	10	Not null	是	读者编号
rname	char	20	Not null		读者姓名
rgender	char	2			性别
birthday	datetime				出生日期
phone	char	15			电话
dept	varchar	30			单位

表 13-4   **borrowre 表（借阅归还信息表）**

字段名称	类　型	宽　度	允许空值	主　键	说　明
code	char	10	Not null	是	图书条形码
rno	char	10	Not null	是	读者编号
lenddate	datetime		Not null		借阅日期
returndate	datetime		·		归还日期

（2）根据上述表结构使用向导创建各表。

（3）向导修改 reader 表，添加列，varchar（20）；修改 rgender 列，不允许空；修改 rgender 列，默认值为"男"；修改 book 表，删除 year 列；修改 barcode 表，isin 列默认值为"true"。

（4）查看表的基本信息。

（5）删除所有表。

（6）使用 T-SQL 语句完成（2）、（3）、（5）的要求。

13.3　表中的数据管理实验

13.3.1　实验目的

（1）熟悉 SQL Server 2005 中 SQL Server Management Studio 的环境。

（2）掌握在表中添加数据、修改数据和删除数据的方法。

13.3.2　实验准备

（1）完成实验 13.2 所创建的表。

（2）复习 SQL Server 2005 中关于表中数据操纵的相关知识。

13.3.3　实验要求

（1）能够在 SSMS 中直接添加数据、修改数据和删除数据。

（2）使用 T-SQL 语言添加数据、修改数据和删除数据。

（3）将实验内容在 SQL Server 2005 环境中调试，并总结实验的要点、分析实验中出现的问题及其解决方法、提交实验报告。

13.3.4 实验内容

表 13-5   **book 表 的 数 据**

bno	bname	bclass	publisher	author	price	year
1001	数据结构	计算机	清华大学出版社	王新建	30	2007
1002	操纵系统	计算机	机械工业出版社	张敏	30.2	2007
1003	数据结构	计算机	电子工业出版社	刘志学	29.3	2005
1004	C 语言	计算机	电子工业出版社	谭浩强	25	1995
1005	数据库系统概论	计算机	高等教育出版社	萨师煊	26	1994
1006	应用文写作	英语	中国人民大学出版社	张锦芯	25	2002
1007	管理学	管理	高等教育出版社	Robison	15	2005
1008	离散数学	数学	上海文献出版社	左孝凌	18	1990
1009	离散数学	数学	电子工业出版社	邵学才	27	2005
1010	离散数学	数学	清华大学出版社	耿素云	25	2000
1011	机器学习方法	计算机	电子工业出版社	蒋艳凰	39	2010
1012	数据结构（C++版）	计算机	电子工业出版社	叶核亚	23	2007
1013	数据结构（Java 版）	计算机	电子工业出版社	叶核亚	25	2007
1014	Java 程序设计实用教程	计算机	电子工业出版社	叶核亚	36	2010
1015	数值分析与算法	数学	机械工业出版社	徐士良	35	2009
1016	线性代数	数学	机械工业出版社	李平	50	2003
1017	数据结构（C 版）	计算机	清华大学出版社	严慰敏	32	1990
1018	Java 数据库编程实例	计算机	清华大学出版社	孙一林	39	2004
1019	Java Web 应用开发实用教程	计算机	机械工业出版社	龚永征	48	2009
1020	数据结构与算法分析	计算机	电子工业出版社	朱晓东	32	2004

表 13-6   **barcode 表 数 据**

code	bno	address	isin	code	bno	address	isin
1001001	1001	第一书库	true	1006003	1006	第二书库	true
1001002	1001	第一书库	true	1007001	1007	第二书库	true
10021001	1002	第一书库	true	1008001	1008	第二书库	true
10021002	1002	第一书库	true	1009001	1009	第二书库	true
10021003	1002	第一书库	true	1010001	1010	第二书库	true
10031001	1003	第一书库	true	1010002	1010	第三书库	true
10031002	1003	第一书库	true	1010003	1010	第三书库	true
10031003	1003	第一书库	true	1011001	1011	第三书库	true
10041001	1004	第一书库	true	1012001	1012	第三书库	true
10041002	1004	第一书库	true	1013001	1013	第三书库	true
1005001	1005	第二书库	true	1014001	1014	第三书库	true
1006001	1006	第二书库	true	1015001	1015	第三书库	true
1006002	1006	第二书库	true	1015002	1015	第三书库	true

续表

code	bno	address	isin	code	bno	address	isin
1015003	1015	第三书库	true	1017003	1017	第四书库	true
1015004	1015	第四书库	true	1018001	1018	第四书库	true
1015005	1015	第四书库	true	1018002	1018	第四书库	true
1016001	1016	第四书库	true	1019001	1019	第四书库	true
1017001	1017	第四书库	true	1020001	1020	第四书库	true
1017002	1017	第四书库	true				

表 13-7   reader 表 的 数 据

rno	rname	rgander	bithday	telephone	email	runit
1001	张怡然	女	1990-3-2	61234567	zhangyiran@ncwu.edu.cn	数学学院
1002	张强	男	1990-4-5	61234568	zhangqiang@163.com	数学学院
1003	刘之明	男	1991-4-6	61234560	liuzhiming@163.com	信息工程学院
1004	丁浩然	男	1992-6-6	61234569	dinghaoran@163.com	信息工程学院
1005	孟婷	女	1990-9-9	61234575	Mengting@126.com	信息工程学院
1006	李玉	女	1991-12-3	61234576	liyu@126.com	信息工程学院
1007	赵志明	男	1990-6-30	61234579	zhaozhiming@126.com	信息工程学院
1008	李程旭	男	1989-9-3	612345671	lichengxu@qq.com	建筑学院
1009	王易明	男	1990-11-2	61234572	wangyiming@qq.com	建筑学院
1010	李婷玉	女	1990-8-8	612345673	litingyu@126.com	建筑学院

表 13-8   borrowre 表 的 数 据

rno	code	lenddate	returndate
1001	1001001	2010-01-07 15:20:20	2010-06-08 09:20:20
1001	1002001	2010-01-07 15:20:30	2010-06-08 09:20:30
1002	1001002	2010-01-07 15:30:20	2010-03-08 09:20:20
1002	1009001	2010-01-07 15:31:20	2010-06-08 09:21:20
1003	1003001	2010-01-08 15:20:20	2010-04-08 09:20:20
1003	1004001	2010-01-08 15:20:20	2010-04-08 09:20:40
1003	1005001	2010-04-08 09:21:20	null
1004	1003002	2010-04-07 15:20:20	2010-06-09 09:20:20
1006	1006001	2010-01-09 15:20:20	2010-05-08 09:20:20
1006	1007001	2010-01-10 15:20:20	null
1007	1007002	2010-03-17 15:20:20	null
1008	1008001	2010-03-27 10:20:20	2010-09-08 09:20:20
1009	1009001	2010-09-07 15:20:20	null
1009	1020001	2010-09-07 15:21:20	null
1009	1019001	2010-09-07 15:21:20	null
1008	1018001	2010-10-11 16:30:20	2010-11-08 09:20:20
1008	1017001	2010-11-08 09:21:20	null
1007	1016001	2010-11-09 15:20:20	null

（1）在 SSMS 下使用查询设计器直接按照表 13-5 中的数据对 book 表添加数据。

（2）在 SSMS 下使用 T-SQL 按照表 13-6～表 13-8 分别对 codebar 表、reader 表、borrowre 表添加数据，并把相应的 T-SQL 语句存为 sql 文件。

（3）修改 barcode 表，当 code 为 1016001、或 1017001、或 1019001、或 10020001 时，isin 为 false；修改 borrowre 表，删除 rno 为 1001 的信息。

13.4　视图管理实验

13.4.1　实验目的

（1）掌握创建视图的各种方法，理解视图是基于数据表的虚拟表。

（2）掌握使用向导和 T-SQL 语句创建视图的方法。

（3）掌握各种查看视图信息的方法。

13.4.2　实验准备

（1）完成 13.1～13.3 实验。

（2）复习 SQL Server 2005 中关于视图管理的相关知识。

13.4.3　实验要求

（1）使用向导创建视图。

（2）使用 T-SQL 语言创建视图。

（3）将实验内容在 SQL Server 2005 环境中调试，并总结实验的要点、分析实验中出现的问题及其解决方法、提交实验报告。

13.4.4　实验内容

1. 使用查询设计器创建视图

（1）利用基表 reader 创建视图，条件是 unit 为信息工程学院，并运行后查看视图。

（2）利用基表 book 创建视图，条件是 bname 为离散数学，并运行后查看视图。

（3）利用基表 book 和 barcode，创建视图 bookcode，并运行后查看结果。

（4）利用基表 book 和 barcode，创建视图 notinbase，条件是 barcode 中 isin 为 false 的记录并将文本加密，运行后查看结果。使用 T-SQL 创建视图。

2. 使用 T-SQL 创建视图

（1）利用基表 book 创建视图 expensivebook，条件是 price 大于 30。

（2）使用基表 reader 和 borrowre，创建视图 readerbook，条件是所有已借书并且此书暂时没有还。

（3）使用基表 reader、borrowre 和 book 创建视图 somereaderbook，条件是 rname 为"王易明"，视图的列名为：bname、code、borrowdate、returndate。

（4）利用基本 book 和 barcode，创建视图 inbase，条件是 cadebar 中 isin 为 true 的记录，视图的列名为：code、bname、author、publisher、price、address。

（5）修改视图 expensivebook，将 price 大于 30 改为 price 大于 40。

3. 查看视图

（1）使用 SSMS 直接查看定义视图 expensivebook 的 T-SQL 语句。

（2）使用存储过程查看定义视图 expensivebook 的 T-SQL 语句。

（3）查看视图 somereaderbook 的关联性。

13.5 数 据 查 询 实 验

13.5.1 实验目的

（1）熟悉 SQL Server 2005 中 SQL Server Management Studio 的环境。

（2）掌握数据的查询。

13.5.2 实验准备

（1）完成 13.1～13.4 实验。

（2）复习 SQL Server 2005 中关于数据查询的相关知识。

13.5.3 实验要求

（1）使用查询设计器进行数据查询。

（2）使用 T-SQL 语言进行数据查询。

（3）将实验内容在 SQL Server 2005 环境中调试，并总结实验的要点、分析实验中出现的问题及其解决方法、提交实验报告。

13.5.4 实验内容

1. 使用查询设计器完成以下查询

（1）从 book 表查询所有图书的信息。

（2）从 reader 表查询 unit 为"信息工程学院"的所有读者的信息。

（3）从 book 表和 barcode 表查询所有存放于"第二书库"的图书的 bno、bclass、code、bname、publisher、author、address、isin。

（4）从 book 表查询所有图书信息并按照价格降序排序。

（5）对表 book、codebar、reader 和 borrowre 进行连接查询。

2. 使用 T-SQL 完成以下查询

（1）题目 1 中的所有查询。

（2）查询计算机类所有图书的信息。

（3）查询"电子工业出版社"出版的"计算机"类所有图书的信息。

（4）查询"电子工业出版社"或者"清华大学书版社"出版的"计算机"类的所有图书的信息。

（5）查询价格在 20 到 40 之间的所有非计算机类的图书的信息。

（6）从 book 表中查询所有的出版社，并不重复显示。

（7）从 reader 表查询年龄大于 20 的所有水利工程学院、建筑学院、信息工程学院的学生的信息。

（8）统计 book 表中所有书的平价价格

（9）按类别统计 book 表中书的平价价格。

（10）查询 book 表中 price 高于该类图书平均价格的图书的所有信息。

（11）求电子工业出版的各类图书的平均定价，分别用 GROUP BY 和 GROUP BY ALL 表示。

（12）列出计算机类图书的书号、名称及价格，最后求出册数和总价格。

（13）列出计算机类图书的书号、名称及价格，并求出各出版社这类书的总价格，最后求出全部册数和总价格。

（14）查询计算机类图书的借阅情况，显示 bno、code、bname、publisher、author、address、isin、rno、rname、dept、lenddate、returndate。

（15）查询所有没有被借阅过的图书的信息，显示 bno、code、bname、publisher、author、address。

（16）查询进一年内没有被借阅过的图书的信息，显示 bno、code、bname、publisher、author、address。

（17）假设借阅期为 1 年，查询所有超期的读者与图书及借阅情况。

（18）查询借阅次数最多的读者的所有信息。

（19）查询被借阅次数最多的图书的所有信息。

（20）对图书按借阅次数排序显示。

（21）从 book 表中，查询书名以"数据结构"开头的图书的所有信息。

（22）从 book 表中，查询书名不是以"数据结构"开头的图书的所有信息。

（22）从 book 表中，查询书名中包含"Java"的图书的所有信息。

13.6　存储过程和触发器的使用实验

13.6.1　实验目的

（1）了解存储过程与触发器在 SQL Server 中的作用。

（2）掌握使用向导创建、修改、删除和查看存储过程与触发器的方法。

（3）掌握使用 T-SQL 创建、修改、删除和查看存储过程与触发器的方法。

13.6.2　实验准备

（1）完成 13.1～13.4 实验。

（2）复习并理解关于储存过程与触发器的相关知识。

13.6.3　实验要求

（1）使用向导创建、修改、删除和查看存储过程与触发器。

（2）使用 T-SQL 创建、修改、删除和查看存储过程与触发器。

（3）将实验内容在 SQL Server 2005 环境中调试，并总结实验的要点、分析实验中出现的问题及其解决方法、提交实验报告。

13.6.4　实验内容

设有一个图书借阅管理系统，如 13.1～13.4 实验完成的内容。

（1）在 book 表的基础上建立一个存储过程 pro_bookyear，输入 bno 可以查询它的 year，并返回 year。

（2）在 book 和 barcode 的基础上建立一个存储过程 pro_isinbase，输入 bno，可以查询它是否在馆，若在馆返回 true；否则返回 false。

（3）在 borrowre 表的基础上建立一个存储过程 pro_isoutdate，输入一个 rno 和一个借书最长期限 time，若 rno 不在 borrowre 表中，返回 1，输出"没借过书"；若 rno 在 borrowre 表中：若 rno 已归还书且归还日期与借书日期相隔时间小于 time，则输出"没有超期"，并返回 2；若 rno 已归还书且归还日期与借书日期相隔时间大于 time，则输出"曾经超期"，并返回 0；若 rno 没归还书且当前日期与借书日期相隔时间大于 time，则输出"已经超期"，并返回 -1。

（4）执行 1 题的存储过程，输入 bno 为 1001；执行 2 题的存储过程，输入 bno 为 1001；执行 3 题的存储过程，输入 rno 为 1001，time 为 180。

（5）使用系统存储过程查看 pro_bookyear、pro_isInbase、pro_isoutdate。

（6）在 borrowre 表上建立一个触发器 tri_addborrowre，当添加数据后，修改 codebar 中对应行的 isin 为 false。

（7）在 borrowre 表上建立一个更新触发器 tri_updateborrowre，当更新数据后，修改 barcode 中对应的 isin 为 true。

（8）在 reader 表上建立一个删除触发器 tri_deletereader，防止用户删除一条数据时没有使用限制条件而导致删除所有数据的情况发生。

（9）使用系统存储过程查看 tri_addborrowre、tri_updateborrowre、tri_deletereader。

13.7　数据库安全管理实验

13.7.1　实验目的

（1）了解 SQL Server 2005 安全管理机制。

（2）掌握在 SSMS 下直接对 SQL Server 2005 进行安全管理的方法。

（3）掌握使用 T-SQL 对 SQL Server 2005 进行安全管理的方法。

13.7.2　实验准备

（1）完成 13.1～13.3 实验。

（2）复习 SQL Server 2005 中关于数据库安全管理的相关知识。

13.7.3　实验要求

（1）在 SSMS 下直接进行数据库安全管理。

（2）使用 T-SQL 进行数据库安全管理。

（3）将实验内容在 SQL Server 2005 环境中调试，并总结实验的要点、分析实验中出现的问题及其解决方法、提交实验报告。

13.7.4　实验内容

（1）使用 SSMS 直接创建帐户、用户并为其分配角色。

1）创建 Windows 账户，名为自己的姓名。

2）只允许访问 bookborrow 库。

3）为 bookborrow 库的 Windows 帐户建立一个数据库用户名为："user_"＋账号名。

4）为该用户分配 db_ower 数据库角色。

（2）使用 T-SQL 语言创建账户、用户并为其分配角色。

1）创建 SQL 账户，名为自己名字的缩写，密码为自己的生日，默认数据库为 bookborrow。

2）为 SQL 账号创建一个用户名："sql_"＋账户名。

3）在 bookborrow 中创建一个数据库角色 selectrole，并将刚才建立的用户加入该角色。

4）让该角色拥有对当前数据库所有表进行查询操作。

（3）分别使用 SSMS 和 T-SQL 语言对 bookborrow 数据库进行备份和还原。

（4）再新建一个数据库 bookborrow2，把 bookborrow 中的所有表导入到 bookborrow2 中。

（5）把 bookborrow 中的所有表导入到相同命名的 Excel 表格中。

13.8　应用程序数据库编程实验

13.8.1　实验目的

（1）了解 SQL Server 2005 中的 ODBC 和 ADO 编程的方法。

（2）掌握使用一种面向对象语言对 SQL Server 2005 进行编程的方法。

13.8.2　实验准备

（1）完成 13.1～13.4 实验。

（2）复习 SQL Server 2005 中 ODBC 和 ADO 编程方法。

（3）复习所使用的面向对象语言的数据库编程方法。

13.8.3　实验要求

（1）使用一种面向对象语言对 SQL Server 2005 进行数据库编程。

（2）将实验内容在 SQL Server 2005 环境中调试，并总结实验的要点、分析实验中出现的问题及其解决方法、提交实验报告。

13.8.4　实验内容

设计并实现一个关于对 bookborrow 中四个表数据的增加、删除、更新和查询操作的应用程序，并提供相应的界面。

第 14 章　数据库课程设计指导

14.1　课程设计的意义和目的

14.1.1　课程设计的意义

课程设计的意义主要有以下几个方面。

（1）进一步巩固和加深数据库系统的理论知识，培养学生具有一定的数据库应用系统的设计和开发能力。熟练掌握 SQL SERVER 2005 数据库和使用高级程序设计语言开发数据库的应用能力。

（2）进一步深入学习程序设计开发的一般方法，了解和掌握信息系统项目开发的过程及方式，培养学生正确的设计思想和分析问题，解决问题的能力，特别是项目设计能力。

（3）综合运用高级程序设计语言 Visual C++、Visual Basic 6.0、PowerBuilder 等进行 C/S 模式的管理信息系统的开发与设计，或综合运用 ASP、ASP.NET 脚本语言和"软件工程"软件工程理论进行 B/S 模式项目的设计与开发。

（4）通过对标准化、规范化文档的掌握并查阅有关技术资料等，培养项目设计开发能力，同时培养学生的团队精神。

通过本次实践活动使学生进一步学习和练习 SQL SERVER 数据库的实际应用，熟练掌握数据库系统的理论知识，加深对 SQL SERVER 数据库知识的学习和理解，掌握使用应用软件开发工具开发数据库管理系统的基本方法，积累在实际工程应用中运用各种数据库对象的经验。

课程设计的意义是让学生将课堂上学到的理论知识和实际应用结合起来，培养学生的分析与解决实际问题的能力，掌握数据库的设计方法及数据库的运用和开发技术。

学生设计一些具有实际应用价值的课程设计题目，在指导教师的指导下，可以帮助学生熟悉数据库设计的步骤，从用户需求分析出发，进行系统的概要设计和课题的总体设计，为具体数据库的设计打下前期基础。学生通过实际的应用，可以更好的理解和掌握数据库理论知识。通过对高级程序设计语言的使用，使学生了解编程知识和编程技巧，同时也掌握了高级程序设计语言访问数据库的方法。

14.1.2　课程设计的目的

课程设计的目的是使学生熟练掌握相关数据库的基础知识，独立完成各个环节的设计任务，最后完成课程设计报告。

主要要求掌握以下内容：

（1）巩固和加深学生对数据库原理及应用课程基本知识的理解，综合该课程中所学到的理论知识，独立或联合完成一个数据库系统应用课题的设计。

（2）根据课题需要，通过查阅手册和文献资料，培养独立分析和解决实际问题的能力。

（3）掌握大型数据库管理系统 SQL SERVER2005 的安装、使用和维护。

（4）利用程序设计语言 PowerBuilder、Visual Basic6.0、Visual C#或其他高级语言和在学习教材的基础上，编写访问 Web 数据库的应用程序。

（5）设计和开发一个小型的管理信息系统。

（6）进行模块、整体的测试和调试。

（7）学会撰写课程设计报告。

（8）培养严肃认真的工作作风和严谨求实的科学态度。

14.2　课程设计的内容及要求

本课程设计重视数据库的设计和开发以及书面材料的撰写（包括数据库设计分析，应用系统分析，用户界面设计等），要求最后采用相应的程序开发工具（例如 VB、PowerBuilder、Delphi、ASP 等）进行信息系统的开发实施。

（1）根据 SQLSERVER 数据库课程设计时间选择适当规模大小的设计课题（指定多个课题，争取每人一题）。采用专业实习的调研内容作为 SQLSERVER 数据库课程设计选题。

（2）根据合理的进度安排，按照系统开发的流程及方法，严谨地开展 SQLSERVER 数据库课程设计活动。

（3）基本要求：每个信息系统按照系统的业务原型至少完成输入/输出、查询、删除、修改、更新等基本功能，界面设计精美，系统功能符合日常使用逻辑规范，程序代码具有一定的健壮性。

（4）撰写相关的技术文档，最后要求提交比较详细的 SQL SERVER 数据库课程设计报告和相关的设计作品。

（5）最后根据设计的结果递交一个可以运行的系统。

14.3　课程设计报告撰写要求

课程设计报告的撰写规范参照 CMM 模型（Capability Maturity Model，能力成熟度模型）编写，最终以课程设计报告的形式上交归档。

课程设计报告是在完成应用系统设计、编程、调试后，对学生归纳技术文档、撰写科学技术论文能力的训练，以培养学生严谨的作风和科学的态度。通过撰写课程设计报告，不仅可以把分析、设计、安装、调试及技术参考等内容进行全面总结，而且还可以把实践内容提升到理论高度。

14.3.1　内容要求

一份完整的课程设计报告应由封面、摘要、设计任务书、目录、素材准备、选题意义、需求分析、总体设计和数据库设计（包含概念设计、逻辑设计和物理设计）、脚本及制作、结论、参考文献等部分组成。中文字数在 5000 字左右。课程设计报告按如下内容和顺序用

A4 纸进行打印（撰写）并装订成册。

1. 统一的封面

封面含课程设计课题名称、专业、班级、姓名、学号、指导教师等。

例如课程设计报告封面如图 14-1 所示。

××××学院

（字体：宋体；字号：一号）

数据库原理及应用

课程设计报告

（字体：华文行楷；字号：初号）

课题名称：＿＿＿＿＿＿＿＿＿＿＿＿＿＿＿

专　　业：＿＿＿＿＿＿＿＿＿＿＿＿＿＿＿

班　　级：＿＿＿＿＿＿＿＿＿＿＿＿＿＿＿

姓　　名：＿＿＿＿＿＿＿＿＿＿＿＿＿＿＿

学　　号：＿＿＿＿＿＿＿＿＿＿＿＿＿＿＿

指导老师：＿＿＿＿＿＿＿＿＿＿＿＿＿＿＿

××××年××月××日

（字体：楷体_GB2312；字号：三号）

图 14-1　课程设计报告封面

2. 课程设计任务及进度表

学生根据指导教师提供的任务书，选择课程设计题目或自选题目，设计好本次课程设计任务及进度表，主要包括如下内容：课程名称、设计目的、实验环境、任务要求和工作进度计划。

3. 内容摘要

内容摘要是对课程设计报告的总结，是在报告全文完成之后提炼出来的，具有短、精、完整三大特点。摘要应不阅读全文就能获得必要的信息。摘要应中有数据、结论，是一篇完整的短文。课程设计的摘要一般在 300~500 字之间。摘要的内容应包括目的、方法、结果和结论，即应包含设计的主要内容、主要方法和主要创新点。摘要之后一般选取 3~8 个关键词，关键词之间用"；"分隔，最后一个关键词的后面不加任何标点符号。

4. 目录

目录包括课程设计报告的一级、二级和三级标题、标题的内容以及各级标题所对应的页码。

5. 课程设计报告正文

课程设计报告正文可按三级标题的形式来撰写，应包含以下内容：

（1）项目需求分析。方案的可行性分析、方案的论证等内容。

（2）项目概念设计。系统的总体概念结构设计等内容，各模块或单元程序的设计、算法原理阐述、完整的 E-R 模型图。

（3）项目逻辑结构设计。E-R 模型转换为关系模型以及关系模式的优化的内容。确定出具体的关系模式的结构。

（4）项目物理结构设计。为基本数据模式选取出一个最合适应用环境的物理结构。

（5）编码。根据某一程序设计语言对设计结构进行编码的程序清单。

（6）项目测试。使用程序调试的方法和技巧排除故障；选用合理的测试用例进行程序系统测试和数据误差分析等。

（7）总结。本课题核心内容程序清单及使用价值、程序设计的特点和方案的优缺点、改进方法和意见。它是对整个设计工作进行归纳和综合而得出的总结，对所得结果与已有结果的比较和课题尚存在的问题，以及进一步开展研究的见解与建议。结论要写的概括、简短，中文字数不少于 200 字。

6. 致谢

对指导教师和给予指导或协助完成课程设计工作的组织和个人表示感谢。内容应简洁明了、实事求是。

7. 参考文献

参考文献是对引文出处的说明，一般情况下它的规范格式如下：

[序号]作者.篇名[J]（书名[M]）.刊名（出版地：出版社），出版年份；起止页码

14.3.2 写作细则

（1）标点符号、名词、名称规范统一。

（2）标题层次有条不紊，整齐清晰。章节编号方法应采用分级阿拉伯数字编号方法，第 1 级为"1"，"2"，"3"等，第 2 级为"1.1"，"1.2"，"1.3"等，第 3 级为"1.1.1"，"1.1.2"等，两级之间用下角圆点隔开，每一级的末尾不加标点。第 4 级标题为（1），（2），…，第 5 级标题为①，②，…。

（3）插图要求整洁美观，线条匀称。每幅插图应有图编号和图表题，插图要求居中，图序和图标题应放在图下方居中处。图编号按一级标题编号，一级标题号和图编号之间用"."或"-"分隔。

（4）表格同插图一样，也要求居中，并有表格标题和编号，但标题应放在表格上方居中处。表格编号格式与图编号格式相同。

14.3.3 排版要求

排版的要求没有统一的规定，按照一般论文格式要求即可，指导老师可以根据自己的实际情况对版式做不同的要求。

14.4 应用举例——学生成绩管理系统

14.4.1 管理信息系统开发过程

管理信息系统（Management Information System，MIS）是集计算机技术、网络通信技术和管理科学与方法为一体的信息系统工程。它进一步加强了企业的科学化、合理化、制度化、规范化管理，为企业的管理水平跨上新台阶，为企业持续、健康、稳定的发展打下基础。

MIS 的开发过程不仅仅是一个应用程序编写的过程，而且是以软件工程的思想为指导，

从可行性研究开始，经过系统分析、系统设计、系统实施、系统运行和维护等主要阶段而进行规范的开发过程。其中：

1. 系统规划和可行性分析研究阶段

主要任务是根据需要和可能，给出完成该项软件任务的备选方案，从技术和经济角度对方案进行可行性分析，写出可行性分析报告，提交用户同意后，将系统建议方案及实施计划写出系统计划开发任务书。

2. 系统需求分析阶段

这一阶段是软件生命周期中重要的一步，也是决定性的一步。不只是软件开发人员，用户也起着至关重要的作用。用户必须对软件功能和性能提出要求，而软件分析人员则要认真了解用户的要求，把用户"做什么"的要求最终转换成一个完全的、精细的软件逻辑模型，准确的表达用户的要求，并写出软件的需求分析报告。

3. 系统设计阶段

在系统分析的基础上，以系统分析报告为依据，确定系统的总体设计方案、划分子系统功能、确定共享数据的组织，然后进行详细设计，例如，处理模块的设计、数据库系统的设计、输入输出界面的设计和编码的设计等。

4. 系统实施阶段

这一阶段主要任务是编写程序、对系统模块进行调试、进行系统运行所需数据的准备、对相关人员进行培训等。

5. 系统运行和维护阶段

系统开发成功后，交付用户正式使用。主要任务是进行系统的日常运行管理，评价系统的运行效率，对运行费用和效果进行监理审计，如出现问题则对系统进行修改、调整。

14.4.2　需求分析

14.4.2.1　系统功能需求分析

学生成绩管理系统需要满足来自两方面的需求：学生和管理人员。学生的需求是查询成绩信息和修改个人密码；而管理员的功能比较多，包括对学生基本信息、班级信息、课程信息、成绩信息和用户信息进行管理和维护。

1. 学生用户

学生用户根据本人的密码登录系统后，可以进行成绩信息的查询。一般情况下，学生只有修改本人密码的权限，不允许修改其他用户的密码。

2. 管理人员

管理人员除了具有学生用户的权限外，还应具有对学生的基本信息、班级、课程和成绩等信息的管理和维护。

综上所述，学生成绩管理系统主要应具有以下功能：

（1）学生信息管理：学生登录账号的录入、修改与删除等功能。

（2）课程信息管理：课程信息的录入、修改与删除等功能。

（3）成绩信息管理：成绩信息的录入、修改于删除等功能。

（4）数据查询：学生成绩的查询等功能。

14.4.2.2　系统功能模块设计

在需求分析的基础上，按照结构化程序设计的要求，可将系统主要分为以下三大功能模块，如图 14-2 所示。

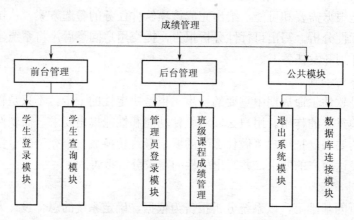

图 14-2　系统功能模块结构图

1. 前台管理模块

前台管理模块用于实现学生功能区的所有功能，由学生登录模块、学生查询模块组成，这两个模块的功能如下：

（1）学生登录模块：此模块包括学生登录和检查学生登录信息功能。此模块负责根据学生所输入的学号和密码判断该用户是否合法，以及具有哪些操作权限，并根据不同的权限返回包含不同模块的页面。

（2）学生查询模块：此模块包括学生成绩查询页。学生正常登录系统后，可以查询出满足需求的课程信息。

2. 后台管理模块

后台管理模块用于实现管理员功能区的所有功能，由管理员登录模块、班级课程成绩管理模块组成，这两个模块的功能如下：

（1）管理员登录模块：此模块包括管理员登录和检查管理员登录信息功能。此模块负责根据管理员所输入的账号和密码判断该用户是否合法，以及具有哪些操作权限，并根据不同的权限，返回包含不同模块的页面。

（2）班级课程成绩模块：此模块包括两个方面的功能，课程信息的录入、修改与删除功能以及成绩的录入、修改与删除功能。此模块只对管理员类用户开放。

14.4.3　数据库设计

根据需求分析，可知该系统的数据库需要存储以下基本信息：

（1）管理员信息：管理员 ID 号、管理员账号、管理员密码。

（2）学生信息：学生学号、学生姓名、学生密码。

（3）课程信息：课程编号、课程名称。

（4）成绩信息：成绩 ID 号、学生学号、课程编号、课程信息、备注信息、学期名称。

因此，该系统需要创建如下基本表：

1. 管理员信息表

管理员信息表用于存储管理员的基本信息，包括管理员 ID 号（id）、管理员账号（name）、管理员密码（pwd）。表结构如表 14-1 所示。

表 14-1　　　　　　　　　　管 理 员 信 息 表

字 段 名	数 据 类 型	长 度	意 义	说 明
id	int	4	管理员 ID 号	设为主键且自动编号
name	varchar	20	管理员账号	不允许为空
pwd	varchar	20	管理员密码	不允许为空

2. 学生信息表

学生信息表用于存储学生的基本信息，包括学生学号（id）、学生姓名（name）、学生密码（pwd）。表结构如表 14-2 所示。

表 14-2　　　　　　　　　　学 生 信 息 表

字 段 名	数 据 类 型	长 度	意 义	说 明
id	varchar	50	学生学号	设为主键
name	varchar	50	学生姓名	不允许为空
pwd	varchar	20	学生密码	不允许为空

3. 课程信息表

课程信息表用于存储课程的基本信息，包括课程编号（id）、课程名称（title）。表结构如表 14-3 所示。

表 14-3　　　　　　　　　　课 程 信 息 表

字 段 名	数 据 类 型	长 度	意 义	说 明
id	varchar	50	课程编号	设为主键
title	varchar	50	课程名称	不允许为空

4. 成绩信息表

成绩信息表用于存储课程成绩的基本信息，包括学生成绩 ID 号（id）、学生学号（stid）、课程编号（coid）、课程成绩（mark）、备注信息（note）、学期名称（term）。表结构如表 14-4 所示。

表 14-4　　　　　　　　　　成 绩 信 息 表

字 段 名	数 据 类 型	长 度	意 义	说 明
id	varchar	4	成绩 ID 号	设为主键且自动编号
stid	varchar	50	学生学号	不允许为空
coid	varchar	50	课程编号	不允许为空
mark	varchar	50	课程成绩	不允许为空
note	varchar	100	备注信息	允许为空
term	varchar	50	学期名称	允许为空

5. 学期成绩表

学期信息表中用于存储学期的基本信息，包括学期 ID 号（id）、学期名称（title）。表结构如表 14-5 所示。

表 14-5　　　　　　　　　　学 期 成 绩 表

字 段 名	数 据 类 型	长 度	意 义	说 明
id	int	4	学期 ID 号	设为主键且自动编号
title	varchar	50	学期名称	允许为空

14.4.4　系统实现

由于本书篇幅的有限，因此在这里只列出数据库连接模块和学生成绩查询模块的代码及分析。

1. 数据库连接模块

为了使查询系统的结构清晰，代码规范，这里把系统中的需要重复使用的数据库连接写在一个页面 conn.asp 内，在需要的时候加载进来。Conn.asp 的代码如下所示：

```
<%dim conn,connstr
'连接学生数据库，设置用户名和密码都为空，服务器为当前所使用的机器'
Connstr="Driver={sql server};uid=;pwd=;database=学生;server=127.0.0.1"
'创建一个 ADO Connection 对象'
Set conn=server.createobject("ADODB.CONNECTION")
'打开数据库'
Conn.open connstr
%>
```

在文件中引用此文件时，把该文件作为头文件直接调用即可，代码如下：

```
<!--#include file="conn.asp"-->
```

2. 学生成绩查询模块

学生成绩查询模块包括学生成绩查询页 seek.asp，学生正常登录该系统后，可以查询出指定学期的所有课程成绩。

```
<!--#include file="conn.asp-->"
<%'创建表单 forml,采用隐式传递,提交目标网页 seek.asp 并返回一个 action%>
<form name="forml" action="seek.asp?action=FindOut" methon="post">
    <tr>
    <td height="35" align="center">查询选择:
    <select name="term">
    <%%>
    <%%>
    <option selected value="">请选择学期名称</option>
```

```
<%
    set Rs=Server.CreateObject("ADODB.Recordset")
'创建记录集对象把学期信息从学期信息表 Term 中取出来'
    Sql="SELECT * FROM Term"
    Rs.Open Sql,conn,3,3 '把取出的信息放在记录集对象中'
        '循环读取记录集中所有的学期信息,并在下拉列表框控间 term 中显示'
    Do While Not Rs.EOF
%>
<%%>
<option value=<%=Rs("title")%>><%=Rs("title")%></option>
<%
    Rs.MoveNext
    loop
    Rs.Close
    Set Rs=Nothing
%>
</select> 
    <input type="submit" value="查询"> <%'定义一个查询按钮%>
    <input type="reset" value="重设"> <%'定义一个重设按钮%>
    </td>
    <td background="Image/bgn.gif"><a href="Logout.asp">退出登录</a></td>
    </tr>
</form>

<%If Request("action")="FindOut" Then%>
    <table        width="60%"        border="0"        cellpadding="0"        cellspacing="1"
bgcolor="#44608A">
    <tr align="center" bgcolor="#FFFFFF">
    <td height="31" bgcolor="#FFFFFF">课程名称</td>
    <td>成绩(分)</td>
    <td>备注</td>
    </tr>

<%Set Rs=Server.CreateObject("ADODB.Recordset")
'创建记录集对象将该学生该学期的所有课程成绩取出来'
    Sql="SELECT 成绩.*,Course.*FROM 成绩"&_
    "INNER JOIN Course ON Course.id=成绩.coid"&_
    "WHERE stid='"&Session("id")&"'"&_
```

```
                "AND term=""&Request("term")&"""
            Rs.Open Sql,conn,3,3      '把取出的信息放在记录集对象中'
            Do While Not Rs.EOF       '循环显示课程成绩信息'
%>

    <tr bgcolor = "#FFFFFF">
      <td width = "8%" align = "center" height = "25" ><% = Rs("title")%>
      </td>
      <td width = "8%" align = "center" height = "25" ><% = Rs("mark")%>
      </td>
      <td width = "8%" align = "center" height = "25" >
          <font color =#ff0000><% = Rs("note")%></font><% '显示课程成绩备注%>
      </td>
    </tr>
<%Rs.MoveNext
    Loop
    Rs.Close
    Set Rs=Nothing
    Conn.Close
    Set Conn=nothing
End    if%>
```

参 考 文 献

［1］ 王珊，萨师煊. 数据库系统概论. 第四版. 北京：高等教育出版社，2006.

［2］ 苗雪兰，刘瑞新，宋歌. 数据库系统原理及应用教程. 北京：机械工业出版社，2009.

［3］ 程云志，张帆，崔翔. 数据库原理与 SQL Server 2005 应用教程. 北京：机械工业出版社，2009.

［4］ 周奇. SQL Server 2005 数据库基础及应用技术. 北京：北京大学出版社，2008.

［5］ ［美］Solid Quality Learning 著. SQL Server 2005 实现与维护（MCTS 教程）. 施平安译. 北京：清华
大学出版社，2007.

［6］ 熊旻燕，杨春金. SQL Server 2005 数据加密技术研究与应用. 通讯与计算机. 2007，4（4）：24-26.

［7］ 陈伟. SQL Server 2005 数据库应用与开发教程. 北京：清华大学出版社，2007.

［8］ 郝安林，许勇，康会光，等. SQL Server 2005 基础教程与实验指导. 北京：清华大学出版社，2008.

［9］ 张蒲生. 数据库应用技术 SQL Server 2005 基础篇. 北京：机械工业出版社，2008.

［10］ 程云志，张帆，崔翔，等. 数据库原理与 SQL Server 2005 应用教程. 北京：机械工业出版社，2006.

［11］ 陆桂明. 数据库技术及应用. 北京：机械工业出版社，2008.

［12］ ［美］Kalen Delaney，等著. SQL Server 2005 技术内幕：查询、调整和优化. 金成姬，陈绍英译. 北
京：电子工业出版社，2009.

［13］ ［美］Itzik Ben-Gan，Lubor Kollar，Dejan Sarka 著. SQL Server 2005 技术内幕：T-SQL 查询. 赵立
东，唐灿，刘波译. 北京：电子工业出版社，2008.

［14］ 胡百敬，陈俊宇，杨先民，等. SQL Server 2005 T-SQL 数据库设计. 北京：电子工业出版社，2008.

［15］ 刘志成. SQL Server 2005 实例教程. 北京：电子工业出版社，2008.

［16］ 周慧. 数据库应用技术（SQL Server 2005）. 北京：人民邮电出版社，2009.

［17］ 陈伟. SQL Server 2005 数据库应用与开发教程. 北京：清华大学出版社，2007.

［18］ 郑阿奇. SQL Server 实用教程. 北京：电子工业出版社，2005.

［19］ 朱德利. SQL Server 2005 数据库管理与应用. 北京：电子工业出版社，2007.